問題解決のPython
プログラミング

数学パズルで鍛えるアルゴリズム的思考

Srini Devadas　著
黒川 利明　訳

Programming for the Puzzled

Learn to Program While Solving Puzzles

Srini Devadas

The MIT Press
Cambridge, Massachusetts
London, England

日本語版まえがき[*1]

パズルはとても楽しいものです。良いパズルには、すぐにはそれとわからない解があり、それを発見した時には「閃きの瞬間」が訪れます。アルゴリズムパズルというのは、解がアルゴリズムである、コンピュータで実行できる一連のステップからなるものです。アルゴリズムは、日本語や英語のような言葉でも記述できますが、正確さのために「擬似コード」と呼ばれる形式で書くことがよくあります。擬似コードという名前は、プログラミング言語で書かれたコードとは違って、コンピュータでそのまま実行できるほど詳細を記述していないことから来ています。

コンピュータプログラミングで生計を立てている人の数は世界中で増える一方です。伝統的なプログラミングの学習で最初に学ぶのは、代入文や制御ループのような基本プログラミング要素を簡単な例で理解することでしょう。そして、プログラミングの練習問題では、アルゴリズムの擬似コードを、現在学んでいるプログラミング言語でコードにすることが含まれるものです。プログラマには、パズルを解くときの分析スキルが役に立ちます。そのようなスキルは、仕様をプログラミング要素に翻訳するときや最初に書いたコードのエラーを見つけるデバッグにも必要となります。

MITで1、2年生に20年以上プログラミングを教えてきましたが、はっきりしているのは、アプリケーションが学生の強い動機付けになることです。プログラミングのためだけにプログラムを作る人はほとんどいません。パズルはそういう魅力的なアプリケーションの1つです。記述が容易で興味を引くという利点があります。最近では、講師はTwitter、Instagram、Snowなどの気をそらすものと競合しなければならないので、パズルで注目が集まるということは特に重要です。嫌になるほど、つまり、数分間、プロ

---

*1　訳注：著者のDevadasさんに日本語版訳書へのまえがきをお願いしたら、1年半前に書いたまえがきを更新するという形にしたいということで、原著まえがきを改訂してくれました。このまえがきは改訂版の翻訳であり、原著のまえがきと同じではありません。

グラミングの構文や意味論を学生に講義すると学生たちがすぐ居眠りすることは、他の先生方同様に私にもわかっています。

本書では、アルゴリズムパズルというレクリエーションの世界とコンピュータプログラミングという実用的な世界との橋渡しによってプログラミングを教える手法を紹介します。前提としては、高校で学ぶ初歩的なプログラミングの授業やMITx/edX 6.00.1x (https://courses.edx.org/courses/course-v1:MITx+6.00.1x+2T2017_2/course/) などのオンラインコースを既に修了しているものと考えているので、本当にプログラミングが初めてという人は、そういうコースでまず学んでください。

各章は、パズルの説明から始まります。パズルの多くは、よく知られているもので、他の本やウェブにも記述があり、多くのバリエーションがあります。パズルを解こうとして何回か失敗した後で、探索戦略、データ構造、数学的事実などから「閃きの瞬間」があり、パズルの答えが目の前に現れるものです。時には「力ずく」の見かけは自明な解法が存在することもあります。関連するアルゴリズムやコードを説明してから、それが「失敗」だということを示します。こうして、よりスマートで効率的な解法に至る洞察が得られます。

パズルの解は、これから書くコードの**仕様**に当たります。本書では、コードそのものを示す前に、コードが何をすることになっているかをまず学びます。私の信じるところでは、この方式は、コードの機能を理解することをプログラミング言語の構文や意味論を理解することと切り離しているので、教育上大いに効果があります。コードを理解するのに必要な構文や意味論は、必要に応じてその場で説明していきます。

パズルという物理的な世界から、プログラムというコンピュータの世界に移行するのは、面白いものですが、いつもスムーズに行くとは限りません。場合によっては、物理的な世界で非効率な操作をコンピュータの世界でも非効率だとわざわざ決めておかないとまずいことがあります。本書では、そういうことはできるだけ起こらないようにしましたが、完全に排除するわけにはいきませんでした。読者のみなさんが、そのために混乱することはないと思いますが、そのような場合にはきちんと指摘してありますから安心してください。

本書は、さまざまな使い方ができます。パズルとその解法にだけ興味があるなら、解法を思い付いたり、解法を読んだところで、本書を閉じることができます。もっとも、私が本書を書いた理由が、解法からコンピュータで実行できるコードをどのようにして書くかを示すことでしたから、そこで止めてしまっては困ります。パズルについて書いてあることを隅から隅まで読めば、実行できて自分の役にも立つプログラムを作るということがどういうことなのかがわかるようになるはずです。本書で示すPythonの構文や意味論は、コードを読むだけで理解できるように努めましたが、Pythonの構文、意味論、ライブラリについて疑問に思うことがあれば、python.orgで簡単に調べられますし、オンラインコースMITx/edX 6.00.1xが、Pythonの入門コースに向いています。

自分のコンピュータにPythonをインストールしてプログラムを実行すれば、本書をさらに活用できます。Pythonはhttps://www.python.org/downloads/からインストールできます。本書でのパズルの解法のコードは、本書のMIT Pressウェブサイトhttps://mitpress.mit.edu/books/programming-puzzledからダウンロードできます。コードはPython 2.7以降とPython 3.xでテスト済みです[*1]。もちろん、ウェブサイトのコードなど無視して、自分でパズルを解くコードを書くのは大歓迎です。本書で示したのとは違う入力に対して、ダウンロードしたプログラムも、自分で書いたプログラムも、ぜひ試してください。ウェブサイトのコードにバグがないとは保証しませんが、バグはできるだけ取ったつもりです。コードは、本書でのパズルの記述を仮定しているので、仮定から逸脱した入力に対して、異常な振る舞いをすることがあるというのは心得ておいてください。そのような入力チェックの追加は、コードを汚くしてしまいます。プログラミングについての理解を深めるには、パズルのコードに対して、このような異常な入力を明示的にチェックするよう変更するのもよい方法です。

各パズルの章の最後に練習問題を用意しました。プログラミングのレベルも書くのに必要なコード量も問題ごとに異なります。パズルの本文を読んで練習問題を解けば、本書で学んだことがしっかり身に付きます。コードをしっかり理解しないと、変更したり、機能を追加することができません。練習問題には、良くない入力をチェックするものもあります。「パズル問題」と題した練習問題では、コードを書く量が多かったり、元のコードの構造を大幅に変える必要があります。本書で述べたパズルを一段と高度化したパズルの挑戦だと考えてもよいでしょう。本書には、練習問題の解答が含まれていませんが、MIT Pressのウェブサイトでは講師用の解答が用意されています。

私は、実際に手を動かして学ぶのが一番良い方法だと固く信じています。本書の練習問題を自分ですべて解いたなら、コンピュータサイエンティストになるのも夢ではありません。読者のみなさんの今後に幸運がありますように！

S. Devadas

*1　原注：3章「心を読む」を除いては、コードはPython 2.xでもPython 3.xでも同じです。

本書の表記法

本書では、次に示すように文字のフォントを使い分けています。

ゴシック（サンプル）
新しい用語を示す。

固定幅（`sample`）
プログラムリストに使うほか、本文中でも変数、関数、データ型、環境変数、文、キーワードなどのプログラムの要素を表すために使う。

このアイコンはヒントや提案を示す。

このアイコンは、一般的な注記を示す。

このアイコンは警告や注意事項を示す。

問い合わせ先

本書に関するコメントや質問は以下までお知らせください。

株式会社オライリー・ジャパン
電子メール japan@oreilly.co.jp

『Programming for the Puzzled — Learn to Program While Solving Puzzles』のサンプルコード、補足資料については以下のサイトを参照してください。

https://mitpress.mit.edu/books/programming-puzzled

また、日本語版の目次、正誤表については以下のサイトを参照してください。

https://www.oreilly.co.jp/books/9784873118512

謝辞

本書は、母校、カリフォルニア大学バークレー校でのサバティカル期間中に書き上げました。本書の大半を書いたCory Hallのオフィスを使わせてくれたRobert Brayton教授に感謝します。Sanjit Seshia、Kurt Keutzer、Dawn Songには、とても楽しく生産的なサバティカルのホストを務めてくれたことに感謝します。

Java言語を使ったプログラミングの授業で、Daniel Jackson教授と一緒に教えたのが、ソフトウェア工学の授業の始まりでした。それ以来、Jackson教授のプログラミング言語やソフトウェア工学への姿勢にずっと影響を受けてきました。彼と一緒に行ったJavaScriptアクセラレータワークショップでは、基本的なプログラミングの概念を教えるために、郵便切手をどのように組み合わせるかというパズルを扱いました。

コンピュータサイエンスとプログラミングの入門コースを初めて教えたのは、John Guttag教授と一緒の授業でした。この授業では、コンピュータサイエンス以外の学科の学生が多数を占めていました。Guttag教授の熱意に感化されて、私はPythonの入門コースを教えるようになりました。彼が使っていた例題の1つが「平方根を二分法で探索する」で本書に取り入れています。

本書のパズルのいくつかは、2015-2016年にAdam ChlipalaとIlia Lebedevと一緒に行ったプログラミング基礎の講義で用意したものです。コースの講義や演習に使うコードに関しては、多くの人が草案段階から「製品版」に仕上げるまで貢献してくれました。「中庭にタイルを敷く」のコードを書いたYuqing Zhang、「両替する方法を数える」のコードを書いたRotem Hemo、「質問するにもお金がかかる」のコードを書いたJenny Ramseyerに特に感謝します。2017年春学期の400人の学生に、Duane Boning、Adam Hartz、Chris Termanと本書の素材を使って教えたのはとても楽しい経験でした。

「心を読む（準備をしてから）」というパズルは、「コンピュータサイエンスの数学」という授業では代表的なものですが、誰が作ったのか私は知りません。でも、これを教えてくれたNancy Lynchは、15年以上も前に、講義中のこのパズルのデモで、マジシャンの私の助手を務めてくれました。このパズルの記述は、Eric Lehman、Tom Leighton、Albert Meyerが書いた講師用のメモに基づくものです。

Kaveri Nadhamuniは、「偽造硬貨を探す」、「招かれざる客」、「アメリカズ・ゴット・タレント」、「貪欲は良いことだ」などのパズルのコードの作成を手伝ってくれました。Eleanor Boydは、Girls Who Codeというワークショップで「偽造硬貨を探す」というパズルを使い、貴重なフィードバックをくれました。

Ron Rivestは、「帽子を全員で揃える」、「パーティーに行くタイミング」、「水晶をどうぞ壊してください」、「招かれざる客」、「アナグラム狂」、「メモリは役に立つ」など多くのパズルの最適化と一般化について貴重な示唆をくれました。

Billy Mosesは、本書を細かく読んで、多数の改善点を示唆してくれました。

アルゴリズム入門とアルゴリズム設計分析という2つのクラスを、同僚のCostis Daskalakis、Erik Demaine、Manolis Kellis、Charles Leiserson、Nancy Lynch、Vinod Vaikuntanathan、Piotr Indyk、Ron Rivest、Ronitt Rubinfeldと一緒に教えることで、アルゴリズムについての私の能力は格段と上がりました。Saman Amarasinghe、Adam Chlipala、Daniel Jackson、John Guttag、Martin Rinardと一緒にソフトウェアのクラスを教えることで、ソフトウェア工学とプログラミング言語に関する私の知識は増えました。有能な同僚に感謝しています。

Victor CostanとStaphany Parkは、アルゴリズム入門とアルゴリズム設計分析のクラスでの採点システムの自動化により、コースの内容に集中できるようにしてくれました。

MIT Pressは、匿名の査読者3人に本書の草稿を送りました。彼らの丁寧な査読、多数の改善点の指摘、および出版への勧告に感謝します。本書を読んで、貴重なフィードバックが生かされていることを喜んでもらえると思います。

MITでは、学科および研究室の管理運営において、教育的な努力を常に励まされてきました。Duane Boning、Anantha Chandrakasan、Agnes Chow、Bill Freeman、Denny Freeman、Eric Grimson、John Guttag、Harry Lee、Barbara Liskov、Silvio Micali、Rob Miller、Daniela Rus、Chris Terman、George Verghese、Victor Zueには、多年にわたる支援に感謝します。

Marie Lufkin Lee、Christine Savage、Brian Buckley、Mikala Guytonは、本書の査読、編集、出版を円滑に進めてくれました。Robie Grantは、索引を作ってくれました。

これらの人の作業に感謝しています。

妻のLohanが本書の題名を決めてくれました。娘のSheelaとLalitaが、私の最初の「お客様」で、この本を生み出すことができました。本書を3人に捧げます。

目次

1章 帽子を全員で揃える

好きなようにしていいと言われると、人々は互いに真似をするものだ。
—— エリック・ホッファー（米国の社会哲学者）

この章で学ぶプログラミング要素とアルゴリズム

- リスト
- タプル
- 関数
- 制御フロー（if文とforループ）
- print関数[*1]

野球の試合を見ようとたくさんの人が並んでいます。みんなホームチームのファンで、チームの帽子をかぶっていますが、帽子のかぶり方がばらばらです。普通にひさしを前にかぶっている人と、反対にひさしを後ろにかぶっている人とがいます。

もっとも、どちらが普通で、どちらが逆かは人によって定義が違います。本書では、下図の左が普通で、右が逆だと考えることにします。

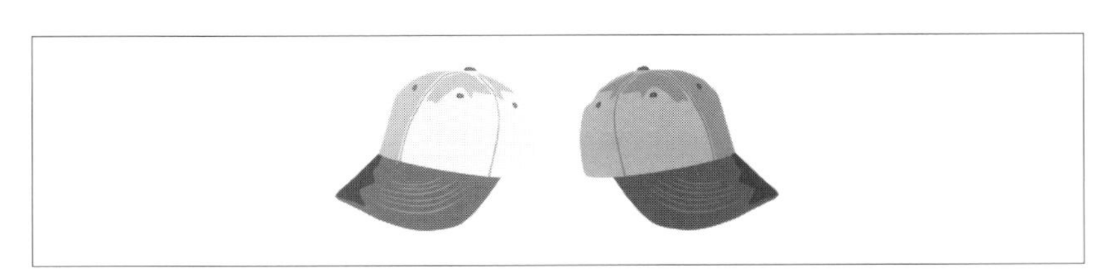

あなたが入り口の入場係で、並んでいるファンの帽子がみんな揃っている場合に、つまり、みんなが普通かぶりか逆かぶりかどちらかの場合にだけ野球場に入場させるのだとします。向きの定義はみんなばらばらの可能性があるので、かぶり方を命令するわけにはいきません。向きを変えろとだけ命令できます。ありがたいことに、列に並ん

＊1　訳注：Python 2系までは関数ではなく文でした。

でいる人は、自分が列の何番目にいるのかはわかっています。一番前の人の位置は0、最後の人は$n-1$です。次のように命令できます。

Person in position i, please flip your cap.
（i番目の人は、帽子の向きを替えてください）
People in positions i through j (inclusive), please flip your caps
（i番目からj番目の人は、帽子の向きを替えてください）

課題は、声をからさないように、命令回数を最小にすることです。例を次に示します。

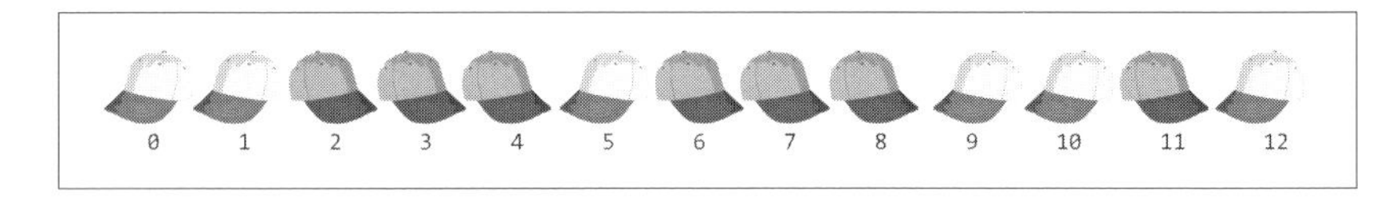

13人が位置0から位置12まで並んでいます。帽子は前向きが6人、後ろ向きが7人です。例えば、次のようにすると計6回になります。最初の指示は次の通りです。

Person in position 0, please flip your cap.
（0番目の人は、帽子の向きを替えてください）

これを残りの1、5、9、10、12番の人に対しても繰り返し大声で指示するのです。声をからさないようにするには、次のように4回指示します。

People in positions 0 through 1, please flip your caps.
（0番目から1番目の人は、帽子の向きを替えてください）
Person in position 5, please flip your cap.
（5番目の人は、帽子の向きを替えてください）
People in positions 9 through 10, please flip your caps.
（9番目から10番目の人は、帽子の向きを替えてください）
Person in position 12, please flip your cap.
（12番目の人は、帽子の向きを替えてください）

こうすると、みんなの帽子が後ろ向きになります。
しかし、この例の場合は、もっと良い方法があります。次のように命令します。

People in positions 2 through 4, please flip your caps.
（2番目から4番目の人は、帽子の向きを替えてください）

> People in positions 6 through 8, please flip your caps.
> (6番目から8番目の人は、帽子の向きを替えてください)
> Person in position 11, please flip your cap.
> (11番目の人は、帽子の向きを替えてください)

こうすると、みんなの帽子が前向きになります。

どうすれば、最小回数が求まるでしょうか。より難しい課題は、列を先頭から最後まで1回調べただけで最小回数の命令列を作ることができるかです。

次を読む前に考えてみましょう。

同じ考えの人のシーケンスを求める

並んでいる人の集合に対応する帽子の向きのリストがあると想定しましょう。帽子の向きが同じ人が続いている「区間」のリストを計算できます。区間は、開始位置、終了位置、$a<b$として$[a, b]$で表せます。aとbを含めたaからbまでのすべての位置が区間に含まれます。

各区間には前向き区間か後向き区間かのラベルがあります。したがって、区間は3要素、開始位置、終了位置、前向きか後向きかのラベル、からなります。

区間のリストはどう作るのでしょうか。カギとなる観察は、帽子の向きが変わったとき、1つの区間が終わって、別の区間が始まることです。もちろん、最初の区間は、位置0から始まります。先ほどの例を再度示します。

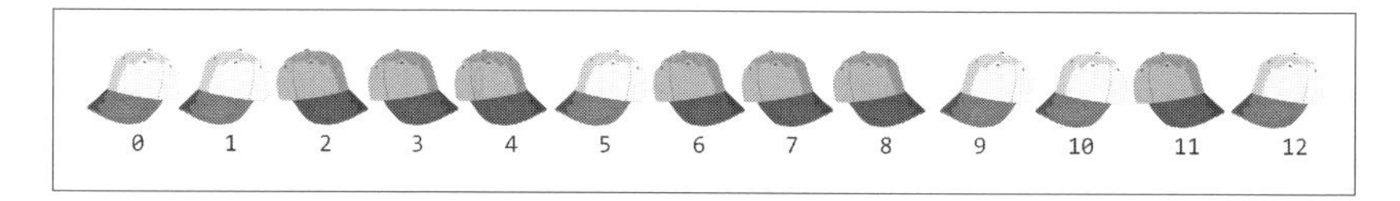

位置0は前向きです。列を進んでいくと、位置1も前向きなことがわかります。しかし、位置2は後向きです。向きが変わりました。これは、最初の区間がその前の帽子で終わったことを意味します。最初の区間は[0, 1]で、向きは前向きです。それだけでなく、第2区間の開始位置もわかっていて、2です。先頭のときと同様に、現在の区間の開始位置がわかっていて、どこで終わるかを知る必要があります。

このようにして、[0, 1]前向き、[2, 4]後向き、[5, 5]前向き、[6, 8]後向き、[9, 10]前向き、[11, 11]後向き、[12, 12]前向き、が得られます。最後の区間は、向きが変わったためではなく、人の列が終わったので終了しています（この場合をコードで適切に扱うことが重要です。注意してください)。

最初のアルゴリズムでは、前向き区間の個数と後向き区間の個数を計算して、区間集合の個数の少ない方の向きを選択して、向きを替えます。この例の場合、前向き区間が4つ、後向き区間が3つなので、後向きの帽子の人に向きを替えるように命令します。

最悪の場合は、帽子の前向きと後向きが交互に現れて、n人の場合、nが偶数なら、前向き区間が$n/2$、後向き区間が$n/2$となります。この最悪の場合は、$n/2$回命令を大声で指示しないといけません。nが奇数の場合は、前向き区間が1つ多いか、逆に後向き区間が1つ多いかになります。

このアルゴリズムが行っているのは、同じ帽子の向きの連続した人を区間にまとめることです。区間を決定すると、1人ずつ変わっている場合と同じように、m個の区間が前向きで、後向きの区間はm、$m-1$、$m+1$個のいずれかになります。命令数が最小になる向きを選ぶのが最良です。これより良いアルゴリズムはありません。

文字列、リスト、タプル

本書では、文字列、リスト、タプル、集合、辞書を扱いますが、すべてPythonで提供されるデータ構造です。これらのデータ構造で何ができるかを次に簡単にまとめます。

文字は例えば`'a'`, `'A'`のように単一記号、文字列は`'Alice'`のような文字の列か、`'B'`のような単一文字です。文字列は一重引用符だけでなく、`"A"`, `"Alice"`のように二重引用符で括ることもできます。文字列内の文字にもアクセスできます。例えば、`s = 'Alice'`なら、`s[0]`の評価は`'A'`、`s[len(s)-1] = 'e'`となります。組み込み関数`len`は、引数文字列(またはリスト)の長さを返します。`len(s)`は5を返します。文字列は変更できません。代入`s[0] = 'B'`はエラーとなります。ただし、古い文字列に操作を施して新しい文字列を作ることはできます。例えば、`s = 'Alice'`に対して、`s = s + 'A'`と書いて、新たな文字列`'AliceA'`を`s`で参照します。

Pythonのリストは、要素の配列やシーケンスと考えられます。複数の文字列やリストを含むことができます。例えば、`L = [1, 2, 'A', [3, 4]]`とします。`L[0]`が`1`、`L[len(L)-1]`が`[3, 4]`、`L[3][0]`が`3`となります。リストは変更可能です。`L[3][1] = 5`とすると`L`が`[1, 2, 'A', [3, 5]]`となります。

タプルはリストとほぼ同じですが変更できません。`T = (1, 2, 'A', [3, 4])`なら、

T[3] = [3, 5]はエラーですが、T[3][0] = 4ならTのリスト要素が変更されてT = (1, 2, 'A', [4, 4])となります。

コード例には、ここで紹介していない演算も使います。集合と辞書については、より高度なデータ構造を使うところで紹介します。

アルゴリズムからコードへ

最初の戦略のコードを示す用意ができました。コードを4つの部分で示し、コードの該当部分の直後に説明を与えます。Pythonキーワードと予約語は変数名や関数名に使ってはいけません。

```
1.  cap1 = ['F', 'F', 'B', 'B', 'B', 'F', 'B',
            'B', 'B', 'F', 'F', 'B', 'F' ]
2.  cap2 = ['F', 'F', 'B', 'B', 'B', 'F', 'B',
            'B', 'B', 'F', 'F', 'F', 'F' ]
```

1 - 2行は入力リストです。先ほどの例はリストcap1です。このリストは、'F'が前、'B'が後ろの帽子の向きを表す文字列のリストです。Pythonでは、リストを複数行で宣言できます。[]でリストの開始と終了を示すからです。

```
3.  def pleaseConform(caps):
4.      start = forward = backward = 0
5.      intervals = []
6.      for i in range(1, len(caps)):
7.          if caps[start] != caps[i]:
8.              intervals.append((start, i-1, caps[start]))
9.              if caps[start] == 'F':
10.                 forward += 1
11.             else:
12.                 backward += 1
13.             start = i
14.     intervals.append((start, len(caps)-1, caps[start]))
15.     if caps[start] == 'F':
16.         forward += 1
17.     else:
18.         backward += 1
19.     if forward < backward:
20.         flip = 'F'
21.     else:
22.         flip = 'B'
23.     for t in intervals:
```

```
24.         if t[2] == flip:
25.             print ('People in positions', t[0],
                       'through', t[1], 'flip your caps!')
```

3行目は関数名と引数リストです。キーワードdefを関数定義に使います。括弧で括られた文字列が引数です。この関数は入力リストを引数に取ります。cap1やcap2を含めてどんなリストでも使えます。後で、pleaseConform(cap1)の実行結果を示します。関数は、引数が、'F'と'B'のリストだと想定します。長さは任意ですが、空であってはいけません。

4-5行目は、アルゴリズムで使う変数を初期化します。各区間は、最初の2つが数、3番目が'F'か'B'の文字列ラベルという3要素タプル。前の2数が区間の両端を表します。区間は両端で閉じており、両端の位置を含みます。既に述べたように、タプルはリストに似ているがリストと違い、作成後は変更できません。8行目は次のようにもできます。

```
intervals.append([start, i-1, caps[start]])
```

すなわち、3変数を()ではなく[]で括っても、プログラムは同じように動作します。変数intervalsは、区間タプルのリストで、初期値は空リストです。変数forwardとbackwardは、前向き区間と後ろ向き区間の個数を数えます。初期値は0です。

6 - 13行目はforループで、区間を計算します。len(cap1)は13を返します。capsのリスト要素が0から12という番号であることに注意します。例えば、caps[0] = 'F', caps[12] = 'F'です(caps[13]とするとエラーになります)。キーワードrangeの引数は、1, 2, 3個のどれでも構いません。range(len(caps))なら、変数iは、0から始まり、len(caps) - 1まで1ずつ増えます。6行目はrange(1, len(caps))なので、変数iは、1から始まり、len(caps) - 1まで1ずつ増えます。これはrange(1, len(caps), 1)と書いても同じです。range(1, len(caps), 2)と書けば、iは2ずつ増えます。

変数startは、区間計算に重要です。startは0で始まり、caps[start]と異なるcaps[i]が見つかるまでiが増やされます。このチェックは7行目のif文で行われます。if文の述語部caps[start] != caps[i]がTrueだと、区間が1つ終わり、このiから次の区間が始まります。求まった区間はstartで始まりi - 1で終わります。決定した区間は、リストintervalsに、開始位置、終了位置、'F'か'B'の区間の種類という3つ組のタプルとして追加されます。9-12行目では、前向き区間か後向き区間の種類に応じて区間の個数を増やします。13行目では、新区間がiから始まるので、startをiに設定します。

14行目がforループの外であることに注意します。インデントがループ終了を示します。forループの実行が完了したら、全区間が計算できたと考えてしまいそうですが、それは間違っています。最後の区間がまだintervalsに追加されていません。これは、区間を通り越したとわかってから区間を追加しているからです。caps[start]と異なるcaps[i]が見つかったときがそれです。しかし、この状況は最後の区間では生じません。例えば、cap1が入力だとすると、i = 12のとき、start = 11でcaps[i]は'F'でループが終わります。同様に、入力がcap2なら、i = 12のとき、値は'F'でstart = 9でループを抜けます。したがって、最後の区間をループの外で追加しなければなりません。これを14-18行目で行います。

19-22行目では、どちらの区間を逆向きにするか決定します。小さい方の集合を選びます。23-25行目は区間についてループします。このforループは、intervalsの区間tについてイテレーションし、前向きか後向きか選ばれた種類の区間に対して命令を表示します。各tは区間情報の3つ組で、表示対象の命令の開始位置と終了位置を与えます。タプルtについては、t[0]が区間開始、t[1]が区間終了、t[2]が種類を示します。t[0]、t[1]、t[2]に値を代入しようとするとエラーになります。リストの要素の値をうっかり変更されないように、タプルにしておきます。

25行目のprint関数は、命令を表示します。文字列の間に変数の値を表示します。表示される文字列と変数は括弧で括らねばなりません[*1]。読みやすいようにprint関数が2行になっていることに注意します。引数が()で括られているので、Pythonはprint関数を正しくパースできます。

コードの最適化

あらゆる巨大プログラムの内部には、出ていこうとする小さなプログラムがある。

── トニー・ホーア（英国の計算機科学者、構造化プログラミングの提唱者の1人）

全部で26行のコードは大きなプログラムではありませんが、アルゴリズムパズルのプログラミングの美しいところは、コードを短縮して最適化できることです。プログラムが小さくなるほど、普通は、効率が上がり、バグが少なくなります。ただし、これは

*1　原注：Python 3.xでは常に()が必要ですが、Python 2.xでは、2行以上にまたがる場合にだけ必要となります。

必ずそうなるとは限りません。

リストの最後は特別な場合で、14-18行目では最後の区間を追加しました。これは、caps[start]と異なる値の番号がわかって初めて区間を追加するからです。この特別な場合を避けるためには、5行目と6行目の間に、次のような文

```
5a.    caps = caps + ['END']
```

を挿入し、14 - 18行を削除します。上の文は、リストcapsに他の要素とは全く異なる要素を追加します。+演算子は2つのリストを連結し、連結結果に対応する新しいリストを作成します。そのために、'END'を[]で括らないといけません。+演算子は、2つのリスト、2つの文字列、2つの数の演算を行いますが、リストと文字列や文字列と数などに対しては演算できません。要素を1つ追加したということは、ループの繰り返しが1回増えることを意味します。最後の繰り返しでは、caps[start] != caps[i]は、caps[start]が'F'でも'B'でもTrueになり、最後の区間が追加されます。

さらに、この最適化の結果、入力が空リストでも、元のプログラムのようにエラーにならないという利点があります。

リストの作成と変更

リストcapsに新たな要素を追加する5a行で、caps.append('END')を使うこともできました。しかし、こうすると、引数のリストcapsが変更されるので、それは避けたいのです。次に示す2つの異なるプログラムを考えましょう。

プログラム1

```
1.  def listConcatenate(caps):
2.      caps = caps + ['END']
3.      print(caps)
4.  capA = ['F','F','B']
5.  listConcatenate(capA)
6.  print(capA)
```

プログラム2

```
1.  def listAppend(caps):
2.      caps.append('END')
3.      print(caps)
4.  capA = ['F','F','B']
5.  listAppend(capA)
6.  print(capA)
```

プログラム1は、['F','F','B','END']を表示してから['F','F','B']を表示します。**プログラム2**は、['F','F','B','END']を2度表示します。リスト連結演算子+は、新たにリストを作りますが、appendは既存のリストを変更します。だから、プロシージャ呼び出しの外にあるcapAが変更されてしまうのです。

スコープ制御

capAをすべてcapsに置き換えても両方のプログラムの動きは同じになります。最初のプログラムでcapAをすべてcapsに置き換えます。

```
1. def listConcatenate(caps):
2.     caps = caps + ['END']
3.     print(caps)
4. caps = ['F','F','B']
5. listConcatenate(caps)
6. print(caps)
```

これは、['F','F','B','END']を表示してから['F','F','B']を表示します。プロシージャlistConcatenateの外にある変数capsは、関数内部の引数capsとは異なるスコープを持ちます。引数capsは新たなリストを指しています。すなわち、連結が行われると新たなメモリを取って、そこにリストの要素をコピーするために、['F','F','B','END']は異なるメモリを指します。このプロシージャ実行が終わると、引数capsも新たなリストも消えてしまい、アクセスできなくなります。プロシージャの外の変数capsは、元のメモリ位置にあった['F','F','B']を指したままで、これは変更されていません。

次に、appendの場合を調べましょう。

```
1. def listAppend(caps):
2.     caps.append('END')
3.     print(caps)
4. caps = ['F','F','B']
5. listAppend(caps)
6. print(caps)
```

スコープの制御規則はこの場合にも適用されます。引数capsは最初はリスト['F','F','B']を指しています。appendは、このリストを変更して['F','F','B','END']にします。したがって、プロシージャ実行が終わり、引数capsが消えた後も、元のメモリ位置のリストは要素'END'を追加した変更がそのままです。プロシージャの外の変数capsが同じメモリ位置を指しているので、変更結果が表示されます。

ここの説明で頭が痛くなるかもしれません。引数の変数名とプロシージャ呼び出しで渡されるプロシージャの外の変数名とは、異なる名前を使うようにします。

アルゴリズムの最適化

どうすれば、列を最初に調べたときに最小回数の命令を求めることができるかという難しい課題に取り組みましょう。

ヒントがあります。前向き区間と後向き区間とは、個数が高々1つしか違いません。例えば、先頭の人の帽子が前向きなら、前向き区間の個数が後向き区間の個数より少ないことはありえません。同様に、先頭の人の帽子が後向きなら、後向き区間の個数が前向き区間の個数より少ないことはありません。

最初のアルゴリズムは、最初にリストを調べて前向き区間と後向き区間を決定し（第1パス）、次に区間を調べて適切な命令を表示する（第2パス）という意味で2パスでした。

読者のみなさんは、1パスで、命令最小集合を生成するアルゴリズムを作ることができるでしょうか。そのアルゴリズムにはループが1つだけで実装されるはずです。

1パスアルゴリズム

最小個数の命令に対応するのが前向き区間の集合か後向き区間の集合かを、リストの先頭の帽子の向きが示すことがわかりました。これによって、次に示す1パスアルゴリズムができます。

```
1.  def pleaseConformOnepass(caps):
2.      caps = caps + [caps[0]]
3.      for i in range(1, len(caps)):
4.          if caps[i] != caps[i-1]:
5.              if caps[i] != caps[0]:
6.                  print('People in positions', i, end='')
7.              else:
8.                  print(' through', i-1, 'flip your caps!')
```

第2行目で要素をリストに追加しますが、末尾要素ではなく、先頭要素と同じものを追加します。ループでは、直前の要素と違う要素が初めて出てきたら（4行目）、区間を開始します。これは、先頭の区間をスキップすることを意味します。先頭区間の帽子の向きは、命令をする最小個数の区間の向きではなく、せいぜい個数が同じになるだけだとわかっていたので、スキップで構いません。先頭の要素と同じ要素が出てきたら(7行目)区間を終えます。このコードは区間を作ると同時に命令を表示します。2行目で、リストの末尾に先頭と同じ要素を追加したので、元のリストの末尾がcaps[0]と異なっていても最後の区間を表示できます。

このコードの欠点は、章末練習問題にあるように元のコードに比べると修正変更が難しいことです。空リストでエラーにならないように強化する必要もあります。

応用分野

このパズルの背景にあるのは、圧縮です。1人ずつに指示するときの情報を、一連の人に対する指示という、より少ない個数の情報に圧縮できました。

データ圧縮は、重要なアプリケーションであり、インターネット上で大量の情報が生成されているために、さらに重要度が増しています。可逆データ圧縮はさまざまな方法で行えます。基本方針として、このパズルのに近いアルゴリズムが、ランレングス符号化[*1]です。簡単な例で説明します。32文字の英字の文字列があるとします。

```
WWWWWWWWWWWWWBBWWWWWWWWWWWWBBBBB
```

単純なアルゴリズムを使い、10文字の英数字列に圧縮できます。

```
13W2B12W5B
```

上の文字列では、各英字の前の数値が元の文字列では文字が何個並んでいたかを示します。元の文字列には、13個のW、2個のB、12個のW、最後に5個のBが並んでいました。この情報を直接圧縮文字列で表しました。

ランレングス復号化は、13W2B12W5Bを元の文字列に戻す処理です。

先ほどの例ではかなり圧縮できましたが、次のような文字列ではどうでしょうか。

```
WBWBWBWBWB
```

素朴なランレングス符号化だと、次のように、文字列が長くなってしまいます。

```
1W1B1W1B1W1B1W1B1W1B
```

しかし、より巧妙なアルゴリズムなら、次のようになります。

```
5(WB)
```

---

*1 訳注：https://ja.wikipedia.org/wiki/連長圧縮

()で繰り返す文字列を示します。このようなアイデアに基づいたアルゴリズムが現在のコンピュータの圧縮ユーティリティに使われています。

練習問題

問題1：pleaseConform(cap1)の出力で気になるのは、

```
People in positions 2 through 4 flip your caps!
People in positions 6 through 8 flip your caps!
People in positions 11 through 11 flip your caps!
```

という出力の最後は

```
Person at position 11 flip your cap!
```

であるべきだということです。

コードを修正して、上のような自然な命令になるようにしてください。

問題2：pleaseConformOnepassを問題1と同様に自然な命令を出力するよう修正してください。また、空リストでもエラーにならないようにしてください。

[ヒント]
区間の先頭を覚えておき、6行目で出力しないようにします。

パズル問題3：列に帽子をかぶっていない人がいるとしましょう。文字'H'でそのような人を表します。例えば、次のようになります。

```
cap3 = ['F','F','B','H','B','F','B','B','B','F','H','F','F']
```

帽子をかぶっていない人に帽子の向きを替えるように命令すると、帽子を取り替えるのかと誤解して前の人の帽子を取ろうとするかもしれません。そこで、'H'の人のところは命令をスキップするようにしたいのです。pleaseConformを修正して、最小個数の命令を正しく出すようにしてください。上の例だと、次のようになります。

```
Person in position 2 flip your cap!
Person in position 4 flip your cap!
People in positions 6 through 8 flip your caps!
```

問題4：単純なランレングス符号化のプログラムを書いてください。例えば、BWWWWWBWWWWをより短い1B5W1B4Wに変換し、さらに、圧縮した文字列を元の文字列に戻す復号化もできるようにしてください。文字列を1パスで符号化と復号化ができるようにすべきです。

str関数が数を文字列に変換します。例えば、str(12) = '12'。符号化に役立ちます。int関数は、文字列を数値に変換します。例えば、int('12') = 12。任意の文字列sで、s[i].isalpha()は、文字s[i]が英字ならTrueを、それ以外ならFalseを返します。s.isalpha()は、sのすべての文字が英字ならTrueを返します。関数intとisalphaは復号化で役立ちます。

2章 パーティーに行くタイミング

人生を振り返って、ぐっすり眠れた夜を思い出せる人などいない。

作者未詳

この章で学ぶプログラミング要素とアルゴリズム

- タプル
- タプルのリスト
- 入れ子forループ
- 浮動小数点数
- リストスライス
- ソート

会社のイベントの抽選でチケットが当たったので有名人が出席する祝賀パーティーに出席できることになりました。みんながチケットを欲しがるので1時間しか出席できませんが、特別なチケットなので出席時間を選択できます。有名人が何時に来るかという正確なスケジュールはあります。自分の社会的地位を示すために、できるだけ多くの有名人とお話をして一緒の写真を撮りたいと思っています。

有名人の来場と退場の時刻を示したリストが手に入りました。滞在時間は$[i, j)$と表すことができます。すなわち、区間は左が閉じていて右が開いています。有名人はi時に来て、j時前に帰るので、j時きっかりに会場についてもその有名人には会えません。

例を示します。

有名人	来場	退場
Beyonce	6	7
Taylor	7	9
Brad	10	11
Katy	10	12
Tom	8	10
Drake	9	11
Alicia	6	8

パーティーに行くのは何時が一番いいでしょうか。

各時刻とそのときにいる有名人を数えると、10時から11時が良さそうです。Brad、Katy、Drakeと写真を撮れます。4人以上とは無理そうです。

時間をもう一度チェックする

素直なアルゴリズムは、各時刻について何人有名人がいるか順に調べるものです。$[i, j)$の有名人は、$i, i+1, \ldots, j-1$時にいます。このアルゴリズムは単純に各時刻の有名人の人数を数えて、最大値を取ります。

コードを次に示します。

```
1.  sched = [(6, 8), (6, 12), (6, 7), (7, 8),
             (7, 10), (8, 9), (8, 10), (9, 12),
             (9, 10), (10, 11), (10, 12), (11, 12)]

2.  def bestTimeToParty(schedule):
3.      start = schedule[0][0]
4.      end = schedule[0][1]
5.      for c in schedule:
6.          start = min(c[0], start)
7.          end = max(c[1], end)
8.      count = celebrityDensity(schedule, start, end)
9.      maxcount = 0
10.     for i in range(start, end + 1):
11.         if count[i] > maxcount:
12.             maxcount = count[i]
13.             time = i
14.     print ('Best time to attend the party is at', time, 'o\'clock',
               ':', maxcount, 'celebrities will be attending!')
```

アルゴリズムの入力は、滞在時間のリストである予定表です。滞在時間は2要素のタプルで、その要素は数です。最初が開始時刻、次が終了時刻です。アルゴリズムはこの時刻を変更してはならないので、時間を表すのにタプルを使います。

3-7行目で有名人が最初にパーティーに来る時刻と最後の有名人が帰る時刻を決めます。3, 4行目では、scheduleに少なくともタプルが1つあると想定して、startとend変数を初期化します。startを有名人が来る最初の時刻、endを残っていた有名人の帰る最終時刻とします。schedule[0]はscheduleの先頭タプルを示します。タプルの2要素へのアクセスは、リストへのアクセスと全く同じ記法を使います。schedule[0]がタプルなので、タプルの第1要素には[0]を、第2要素には[1]を付けます(4行目)。

forループでは、各タプルをcで指して、全タプルを調べます。例えば、c[0]を10にしようとするとcがタプルなのでエラーになることに注意します。もし、sched = [[6, 8], [6, 12], . . .]と定義していれば、schedの要素がリストなので、例えば、6を10に変えることができます。

8行目でリストcountに、startとendの間の各時刻に有名人が何人いるかという情報を返す関数を呼び出します。

9-13行で、最多有名人の時間帯を求めます。startからendまで有名人の最多人数maxcountを保持しながら調べていきます。これらの行を次のように書き換えることもできます。

```
 9a.    maxcount = max(count[start:end + 1])
10a.    time = count.index(maxcount)
```

Pythonには、リストの最大要素を返す関数maxがあります。スライスを使って、リストの中のある範囲の要素を選び出すことができます。9a行では、インデックスがstartからendまで(endも含めて)の範囲で最大要素を求めます。b = a[0:3]は、aの先頭の3要素、a[0], a[1], a[2]をリストbにコピーすることを表します。10a行は、この求めた最大要素のインデックスを求めます。

アルゴリズムの核心部は、関数celebrityDensityに実装されています。

```
1. def celebrityDensity(sched, start, end):
2.     count = [0] * (end + 1)
3.     for i in range(start, end + 1):
4.         count[i] = 0
5.         for c in sched:
6.             if c[0] <= i and c[1] > i:
7.                 count[i] += 1
8.     return count
```

この関数は二重ループになっています。外側のループは時刻のイテレーションで、rangeの第1引数startから始めて、1単位ずつ増やしていきます。各時刻について、内側のループ(5-7行目)が、有名人のイテレーションで、6行目で有名人がその時刻にいるかどうかをチェックします。既に述べたように、時刻は有名人の来場時刻以降で、退場時刻より前でなければなりません。

```
bestTimeToParty(sched)
```

を実行すると出力は次のようになります。

```
Best time to attend the party is at 9 o'clock : 5 celebrities will be attending!
(パーティーに行くのは9時。5人有名人が来ています)
```

このアルゴリズムで良さそうですが、1つ重大な問題があります。時間の単位はどうでしょうか。この例では、6は午後6時、11は午後11時、12は深夜の12時。これは、時間単位が1時間だということを意味します。もしも、有名人が好きな時刻に、いつ入退場してもよいとしたらどうなるでしょうか。例えば、Beyonceが6:31に来て、6:42に帰り、Taylorが6:55に来て7:14に帰ったとします。時間単位を1時間ではなく1分にしました。それは、16行目のループで60倍チェックすることを意味します。もしもBeyonceが6:31:15に来るなら、1秒ごとにチェックしなければなりません。(難しいとは思いますが) ミリ秒単位で入退場しようとする有名人がいるかもしれません。時間単位の選択は悩ましいことです。

時間の単位に依存しないアルゴリズムを考えられるでしょうか。そのアルゴリズムの演算数は、有名人の人数にだけ依存して、スケジュールに依存すべきではありません。

時間チェックをスマートにこなす

有名人全員の来場している期間を、時間を横軸にとって図示しましょう。スケジュール例を次に示します。

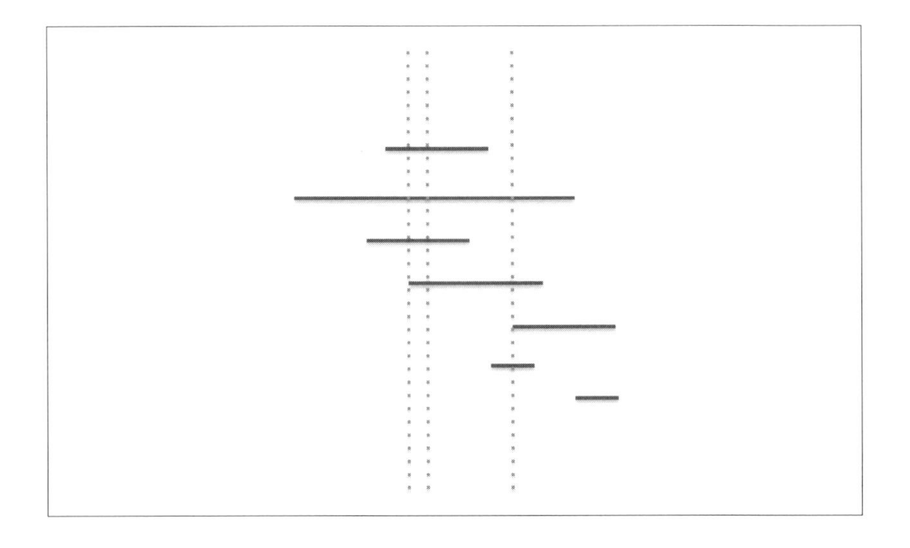

この図からは多くのことがわかります。(点線で示す)「定規」を適当な時刻に当てて、その来場期間が定規と交わる有名人を数えれば、その時刻に会える人数がわかります。そのこと自体は、前の素直なアルゴリズムでもわかっていて、コーディングしました。しかし、この図から、2つの観察結果を追加できます。

1. 有名人の滞在期間の開始時刻と終了時刻だけ調べればよい。有名人の人数が変化するのはその時刻だけなので、左から2番目の点線で有名人の人数を計算する必要はない。有名人の出入りがないから、左の点線で最初に数えたのと変わらない(上から4番目の有名人が最初の点線の時刻には既に入場していることに注意)。
2. 定規を左から右へと動かして、後で詳しく述べる増分的計算を用いて有名人の最大人数を計算できる。

有名人の人数のカウンタは初期値を0とします。有名人の滞在時間の開始時刻でカウンタを1増やし、滞在時間の終了時刻で1減らします。有名人の人数の最大値も保持しておきます。人数のカウンタは、滞在時間の開始および終了時刻で変化しますが、人数の最大値は、滞在時間の開始時刻でしか変化しません。

肝心なことは、定規を左から右へと動かすのをシミュレーションするように、時刻を増やしてこの計算を行うことです。これは、有名人のスケジュールの開始時刻と終了時刻とをソートしておくことを意味します。上の図からは、上から2番目の有名人の来場時刻、上から3番目の有名人の来場時刻、上から1番目の有名人の来場時刻というふうにソートします。どのようにして時刻をソートするかは、すぐ後で述べます。ここでは、パーティーに行く時刻を求める、効率的で美しい方法に対応したコードを考えます。

```
1.  sched2 = [(6.0, 8.0), (6.5, 12.0), (6.5, 7.0), (7.0, 8.0),
              (7.5, 10.0), (8.0, 9.0), (8.0, 10.0), (9.0, 12.0),
              (9.5, 10.0), (10.0, 11.0), (10.0, 12.0), (11.0, 12.0)]
2.  def bestTimeToPartySmart(schedule):
3.      times = []
4.      for c in schedule:
5.          times.append((c[0], 'start'))
6.          times.append((c[1], 'end'))
7.      sortList(times)
8.      maxcount, time = chooseTime(times)
9.      print ('Best time to attend the party is at', time, 'o\'clock',
               ':', maxcount, 'celebrities will be attending!')
```

sched2が前のscheduleと同じく2要素のタプルで、各タプルの第1の数値が開始時刻、第2の数値が終了時刻であることに注意します。ただし、時間を表すのに、scheduleが整数を使っていたのに対して、sched2では浮動小数点数を使います。6.0, 8.0などが浮動小数点数です。このパズルでは、これらの数値を比較するだけで、他の演算は行う必要がありません。

timesというリストは、3行目で空リストに初期化される2要素タプルのリストですが、タプルの先頭の数値が時刻、2番目の要素は、時刻が開始時刻か終了時刻かを示す文字列ラベルになっています。

3-6行目では、有名人のスケジュールのすべての開始時刻と終了時刻を集めています。引数のscheduleがソートされているかどうかわからないので、このリストもソートされているとは限りません。

7行目は、あとで述べるソートプロシージャを呼び出して、リストtimesをソートします。リストがソートできたら、8行目で肝心のプロシージャ chooseTimeを呼び出します。これは、各時刻について有名人の人数（密度）を増分的計算で求めていきます。

このコードでは、元のスケジュールschedと同じことを、sched2について出力します。

```
Best time to attend the party is at 9.5 o'clock : 5 celebrities will be attending!
（パーティーに行くのは9.5時。5人有名人が来ています。）
```

時刻でのソートについてはどうでしょうか。滞在期間のリストを'start'か'end'というラベルの付いた時刻に変換する必要がありました。この時刻を昇順にソートしますがラベルはそのまま付けておきます。コードは次のようになります。

```
1.  def sortList(tlist):
2.      for ind in range(len(tlist)-1):
3.          iSm = ind
4.          for i in range(ind, len(tlist)):
5.              if tlist[iSm][0] > tlist[i][0]:
6.                  iSm = i
7.          tlist[ind], tlist[iSm] = tlist[iSm], tlist[ind]
```

このコードはどのように働くでしょうか。最も単純な選択ソートと呼ばれるアルゴリズムを使っています[*1]。外側のforループ（2-7行目）では最初のイテレーションでの最小の時刻を見つけて、それを先頭に置きます。この最小要素探索は、len(tlist)回で

*1 原注：効率は最良だとは言えないが、一番理解しやすいコード。**パズル11**と**パズル12**では、もっと良いソートアルゴリズムを示します。

はなく、len(tlist)-1回行われます。要素が1つになったら最小値を探す必要はありません。

最小要素を求めるには、リストの全要素を調べる必要があり、それは内側のforループ(4-6行目)で行われます。リストの先頭には既に要素があり、リストの然るべき位置に動かさなければならないので、このアルゴリズムでは7行目で2つの要素を入れ替えます。7行目では、2つの代入が並行して行われます。tlist[ind]にはtlist[iSm]の古い値がtlist[iSm]にはtlist[ind]の古い値が代入されます。

外側のforループの2回目のイテレーションでは、(先頭要素を除いた)残りのリストを調べて、最小値を見つけ、それを先頭要素の次の2番目の要素と入れ替えます。4行目では、rangeに引数が2つあって、外側のループの繰り返しのたびに、内側のループがindから始まっており、indより前にある要素は既にソートしていることに注意します。このようにしてリストが全部ソートするまで繰り返します。引数のリストの要素が2要素タプルなので、5行目で比較するとき、2要素タプルの最初の要素の時刻の値で比較しないといけません。5行目で[0]が余分に付いているのは、これが理由です。もちろん、ソートの対象は2要素タプルです。7行目でタプルが入れ替わっていますが、'start'や'end'のラベルはそのままです。

リストのソートが終わると、プロシージャchooseTime(下記参照)がリストを1回調べて、最適な時刻とそのときの有名人の人数を決定します。

```
1. def chooseTime(times):
2.     rcount = 0
3.     maxcount = time = 0
4.     for t in times:
5.         if t[1] == 'start':
6.             rcount = rcount + 1
7.         elif t[1] == 'end':
8.             rcount = rcount - 1
9.         if rcount > maxcount:
10.            maxcount = rcount
11.            time = t[0]
12.    return maxcount, time
```

イテレーションの回数は、有名人の数の2倍です。リストtimesに、有名人ごとに開始時刻、終了時刻に対応する2つの時間要素があるからです。これを単純なアルゴリズムで二重の入れ子ループにすると、イテレーションの回数は、人数に時間(場合によると分や秒)の回数を掛けたものになります。

パーティーに出るべき最良の時刻が、常に、有名人が誰か到着した時刻になることに注意します。それは、rcountが開始時刻にしか増やされず、最大値に達するのがそのような時刻のいずれかだからです。練習問題の**問題2**では、この観測を活用します。

ソートの表現

より効率的な処理にはリストの要素をソートする技法が本質的になります。例えば、単語のリストが2つあり、その2つのリストが等しいかどうかチェックしたいとします。どちらのリストにも単語の繰り返しがなく、長さがどちらも同じでn語だと仮定しましょう。自明な方法は、リスト1の各語について、リスト2にあるかどうかチェックするものです。最悪時、各語について、成功か失敗かわかるまでにn回比較するので、n^2回比較する必要があります。

これより良い方法は2つのリストをそれぞれアルファベット順にソートすることです。ソート後、リスト1の先頭の語がリスト2の先頭の語と等しいかどうか調べ、次に2番目の語について調べるというように順に調べていきます。これだと、最大n回の比較だけで済みます。

ちょっと待って。ソートに必要な演算回数がどれくらいになるのかが気になるかもしれません。選択ソートは、最悪時n^2回比較します。しかもリストを2個ソートします。でも、大丈夫です。後で学びますが、最悪時でも$n \log n$回の比較しか必要がない、より良いソートアルゴリズムがあります。大きなnの場合、$n \log n$はn^2よりはるかに小さいので、等値性の比較をする前にソートしておくことで効率が上がります。

練習問題

問題1：あなた自身が多忙な有名人だと仮定しましょう。パーティーに行くときも時間を自由に選ぶわけにいきません。プロシージャに引数を追加して、与えられたystartとyendの時間内で、会える有名人の最大人数を返すように修正してください。他の有名人同様、時間は[ystart, yend)であり、ystart <= t < yendの時刻tにあなたはパーティーに出ています。

問題2：時間の粒度に依存しないで、パーティーに行く時間を計算する別の方法があります。有名人の滞在時間を順に選び、他の有名人で、滞在時間中にその選んだ有名人の開始時刻を含むのが何人いるかを数えます。パーティーに行く時間は、他の有名人が一番多くいる滞在時間の有名人の開始時刻にすればよいでしょう。このアルゴリズムのコードを書いて、時間のソートを使ったアルゴリズムと同じ答えが出ることを検証してください。

パズル問題3：各有名人に対して、その人がどれだけ好ましいかという重みが付属するものとしましょう。これには、スケジュールを、例えば(6.0, 8.0, 3)のような3要素のタプルにして表します。開始時刻は6.0、終了時刻は8.0、重みが3です。コードを修正して、有名人の重みを足し合わせた最大重みの時刻を求めてください。例えば、下図のような場合、右側の点線に対応する時刻を求めたいのです。

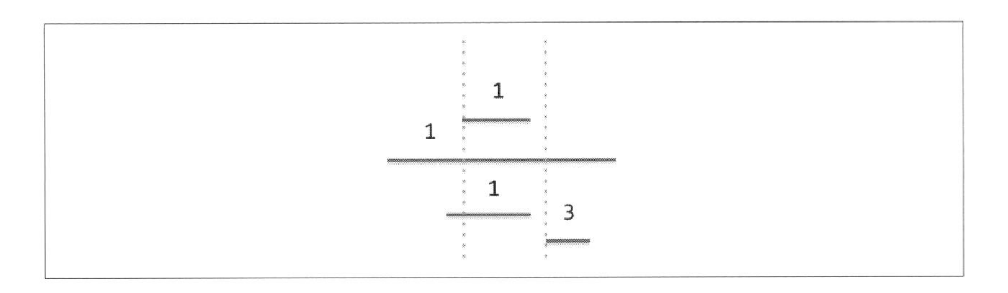

その時刻には2人しか有名人がいませんが重みを合わせると4になり、左側の点線の3人の有名人の重みを合わせた3よりも大きいのです。
もっと複雑な例を示します。

```
sched3 = [(6.0, 8.0, 2), (6.5, 12.0, 1), (6.5, 7.0, 2),
          (7.0, 8.0, 2), (7.5, 10.0, 3), (8.0, 9.0, 2),
          (8.0, 10.0, 1), (9.0, 12.0, 2),
          (9.5, 10.0, 4), (10.0, 11.0, 2),
          (10.0, 12.0, 3), (11.0, 12.0, 7)]
```

この有名人のスケジュールでは、最大の重みが13になる11.0時にパーティーに行くのが答えです。

3章 心を読む（準備をしてから）

機転が利くのは、結局は、読心術の一種ね。
—— サラ・オーン・ジュエット（米国の小説家、1849-1909）

この章で学ぶプログラミング要素とアルゴリズム

- ユーザの入力を読み取る
- ケース分析の制御フロー
- 情報の暗号化と復号化

あなたはマジシャンで読心術が得意です。助手が52枚1組のトランプを持って観客席を回る間、あなたは部屋の外にいます。中の様子は一切わかりません。観客のうちの5人が、トランプカードの中から1枚ずつ選びます。助手は、この5枚のカードを集め、観客全員に4枚のカードを1枚ずつ見せます。この4枚のカードを順に見せるとき、助手は観客にカードに注意を向けるように伝え、あなたは外から観客の集団の心を読み取ろうと努力します。数秒後に、あなたにカードが見せられます。これによって、この観客集団の心を読むための準備、読心術の調整、専門用語で「較正」ができます。

4枚のカードを見た後、あなたは、この観客への準備ができたと言って部屋を出ます。助手は5番目のカードを観客に見せてから、別にしておきます。観客はこの5番目のカードに注意を向けます。あなたは部屋に戻り、しばらく注意を集中させて、秘密の5番目のカードを正しく当てます。

あなたは助手と示し合わせて、このトリックを考えて練習しました。誰もが間近で見守っており、助手があなたに与えることのできる情報は、4枚のカードだけです。

どんなトリックでこのマジックができるのでしょうか。

実は、助手があなたに見せるカードの順序で、マジシャンに5番目のカードが何かを伝えるのです。助手は、カードのうちどれを隠しておくか決定できる必要があります。観客に5枚のうちのカードのどれを隠すか決めさせるわけにはいきません。マジシャンと助手がうまくやる方法があります。

例として、観客が10♥ 9♦ 3♥ Q♠ J♦を選んだとしましょう。

- 助手はまず同じスートのカードを2枚選びます。5枚カードがあり、スートは4種類だから、同じスートのカードが少なくとも2枚あるはずです。この例だと、助手は3♥と10♥を選びます[*1]。
- 助手は、この2枚のカードの値を次のような円周で考えます。

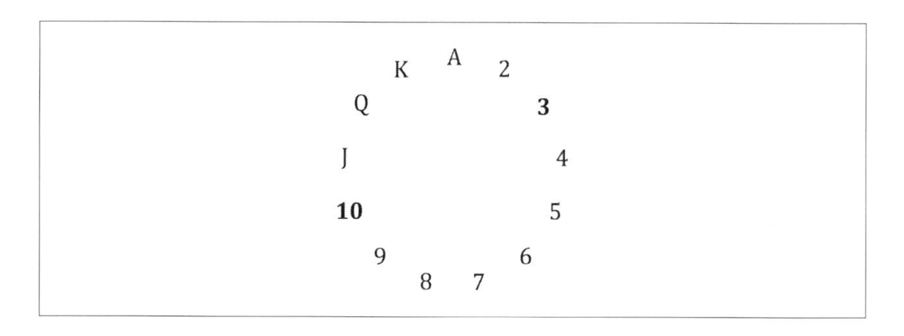

この円周上の2つの値は、時計回りで必ず1から6だけ離れています。例えば、10♥は3♥からだと7離れていますが、10♥から3♥までは時計回りで6つで到達できます。

- この2枚のカードの片方をまず示し、残りを秘密のカードにします。観客に示したカードから時計回りに6以内で秘密のカードに到達できます。この例だと、10♥を示し、3♥が秘密のカードになります。3♥は10♥から6つ先だからです。（2枚のカードが4♥と10♥なら、10♥が4♥から時計回りで6つ先なので4♥を示します。
  - 秘密のカードのスートは最初に示したカードと同じスート
  - 秘密のカードの値は最初に示したカードから時計回りで1から6先の値。
- 後は、1から6までの数値を伝えることだけです。マジシャンと助手は前もってすべてのカードの順序を昇順で次のように決めておきます。

A♣ A♦ A♥ A♠ 2♣ 2♦ 2♥ 2♠ . . . Q♣ Q♦ Q♥ Q♠ K♣ K♦ K♥ K♠

最後に示す3枚のカードの順序で数を次のようにして示します。

＊1　原注：数学に詳しい読者には部屋割（鳩の巣）原理だということがわかるでしょう。n室の部屋に$n+1$人いれば、少なくとも1つの部屋は2人以上の相部屋になります。

(小、中、大) = 1
(小、大、中) = 2
(中、小、大) = 3
(中、大、小) = 4
(大、小、中) = 5
(大、中、小) = 6

この例の場合、助手は6と伝えたいので、残りの3枚を大、中、小という順序で示します。マジシャンが見る4枚のカードは、10♥Q♠ J♦ 9♦となっています。

- マジシャンには、最初のカード10♥から時計回りで6つ先の3♥が秘密のカードとわかります。

読心術のアルゴリズムがわかったので、助手とマジシャンのそれぞれの作業に対応するプログラムを2つ書く準備ができました。

助手の作業のコーディング

最初のプログラムは、助手が5枚のカードを入力として受け取り、隠しておく秘密のカードを選び、残りの4枚のカードを設定して、正しい順序で表示します。助手がマジシャンのあなたに読み上げて、秘密のカードを当てなさいと言います[*1]。

```
1.  deck = ['A_C','A_D','A_H','A_S','2_C','2_D','2_H','2_S',
            '3_C','3_D','3_H','3_S','4_C','4_D','4_H','4_S',
            '5_C','5_D','5_H','5_S','6_C','6_D','6_H','6_S',
            '7_C','7_D','7_H','7_S','8_C','8_D','8_H','8_S',
            '9_C','9_D','9_H','9_S','10_C','10_D','10_H',
            '10_S', 'J_C','J_D','J_H','J_S','Q_C','Q_D',
            'Q_H','Q_S', 'K_C','K_D','K_H','K_S']

2.  def AssistantOrdersCards():
3.      print ('Cards are character strings as shown below.')
4.      print ('Ordering is:', deck)
5.      cards, cind, cardsuits, cnumbers = [], [], [], []
6.      numsuits = [0, 0, 0, 0]
7.      for i in range(5):
8.          print ('Please give card', i+1, end = ' ')
9.          card = input('in above format:')
```

*1　訳注：Python 2でそのまま実行すると、7行目がSyntaxErrorとなり動作しません。

```
10.         cards.append(card)
11.         n = deck.index(card)
12.         cind.append(n)
13.         cardsuits.append(n % 4)
14.         cnumbers.append(n // 4)
15.         numsuits[n % 4] += 1
16.         if numsuits[n % 4] > 1:
17.             pairsuit = n % 4
18.     cardh = []
19.     for i in range(5):
20.         if cardsuits[i] == pairsuit:
21.             cardh.append(i)
22.     hidden, other, encode = \
22a.        outputFirstCard(cnumbers, cardh, cards)
23.     remindices = []
24.     for i in range(5):
25.         if i != hidden and i != other:
26.             remindices.append(cind[i])
27.     sortList(remindices)
28.     outputNext3Cards(encode, remindices)
29.     return
```

1行目のdeckというリストが、カードの小さいのから大きいのまで全順序を示します。5-6行で変数を初期化します。5行目では複数変数を1つの代入文で処理します。7-17行は、5枚のカードに対応するキーボード入力を求めるforループです。カードはdeckと同じ文字形式で正確に入力しないといけません。

8行目は、'Please give card'とカードが何番目であるかを表示するprint関数です。print関数のend = ' 'は、改行ではなく空白を表示させます[*1]。9行目は、'in above format:'と表示して、入力された文字を受け取り、変数cardに書き込み、リストcardsに追加します。8-9行目により、次の行が出力されます。

```
Please give card 1 in above format:
```

ここでユーザ入力を待ちます。11行目が重要で、カードの文字列を取って、リストdeckで対応するカードのインデックスを求めます。インデックスは2枚のカードの比較に使うので重要です。例えば、'A_C'はインデックス0、'3_C'はインデックス8、K_S'

＊1　訳注：printにend引数を渡せるのはPython 3のprint関数だけです。Python 2でこのコードのまま実行するには、ファイルの先頭に次の文を入れる必要があります。

```
from __future__ import print_function
```

はインデックス51です。

12-17行は、助手が作業するために必要な各種データ構造への設定です。5枚のカードのインデックスをcindに、5枚のスートをcardsuitsに格納します。各カードのインデックスからスートが、モジュロ4で（4を法として）求まります。クラブ（スート0）のカードは、4の倍数、ダイヤ（スート1）のカードは4の倍数+1のインデックスというようになっています。カードの「値」、すなわちA(1)からK(13)を得るには、インデックスを4で整数除算（//）すればよい。エースがdeckの先頭、その次が2というように並んでいるからです。助手は5枚のカードのうちで、2枚以上のスートを決める必要があります。そのようなスートは少なくとも1つあるはずです。もし、2つのスートが2枚以上なら、入力されたカードの順番で選び、このスートの番号を変数pairsuitに格納します（15-17行）。

18-23行は、同じpairsuitの2枚のカードを決定します。同じスートのカードが3枚以上の場合もあるでしょうが、プロシージャoutputFirstCardでは、最初の2枚だけを使います。

プロシージャoutputFirstCard（22-22a行目）は、この2枚のカードのどちらを隠し、どちらを最初にマジシャンに示すかを決定します。同時に、残りの3枚のカードで示す数も決定します。22行目の末尾の\に注意します。これは、22と22a行を合わせて1行と読むべきだということを示します。Pythonでは、\をこのように使わないとエラーになります。outputFirstCardの詳細は後で述べます。

23-26行は、5枚のカードから最初のと隠しておくのとを取り除き、残りをリストremindicesに格納します。長さは3になります。remindicesをインデックスの昇順にソートします（27行目）。最後に、プロシージャoutputNext3Cardsで、変数encodeに格納されている表したい数を示すようにカードの順番を決めます。このプロシージャも後で説明します。

29行目はreturn文で、プロシージャの終わりを表します。これまでは、プロシージャの書き方に気を使わず、return文を使いませんでした。29行目は必要ではなく、たとえなくても問題はありません。値を返さねばならないなら、すなわち、次の関数やこれまでに出てきた関数でもそうだったように、return文は必要です。

次に示す関数outputFirstCardは、2枚のカードのうちのどちらを隠しておくかを決めます。1から6までの数と2枚のカードを然るべく選ぶ必要があります。この関数は、隠しておくカード、最初に示すカード、伝える数値の3つを返します。

```
1.  def outputFirstCard(ns, oneTwo, cards):
2.      encode = (ns[oneTwo[0]] - ns[oneTwo[1]]) % 13
3.      if encode > 0 and encode <= 6:
4.          hidden = oneTwo[0]
5.          other = oneTwo[1]
6.      else:
7.          hidden = oneTwo[1]
8.          other = oneTwo[0]
9.          encode = (ns[oneTwo[1]] - ns[oneTwo[0]]) % 13
10.     print ('First card is:', cards[other])
11.     return hidden, other, encode
```

2枚のカードのスートについては、同じなので心配ありません。既に述べた丸く並べたカード（26ページの図を再掲します）を使って、数の仕掛けを説明します。

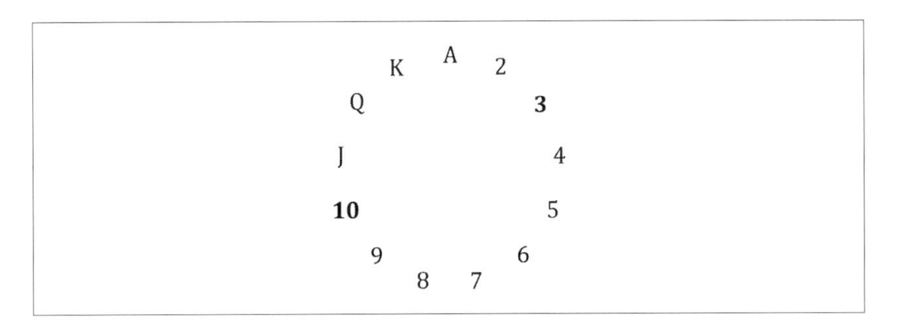

最初のカードが10♥で次が3♥だとしましょう。この場合、2行目は(10 - 3) % 13 = 7を計算します。encode = 7なので、2番目のカード3♥を隠し、(3 - 10) % 13 = 6を数値とします。もしも、最初のカードが3♥で次が10♥なら、2行目は(3 - 10) % 13 = 6となります。そこで、最初のカード3♥を隠し、数値はやはり6となります。

引数リストindに格納された3枚のカードを引数codeの数を表すように順に並べるプロシージャoutputNext3Cardsは次のようになります。

```
1.  def outputNext3Cards(code, ind):
2.      if code == 1:
3.          s, t, f = ind[0], ind[1], ind[2]
4.      elif code == 2:
5.          s, t, f = ind[0], ind[2], ind[1]
6.      elif code == 3:
7.          s, t, f = ind[1], ind[0], ind[2]
8.      elif code == 4:
```

```
 9.         s, t, f = ind[1], ind[2], ind[0]
10.     elif code == 5:
11.         s, t, f = ind[2], ind[0], ind[1]
12.     else:
13.         s, t, f = ind[2], ind[1], ind[0]
14.     print ('Second card is:', deck[s])
15.     print ('Third card is:', deck[t])
16.     print ('Fourth card is:', deck[f])
```

このプロシージャはind[0] < ind[1] < ind[2]と仮定します。codeを表すように3枚のカードの順序を変更します。

最後に、次がソートのプロシージャです。

```
1. def sortList2(tlist):
2.     for ind in range(0, len(tlist)-1):
3.         iSm = ind
4.         for i in range(ind, len(tlist)):
5.             if tlist[iSm] > tlist[i]:
6.                 iSm = i
7.         tlist[ind], tlist[iSm] = tlist[iSm], tlist[ind]
```

このソートプロシージャは、**パズル2**のとほとんど同じです。違いは5行目で、要素が（**パズル2**のようにタプルではなく）個別のカードで直接比較できるので、リスト要素そのもので比較していることです。

マジシャンの作業のコーディング

助手のカードを並べる作業をプログラムしたので、マジシャンの作業に移ります。

正しく並べられた4枚のカードを引数に取り、「隠された」カードを出力するプログラムを次に示します。あなたが忙しすぎる場合に助手が練習するのに役立つでしょう。助手は、カードの山から5枚のカードを無作為に抽出して、並べます。その後で、これをプログラムに入力します。プログラムは、隠されたカードを出力し、助手は順序が正しかったかチェックできます。

```
1. def MagicianGuessesCard():
2.     print ('Cards are character strings as shown below.')
3.     print ('Ordering is:', deck)
4.     cards, cind = [], []
5.     for i in range(4):
6.         print ('Please give card', i+1, end = ' ')
```

```
 7.         card = input('in above format:')
 8.         cards.append(card)
 9.         n = deck.index(card)
10.         cind.append(n)
11.         if i == 0:
12.             suit = n % 4
13.             number = n // 4
14.     if cind[1] < cind[2] and cind[1] < cind[3]:
15.         if cind[2] < cind[3]:
16.             encode = 1
17.         else:
18.             encode = 2
19.     elif ((cind[1] < cind[2] and cind[1] > cind[3])
20.     or (cind[1] > cind[2] and cind[1] < cind[3])):
21.         if cind[2] < cind[3]:
22.             encode = 3
23.         else:
24.             encode = 4
25.     elif cind[1] > cind[2] and cind[1] > cind[3]:
26.         if cind[2] < cind[3]:
27.             encode = 5
28.         else:
29.             encode = 6
30.     hiddennumber = (number + encode) % 13
31.     index = hiddennumber * 4 + suit
32.     print ('Hidden card is:', deck[index])
```

10行目までは、助手とマジシャンの2つのプログラムは、5行目で5枚ではなく4枚だけ入力することを除いては同じです。11-13行は隠されたカードのスートを求め、最初のカードの数値を得ますが、それは1から13の間です。プログラムの残りでは、2枚目、3枚目、4枚目のカードの数値の順序から、最初のカードから隠されたカードまでの差を求めます。14-15行は、3枚のカードが昇順か調べます。もしそうなら、差、すなわちencodeは1です。3枚のカードの先頭（4枚の入力カードの2番目）が最小なら、次の2枚のカードは降順でencodeは2です（18行目）。

19-20行は、最初のカードが数値で真ん中かチェックします。その場合には、encodeは3か4です。19行目と20行目は、Pythonでは括弧を文の継続を示すのにも使うので、同じ1行の文であることに注意します。開始を示す(をelifの後に、終わりを示す)を20行目の末尾に置きました。\を使っていたならこの括弧は不要でしたが、\を使っていないときに括弧を取り除くと、構文エラーになります。

30-31行は隠されたカードが何かを求めます。既にスートがわかっていて、最初のカードの数と差のencodeを使って隠されたカードの数を求めます。文字列を決めるには、リストdeckでの隠されたカードのインデックスが必要です。

トリックを一人遊びでマスターする

マジシャンであるあなたの練習の相手をする人が誰もいなかったらどうしましょう。次のコードが役に立ちます。

```
1.   def ComputerAssistant():
2.       print ('Cards are character strings as shown below.')
3.       print ('Ordering is:', deck)
4.       cards, cind, cardsuits, cnumbers = [], [], [], []
5.       numsuits = [0, 0, 0, 0]
6.       number = int(input('Please give random number of' +
                               ' at least 6 digits:'))
7.       for i in range(5):
8.           number = number * (i + 1) // (i + 2)
9.           n = number % 52
10.          cards.append(deck[n])
11.          cind.append(n)
12.          cardsuits.append(n % 4)
13.          cnumbers.append(n // 4)
14.          numsuits[n % 4] += 1
15.          if numsuits[n % 4] > 1:
16.              pairsuit = n % 4
17.      cardh = []
18.      for i in range(5):
19.          if cardsuits[i] == pairsuit:
20.              cardh.append(i)
21.      hidden, other, encode = \
21a.             outputFirstCard(cnumbers, cardh, cards)
22.      remindices = []
23.      for i in range(5):
24.          if i != hidden and i != other:
25.              remindices.append(cind[i])
26.      sortList(remindices)
27.      outputNext3Cards(encode, remindices)
28.      guess = input('What is the hidden card?')
29.      if guess == cards[hidden]:
30.          print ('You are a Mind Reader Extraordinaire!')
31.      else:
```

```
32.         print ('Sorry, not impressed!')
```

このプログラムは、入力の6桁の数から「ランダムに」5枚のカードを作ります。入力の6桁の数値は、かきまぜられて5枚のカードになるので、どんなカードになるか入力した数からは簡単にはわかりません。これは、乱数のシードに相当します。プログラムはこれまでと同様の作業を行います。カードを1枚「隠し」、残りの4枚を正しい順序で出力します。それから、マジシャンの推量の結果を入力として取り、その推量が正しいかどうか告げます。このようにして、若手のマジシャンがこのトリックを完璧にしようと一人で練習を積むことができます。まともに練習するには、6桁以上の数値で毎回異なる数を選ばないといけません。

6-9行は、AssistantOrdersCardsから主として変更になった部分です。inputがprintと同じような形式なので、6行目が2行にまたがっていることに注意します。inputは引数1つだけなので、2つの文字列の間に+が必要です。

マジシャンが入力した数は変数numberに格納されます。このnumberから全部で5つのインデックスを「ランダムに」生成します。8行目の計算でnumberから「ランダムな」数を生成します。Pythonの乱数発生器を使ってもよかったのですが、ここでの目的は、マジシャンが知っているnumberから簡単には隠されたカードを当てられないことが納得できればよいので、このようにしました。マジシャンは、4枚の示されたカードの情報から隠されたカードを当てねばなりません。練習が必要でしょう。

28-32行はマジシャンの回答を入力に取り、正しかったかどうかを決定します。

情報の暗号化

このパズルでは、情報の暗号化と通信を扱っています。例えば、他の人が聞き耳を立てているところで、友人と秘密の話をしたいとしましょう。友人に、夕食を一緒にできるかどうかという1ビットの情報を送りたいとします。前もってあなたとAlexが示し合わせているなら、言葉の最初が、「Hey, buddy Alex」か「Hey, Alex buddy」かで、Alexはあなたが一緒に食事できるかどうかわかります。例えば、「buddy」が「Alex」より先なら一緒に行けないという具合です。

カードマジックでは、3枚のカードの順列は6通りなので、1から6までの数を伝えることができました。一般に、n枚のカードがあれば、$n!$通りの順列があります。$n!$は、「nの階乗」と読んで、$n \times (n-1) \times (n-2) \times \cdots \times 1$に等しくなります。これは、各順列ごとにどの数値を対応させるかを送り手と受け手とが了解さえしていれば、1から$n!$

までの数を順列を示すことによって伝えることができるということを意味します。漏れ聞いている人が、秘密の情報がやり取りされているとわかったとしても、順列と数値の対応がわからない限りは、この順列に基づいて数を知ることはできません。

これは、あなたと助手とが、カードを示す別の順序や、カード全体の別の順序を取り決めて（練習問題3参照）、このトリックがどうなっているか知っている観客の前でも、隠されたカードを悟られないようにできることを意味します。だから、観客の誰かがあなたの回答の前に、トリックを暴いて答えを叫んでやろうとしていても、助手は、この面倒な客がバツの悪い思いをするように隠されたカードを示すことができます。このトリックを何度も繰り返すと、利口な観察者に取り決めた順序がばれてしまうことに注意します。

4枚カードによるマジックのトリック

カードを4枚だけ使って同じようなトリックを考えられるでしょうか。つまり、4人の観客から無作為にカードを引いてもらい、1枚のカードを隠し、残りの3枚のカードを示すことで、マジシャンに隠したカードを伝えることができるかです。これまで同様、助手はどのカードを隠すか選ぶことができます。

これは難しいように見えます。5枚カードパズルと異なり、4枚カードのスートは全部異なる可能性があるからです。これは、助手が隠されたカードのスートを数だけでなく3枚のカードだけで伝えないといけないことを意味します。

助手が情報を伝えるには多くの方法があります。助手は大げさな演技でカードを順に示しながら、気付かれないよう表や裏に置くことができます。興味深いのは、隠すカードを自由に選ぶという条件下で、どれだけ多くの情報を助手が伝えることができるかです。

次に示す52枚のカード全部を含めた円を考えましょう。示されている順序は、変数deckの順序です。4枚のカードがこの円周上でランダムに配置されるとします。

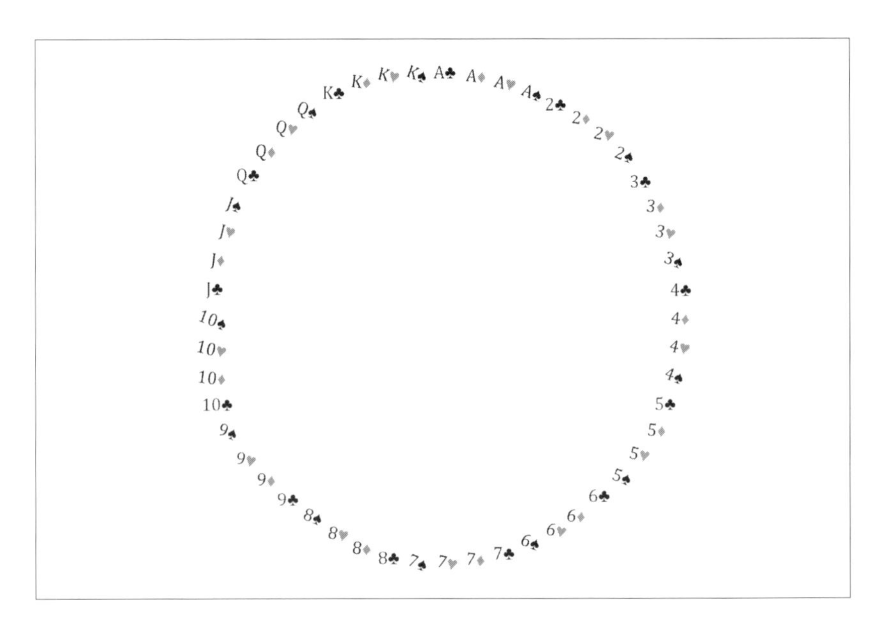

最悪時、カードペアの間の最小距離はどうなるでしょうか。最悪時は、例えば、Q♣, 2♦, 5♥, 8♠というように等間隔の配置になります。この場合、カードペアは13だけ離れています。これは、どのようにカードを選んでも、助手は常に高々13だけ離れたペアを選ぶことができるということを意味します。5枚カードの場合と同様に、最初に示すカードは、時計回りに13以内で隠すカードに到達できるものです。

助手がマジシャンに1から13までの数を伝えるうまい方法を考えましょう。1つの方法は、隠すカードをテーブルにもちろん裏向きに置き、3枚のカードをその隠すカードの左か右に置くことです。左か右がマジシャンに各カードについて1ビットの情報を与えます。3つのカードを全部表向きか裏向きかでもう1ビット情報が得られます。4ビットあれば0から15の数を符号化できます。ほとんどのマジックのトリックと同様、観客をうまく惑わすのがこのトリックでは重要です。

練習問題

問題1：プログラムComputerAssistantには、次のコードで手を抜いているのでちょっとしたバグがあります。

```
7.     for i in range(5):
8.         number = number * (i + 1) // (i + 2)
```

```
9.        n = number % 52
```

入力した数を使って5つの「ランダムな」カードを生成します。この戦略の問題点は、得られた5枚のカードに同じものがないか確認していないことです。実際、数888888を入力すると5枚のカードが次の順序['A_C', 'A_C', '7_H', 'J_D', 'K_S']で得られます。問題は明らかです。ComputerAssistantでは同じカードが重複しないかチェックしていません。このプロシージャを修正して、カードの重複をチェックし、5枚の異なるカードが生成されるまで、ループを追加反復して「ランダムな」数を生成するようにしてください。

問題2：ComputerAssistantを修正して、同じスートのカードの2対に対して、暗号化する数値が一番小さくなるように、隠すカードと最初のカードを選ぶようにしてください。

問題3：マジシャンによっては違う順序のカードを好みます。例えば、次に示すように、数よりもスートの方が主要な決定要因となる方を好みます。

```
deck = ['A_C','2_C','3_C','4_C','5_C','6_C','7_C','8_C',
        '9_C','10_C','J_C','Q_C','K_C','A_D','2_D','3_D',
        '4_D','5_D','6_D','7_D','8_D','9_D','10_D','J_D',
        'Q_D','K_D','A_H','2_H','3_H','4_H','5_H','6_H',
        '7_H','8_H','9_H','10_H','J_H','Q_H','K_H','A_S',
        '2_S','3_S','4_S','5_S','6_S','7_S','8_S','9_S',
        '10_S','J_S','Q_S','K_S']
```

ComputerAssistantを修正して、マジシャンが上の順序で練習できるようにしてください。カードのインデックスで与えられる数とスートの計算を変える必要があることに注意します。さらに、助手が読み上げるカードの順序も結果として変わることに注意します。この変更に伴って細かいところも変更する必要があります。

パズル問題4：4枚のカードのトリックを練習できるComputerAssistant4Cardsをコーディングしてください。情報が(1)テーブルの隠されたカードの左か右かと(2)3枚のカードが全部表向きか裏向きかに基づく、既に述べた符号化戦略を使うこともできるし、自分自身の符号化戦略を使うこともできます。自分の符号化方式を使うときには、どのようにカードを選んでもそのトリックが大丈夫なことを確認すること。

4章
女王たちを一緒にするな

世界が「あきらめろ」というとき、希望が囁く。「もう1回やってみろ」と。

作者未詳

この章で学ぶプログラミング要素とアルゴリズム

- 2次元リスト
- whileループ
- continue文
- プロシージャのデフォルト引数
- 繰り返しによるしらみつぶし探索
- 衝突検出

チェス盤の8クイーン問題とは、どのクイーンも他のクイーンから取られないように8つのクイーンを配置することです。これは、次の3つを意味します。

1. どの2つのクイーンも同じ列にいない。
2. どの2つのクイーンも同じ行にいない。
3. どの2つのクイーンも対角方向の同じ斜めの線上にいない。

答えがわかりますか？（下図のチェス盤参照）

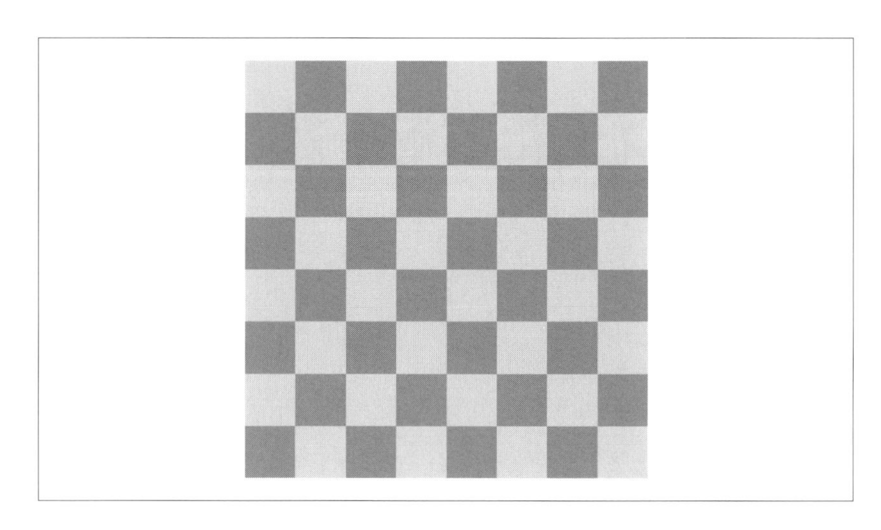

8つのクイーンでは多すぎるなら、次の5クイーン問題を試しましょう。

8クイーン問題の1解答を下に示します。他にも解があります。

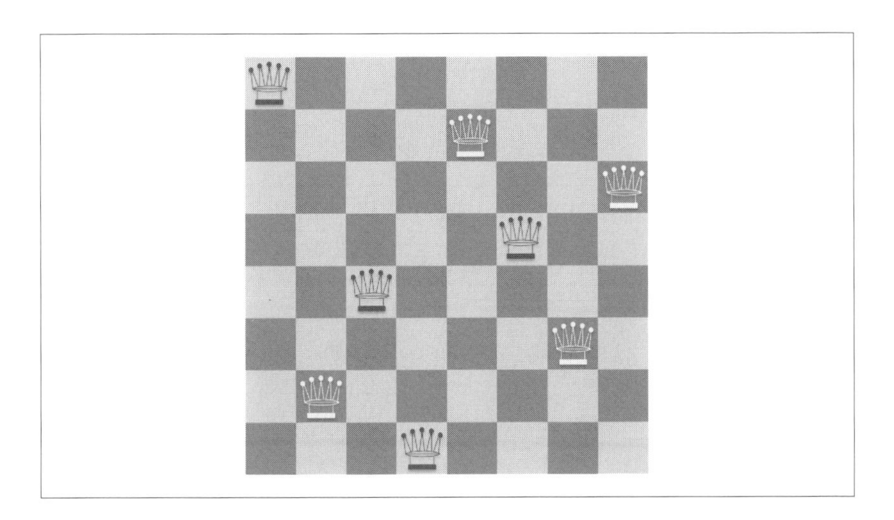

次に示すのは5クイーン問題の解です。

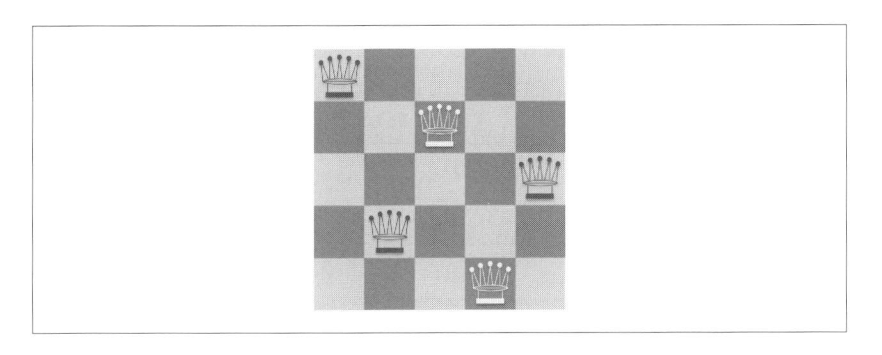

どうすれば、上のような解や、他の解が得られるでしょうか。問題をまず単純化します。もっと小さい2×2の盤（下記）を考えましょう。互いに取り合わないように2つのクイーンを置けるでしょうか。答えは、NOです。2×2の盤では、どこにクイーンがあっても、他のクイーンを攻撃できます。

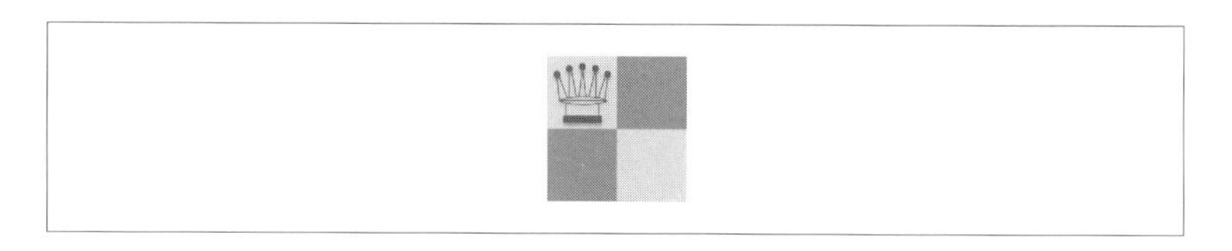

3×3の盤ではどうでしょうか。次に、試した結果を示します。

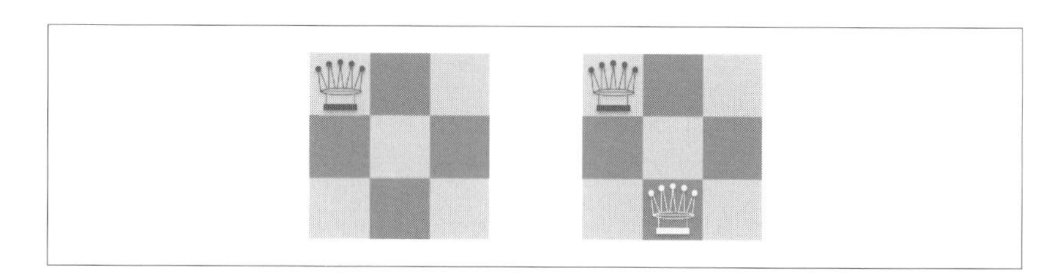

最初の駒（左上）は、6か所の位置にある他の駒を取ることができます。したがって、最初のクイーンの配置で7つの場所が使えなくなります。残りは2つです。そのどちらかに第2のクイーンを置くと、どこも使えなくなります。もちろん、最初の駒の位置を変えることができますが、それは役に立ちません。最初のクイーンをどこに置いても、少なくとも7つの位置を使えないようにするので、2つしか残りません。3×3の盤でも解がありません。

系統的探索

4×4の盤ではどうでしょうか。解を系統だって探索しましょう。クイーンを1列目から順に置いて、うまくいかないとやり直します。最初に第1列の左上に最初の図のようにクイーンを置きます。第2列では2つの選択肢があります。2番目の図にあるように選びます。さて、これでおしまいです。3列目のどこにもクイーンを置けません。

3番目のクイーンを置こうとしたときには、3番目のクイーンが1番目か2番目のクイーンに取られないかどうかだけチェックすれば良いことに注意します。1番目と2番目のクイーンが取り合わないかをチェックする必要はありません。これは重要なので、取り合わないかチェックするコードを調べる際に覚えておきましょう。

解を見つけるのに失敗しましたが、あきらめるべきでしょうか。いいえ、2番目のクイーンを別の位置に置いてまだ試すことができます。次のようになります。

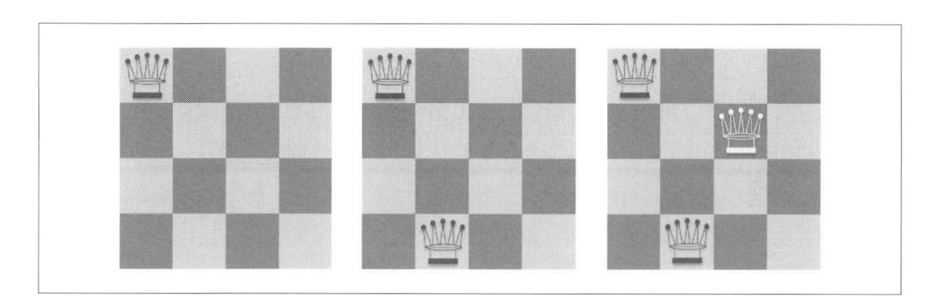

3列目まで行きましたが、そこで終わりです。今回は最後の4列目でした。まだ選択肢は尽きていません。最初のクイーンを左上にしましたが、他の位置を試すことができます（第1のクイーンには4つの選択肢があります）。今度は次のようになります。

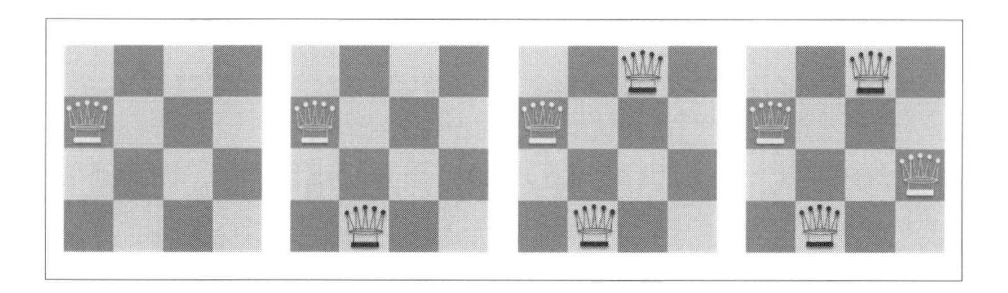

成功。4クイーン問題には解があります。

この戦略を使って8クイーン問題の解を求めるには、普通の人ならかなり長い時間がかかります。しかし、このような力任せの戦略で解が得られるはずです。コンピュータなら人間よりも何億倍も速く計算できるので、この戦略をコーディングできます。解が数秒内で求まるでしょう。

8クイーンのコードを書く第1ステップは、問題を解くためのデータ構造を決定することです。チェス盤とクイーンの位置をどのように表すと良いでしょうか。

2次元リスト/配列の盤面

パズル1で、変数capsを表すのに、1次元リスト/配列を使いました。チェス盤は2次元の格子状ですから、2次元配列が自然な表現です。

```
B = [[0, 0, 1, 0],
     [1, 0, 0, 0],
     [0, 0, 0, 1],
     [0, 1, 0, 0]]
```

配列を盤面とみなします。0は空白で、1がクイーンです。Bは（1次元）配列の配列です。B[0]が第1行、B[1]が第2行というようになります。したがって、B[0][0] = 0, B[0][1] = 0, B[0][2] = 1, B[0][3] = 0となります。もう1つの例はB[2][3] = 1です。これは3行目の最後の4列目にある1です。この変数Bは、既に示した4×4の盤面の解を表します。

iを固定してjを動かしたときにも、jを固定してiを動かしたときにも、B[i][j]に正確に1つだけ1があることをチェックする必要があります。対角方向での取り合いもチェックする必要があります。例えば、B[0][0] = 1かつB[1][1] = 1は不当な配置です（解にはなりません）。

次のコードは、4×4盤面のクイーンが規則を破っていないかどうかチェックします。このコードは盤面に4つクイーンがあるかどうかをチェックしていないことに注意します。よって、空の盤面でもチェックを通ります。2つのクイーンでも規則を破ることが確かにあります。既に示した、盤面の新たな列にクイーンを1つ置いて、取り合わないかどうかチェックすることを反復するという戦略に従っていることを覚えておいてください。

```
1.  def noConflicts(board, current, qindex, n):
2.      for j in range(current):
3.          if board[qindex][j] == 1:
4.              return False
5.      k = 1
6.      while qindex - k >= 0 and current - k >= 0:
7.          if board[qindex - k][current - k] == 1:
8.              return False
9.          k += 1
10.     k = 1
11.     while qindex + k < n and current - k >= 0:
12.         if board[qindex + k][current - k] == 1:
```

```
13.                 return False
14.             k += 1
15.         return True
```

$N \times N$盤面では、盤面上のN個のクイーンの位置を配置と呼びます。クイーンがN個より少なければ、部分配置と呼びます。(Nクイーンの)配置が、3つの取り合い規則をすべて満たしている場合だけ、解と呼びます。

プロシージャnoConflicts(board, current)は、部分配置が行や対角方向の規則を破っていないかチェックします。引数qindexも取りますが、これは列currentに置かれたクイーンの行のインデックスです。このプロシージャは、列に1つだけクイーンがあると仮定します。次の反復探索FourQueensのプロシージャは、この仮定を確かめなければなりません(実際そうしています)。

currentの値は盤面サイズより小さい可能性があります。currentの後の列は空です。コードでは、currentの列に、currentより小さい数の列にあるクイーンと取り合いになるクイーンがないかどうかチェックします。既に述べた繰り返しプロシージャと同じようにしたいので、これで全部です。例えば、current = 3の場合、noConflicts呼び出しにおいて、board[0][0]とboard[0][1]がともに1であるか(最初の2列の行方向の取り合い)、board[0][0]とboard[1][1]がともに1であるか(最初の2列の対角方向の取り合い)はチェックしません。部分配置に新たなクイーンを追加するごとにnoConflictsを呼び出すなら、これを省くことができます。

2-4行は、行qindexにクイーンが既にあるかどうかをチェックします。5-9行と10-14行は対角方向の取り合いの2形式をチェックします。5-9行は方向の取り合いを盤面の端に向かってqindexとcurrentを減らしてチェックします。10-14行は方向の取り合いを盤面の端になるまでcurrentを減らしてqindexを増やしながらチェックします。列がcurrentを超えた盤面は空と想定しているので、currentを増やす必要はありません。

クイーンを置きながら、取り合いをチェックするプロシージャを呼び出す準備ができました。

```
1.  def FourQueens(n=4):
2.      board = [[0,0,0,0], [0,0,0,0],
                 [0,0,0,0], [0,0,0,0]]
3.      for i in range(n):
4.          board[i][0] = 1
5.          for j in range(n):
```

```
6.             board[j][1] = 1
7.             if noConflicts(board, 1, j, n):
8.                 for k in range(n):
9.                     board[k][2] = 1
10.                    if noConflicts(board, 2, k, n):
11.                        for m in range(n):
12.                            board[m][3] = 1
13.                            if noConflicts(board, 3, m, n):
14.                                print (board)
15.                            board[m][3] = 0
16.                    board[k][2] = 0
17.            board[j][1] = 0
18.        board[i][0] = 0
19.    return
```

行4と18、行6と17、行9と16、行12と15で、各列にクイーンが1つだけあることが保証されます。これはFourQueensの不変条件です。初期状態で盤面は空で、上の各行対でクイーンを1つおいては取り除きます。これがnoConflictsで列方向の取り合いをチェックしなくてよく、新たに置かれたクイーンと元からあったクイーンとの行方向と対角方向の取り合いをチェックすればよい理由です。

4行目で、最初のクイーンを盤面に置きます。クイーン1つだけでは取り合いにならないので、この後でnoConflictsを呼び出す必要はありません。2番目以降のクイーン(6, 9, 12行目)では、取り合いをチェックする必要があります。

一般のnについてnoConflictsを書きましたが、FourQueensでは$n = 4$なので、noConflicts呼び出し時に$n = 4$と引数を指定する必要があります。FourQueensのnをすべて4に置き換えるのは簡単ですが、noConflictsが任意のnで呼び出せる汎用性をもっていることを強調するためにこの記述を選びました。FourQueensは名前からも明らかなように汎用ではありません。

FourQueensを実行すると下記の出力になります。

```
[[0, 0, 1, 0],
 [1, 0, 0, 0],
 [0, 0, 0, 1],
 [0, 1, 0, 0]]
[[0, 1, 0, 0],
 [0, 0, 0, 1],
 [1, 0, 0, 0],
 [0, 0, 1, 0]]
```

盤面の各行が上から下まで表示されています。コードは2つの解を出しました。それぞれ4行で、最初のが既に示したものです。解が得られたところで止めましたが、続けていれば、2番目の解が得られたでしょう。

EightQueensのコードでは、FourQueensよりも(4つの入れ子ループでは足りなくて)もっとループが必要です。そうする前に、部分および完全配置によりよいデータ構造を調べます。よりコンパクトになるだけでなく、3つの規則のチェックが楽になります。

1次元リスト/配列の盤面

盤面の2次元リスト表現は自然で、目的にかなうものでした。しかし、各列(または行)に1つのクイーンという解を探しているので、インデックスが列を表し、値がクイーンのある行を表す1次元配列で済ますことができます。次のサイズ4の配列を考えます。

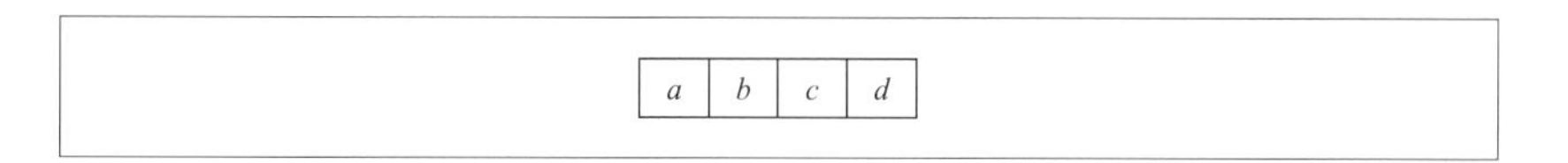

値a, b, c, dは、−1から3まで変動します。−1は、列にクイーンがないことを意味し、0はその列の第1行目、3は最後の第4行目にクイーンがあることを意味します。次は、わかりやすい一般例です。

このデータは、4×4盤面に3個のクイーンしかないので部分配置を表します。最初のアルゴリズムでと同じように、空の盤面から解を構成しようとしているのでこれは重要です。もちろん、アルゴリズムではクイーンを左の列から順に置きますが、これは任意です。

この新しい表現で3つの規則をチェックするコードが書けます。格納される配列インデックスは、−1から$n-1$までの1つの数なので、同じ列に2つのクイーンを置くことがそもそもできません。第1規則はチェックするまでもありません。1次元の表現は簡潔なだけでなく、規則をチェックする手間も減ります。どの行にも2つ以上のクイーンはないという第2の規則は、配列には(−1を除いて)同じ数が2度以上現れないかチェックします(下の3-4行)。第3の規則はもうちょっと複雑になります(下の5-6行)。

```
1. def noConflicts(board, current):
2.     for i in range(current):
3.         if (board[i] == board[current]):
4.             return False
5.         if (current - i == abs(board[current] - board[i])):
6.             return False
7.     return True
```

3-4行は、横方向の取り合いをチェックします。EightQueensプロシージャ呼び出しの結果、board[current]が非負値だと仮定しており、それまでの列に同じ値があれば不当な盤面になります。

5行目は対角方向の取り合いをチェックしますが、今回はずっと簡単です。なぜabsを使うのでしょうか。↖と↗に対応する2方向をチェックしなければならないからです。次の例を考えましょう。

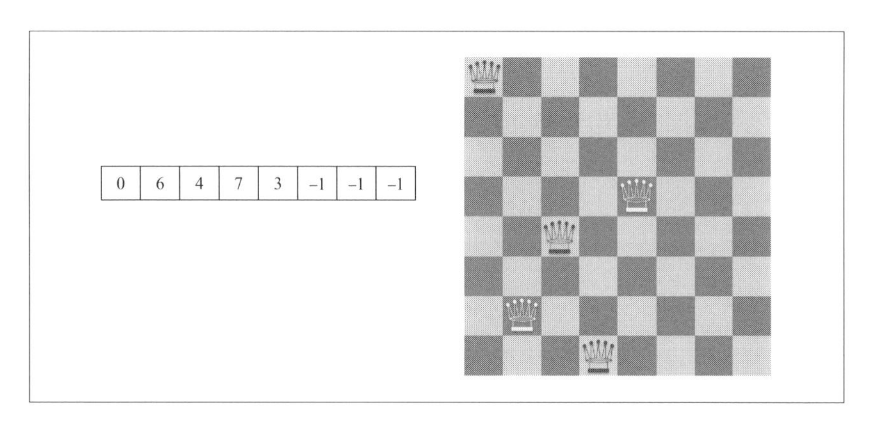

current = 4としてインデックス4の列にクイーンを置こうとしています。board[1] = 6かつboard[4] = 3なので、5行目のi = 1の対角線方向のチェックで失敗です。

```
{current = 4} - {i = 1} == abs({board[current] = 3} - {board[i] = 6})
```

古い表現だと、対角線方向のチェックが2回必要だったことを思い出しましょう。

新たな簡潔表現を使ったEightQueensは次のようになります。

```
1.  def EightQueens(n=8):
2.      board = [-1] * n
3.      for i in range(n):
4.          board[0] = i
5.          for j in range(n):
6.              board[1] = j
7.              if not noConflicts(board, 1):
8.                  continue
9.              for k in range(n):
10.                 board[2] = k
11.                 if not noConflicts(board, 2):
12.                     continue
13.                 for l in range(n):
14.                     board[3] = l
15.                     if not noConflicts(board, 3):
16.                         continue
17.                     for m in range(n):
18.                         board[4] = m
19.                         if not noConflicts(board, 4):
20.                             continue
21.                         for o in range(n):
22.                             board[5] = o
23.                             if not noConflicts(board, 5):
24.                                 continue
25.                             for p in range(n):
26.                                 board[6] = p
27.                                 if not noConflicts(board, 6):
28.                                     continue
29.                                 for q in range(n):
30.                                     board[7] = q
31.                                     if noConflicts(board, 7):
32.                                         print (board)
33.     return
```

現在の列に非負数を代入するだけで、クイーンを置けます。古いアルゴリズムでのように、値を0に戻す必要がありません。数値が変わることは、クイーンを元の位置から取り除いて、新たな位置に置くことを意味するからです。すなわち、board[0] = 1の場合に、board[0] = 2と変更することは、クイーンを動かしたことになります。簡潔な表現により、コードを書く手間が省けます。

新たにクイーンを置くたびに取り合いにならないかどうかチェックする必要があることを覚えておきましょう。それが、クイーンを置くたびに、noConflictsを呼び出す理由です。8個もループがありますが、ループの処理の複雑さを少しでも減らすために、continue文を使います。取り合いになったら、すなわち、if文の述部がfalseを返したら、それ以上は、文を実行するのは止めて、continueで次のループに行きます。

```
5.          for j in range(n):
6.              board[1] = j
7.              if not noConflicts(board, 1):
8.                  continue
9.              for k in range(n):
```

上の7行目でnoConflicts呼び出しがfalseの場合、9行目に行って残りの処理を行う代わりに、jを増やして6行目に戻ります。これによって、9行目から始まるforループをFourQueensのコードで行ったように、7行目のif文で囲む必要がなくなります。

EightQueensのコードを実行すると、解が出力されます。次がその一部です。

```
[0, 4, 7, 5, 2, 6, 1, 3]
[0, 5, 7, 2, 6, 3, 1, 4]
[0, 6, 3, 5, 7, 1, 4, 2]
[0, 6, 4, 7, 1, 3, 5, 2]
```

最後の解は、このパズルの最初に示したものです。回転や鏡像は同じ解だと考えると、全部で12の異なる解があります。

32行目のprint(board)の次に、returnとすると、最初の解だけになります。

```
29.                                 for q in range(n):
30.                                     board[7] = q
31.                                     if noConflicts(board, 7):
32.                                         print (board)
33.                                         return
34.     return
```

この8クイーンの反復形式のコードは、本書の中で最も汚いコードです。15クイーン問題を解こうとしたらどうなるか想像してみてください。**パズル10**では、任意のNクイーン問題を解く美しい再帰コードをお目にかけます。

反復数え上げ

Nクイーンのコードで表されている主たるアルゴリズムパラダイムは、反復数え上げです。列を順に、列の中では行を順に調べます。解が求まることを保証するには、**しらみつぶし**にすべて網羅して数え上げる必要があります。列か行のいずれかで、クイーンを置き忘れると、求めそこねた解が出ます。列と行に番号を振り、数でイテレーションして、しらみつぶしに調べることを保証します。

コードにある他のアルゴリズムパラダイムは、反復探索での衝突検出です。例えば、4クイーン問題では、4つのクイーンを盤面に置き、その後で、衝突を検出することもできます。これは、次のコードで示されます。

```
1.     for i in range(n):
2.         board[i][0] = 1
3.         for j in range(n):
4.             board[j][1] = 1
5.             for k in range(n):
6.                 board[k][2] = 1
7.                 for m in range(n):
8.                     board[m][3] = 1
9.                     if noConflictsFull(board, n):
10.                        print (board)
11.                    board[m][3] = 0
12.                board[k][2] = 0
13.            board[j][1] = 0
14.        board[i][0] = 0
15.    return
```

このコードは、性能と計算量に関して、既に示したコードより劣ります。例えば、3つのクイーンが同じ行にある構成を作るので性能が悪くなります。noConflictsFull（9行目）が、置いたばかりのクイーンが既にあるクイーンと取り合わないかどうかだけをチェックするnoConflictsと比べて、はるかに複雑なので、計算量が膨大となり性能が悪くなります。noConflictsFullでは、各行にクイーンが1つだけか、クイーンの各対について、どちらかの対角方向の取り合いにならないかチェックしなければなりません。構成に関して繰り返し作業しなければならないので、noConflictsFullがほぼ4^4回呼び出されます。

noConflictsFullの実装については気にかけません。このコードを示したのは、FourQueensのコードの良さを少々見直してくれるのではないかと期待してのことです。

練習問題

問題1：EightQueensのコードを、求めたい解の個数も引数として取るように変更し、それだけの解があれば、それを出力するように変更してください。デフォルト引数は非デフォルト引数の後なので、この新しい引数は、デフォルト引数n=8の前になくてはならないことに注意します。

パズル問題2：EightQueensのコードを、クイーンをリストに示された位置に置いた解を求めるように変更してください。1次元リストのlocationという引数を使います。これは、クイーンの位置に対応する非負数値を含みます。例えば、location = [-1, 4, -1, -1, -1, -1, -1, 0]なら、第2列と第8列にクイーンが置かれています。この場合は、指定位置にクイーンのある[2, 4, 1, 7, 5, 3, 6, 0]という解を求めます。

問題3：continue文を用いてFourQueensのコードのインデントの段数を減らしてください。その上で解を出力してください。この問題は見かけよりも面倒です。

5章
水晶をどうぞ壊してください

壊れたお皿に悪かったわねと言っておいて。
—— メアリー・ロバートソン（詳細不明）

この章で学ぶプログラミング要素とアルゴリズム
- break文
- 基数表現

一連の同じ種類の水晶玉の「硬度」を決定するのが今回の仕事です。2015年に完成した有名な上海タワーは128階あります[*1]。水晶玉を高いところから落としたときに地面に当たって壊れるか、それとも壊れずに跳ね返るかを調べるのです。この重要な実験を行うときには、周囲は人がいなくて安全だと仮定します。

上海タワーで、水晶玉を落としても壊れない最高階の階数をボスに報告します。f階と報告するということは、玉がf階からだと壊れないが、$f+1$階からだと壊れる（そうでなければ$f+1$階と報告しています）という意味です。高い階ほどボーナスが出て、f階と報告したのに、そこから落として玉が壊れると、罰金を取られます。これはなんとしても避けたいことです。

玉が壊れたら、再利用はできません。壊れなければ再利用できます。玉が床に当たる落下速度が壊れるかどうかの唯一の決定要因であり、この速度が階数とともに増加するので[*2]、x階から落としても壊れなかったら、xより下のどの階から落としても割れないと考えます。同様に、y階から落として壊れたなら、yより上のどの階から落としても割れるということです。

残念ながら、水晶玉が他の乗客を怯えさせるので、エレベーターを使うことは許可されていません。よって、階段の昇り降りが大変なので、玉を落とす回数を最小にした

*1　原注：上海タワーには127階しかありませんが、玉を屋根から落とせると仮定するので、それを128階と呼びます。
*2　原注：終端速度は関係しないと仮定します。

いのです。

もちろん、水晶玉がいくつあるかが大問題です。1つしかないなら、選択の余地はありません。例えば、43階から落として壊れたとしたら、42階とは報告できません。42階、41階、あるいは1階から落としてすら壊れるかもしれません。罰金を避けるには0階と報告せねばならず、ボーナスはありません。玉が1つなら、1階から始めねばなりません。玉が壊れたら、0階と報告、壊れなければ2階に行き、最終的には128階まで行けるかもしれません。128階で壊れなければ、幸せにも128階と報告できます。f階から落として壊れたら、玉をf回落としました。落とす回数は最大128で、1階から128階までです。

玉が2個あればどうでしょうか。1個を128階から落とすとしましょう。壊れなければ128階と報告して、それで終わりで、お金が入ります。しかし、壊れてしまったら、1個の玉の状態に戻り、わかったのは128階では壊れるということだけです。罰金を避けてボーナスを最大にするには、2個目の玉を1階で落とし、既に述べたように1階ずつ登って、運が良ければ127階まで上がることです。最悪時の落とす回数は、(128階からの) 1足す1階から127階までの127で、全部で128回です。1個の玉のときから、進歩していません。

直感的には、128階のビルなら区間[1, 128]の中点にすべきに思えます。いつものように、2つの場合があります。

1. 玉が壊れる。1階から63階で行うということです。つまり、残りの玉は区間[1, 63]ということ。
2. 玉は壊れない。65階から128階で行うということです。つまり、両方の玉で区間[65, 128]ということ。

最悪時の落とす回数は、第1の場合に、区間を最低階から順に上るので64です。128よりは良いですが、2倍しかよくありません。

玉が2つなら、この64回よりうまくやりたいものです。ボーナスをあきらめたくないし、罰金はまっぴらです。

ボーナスを最大にして罰金を避け、2つの玉で21回より少ない方式を考えられないでしょうか。もっと玉が多かったらどうでしょうか。上海タワーの高さ (階数で) が2倍になったらどうでしょうか。

2個の玉での効率的な探索

64回よりうまくやれるはずです。2つしか玉のない状態で64階から始めることの問題は、最初の玉が壊れたら、1階からやり直して63階まで行くことです。20階から始めたらどうでしょうか。最初の玉が壊れたら、より狭い区間[1, 19]を2番目の玉で1階ずつ調べます。最悪時20回落とします。最初の玉が壊れなければ、より大きな区間[21, 128]の探索ですが、まだ2つ玉があります。次は、40階に上って最初の玉を（2回目）落とします。最初の玉が壊れたら[21, 39]を1階ずつ調べます。これは、最悪時、最初の玉の2回（20階と40階）足す2番目の玉の19回で全部で21回落とします。次は60階というように続けます。20, 40, 60, 80, 100, 120階と調べていって、最悪時でも30回より少ないことが確かです。

本章での目的は、128階という特殊な問題の解を得ることではありません。n階のビルと2つの玉で、ある関数func(n)の最悪時の限界を式で与える一般的なアルゴリズムを見つけたいのです。そうすれば、このアルゴリズムを128階の問題に適用できます。

カギとなるのは、落とす階の正しい分布です。玉を$k, 2k, 3k, \ldots, (n/k-1)k, (n/k)k$と落とす戦略を使うことにしましょう。最初の玉は最後まで壊れないと仮定します。そうすると、最初の玉は、n/k回落とし、最悪時は第2の玉で区間$[(n/k-1)\,k+1, (n/k)\,k-1]$を調べるので、$k-1$回落とします。全部で最悪時$n/k+k-1$回落とします。

したがって、$n/k+k$を最小化するkを選びます。最小値はkが$\sqrt{n}$のときです（$n/k+k$をkについて微分する高校の数学が役に立ちます）。落とす回数の最悪値は、$2\sqrt{n}-1$です。この128階の場合は、最初の玉を$\sqrt{128}=11$階ずつ落とし、最悪時、21回落とします。平方根の小数部分を切り下げて丸めました。切り上げることもできます。

21回が最良でしょうか。落とす階を$k, 2k, 3k, \cdots$と均等にしました。実は、階の分布を一律でなく、注意して変えると落とす回数が21より少なくなります。不均等分布については後で学びます。今のところは、玉の個数が$d \geqq 1$で、n階の一般的な条件下で、玉が1つと2つの場合で使ったのと同じ戦略を用いますが、玉が増えれば落とす回数が少なくて済みます。

d個の玉で効率的な探索

玉が1個、$d=1$の場合、1階から始めるしか選択肢はありません。玉が2つなら、先ほど述べたように$\sqrt{n}\,(=n^{1/2})$階から始めます。玉がd個あるなら、$n^{1/d}$階から始めるべきでしょうか。玉が壊れたらどうなるでしょうか。

数のr進法表現を復習しましょう。$r=2$なら2進表現、$r=3$なら3進表現という具合です。階数n、玉の個数dの場合、$r^d > n$となるrを選びます。$n=128$で$d=2$なら、$r=12$(これは平方根の小数部を切り上げた値に相当する)と選びます。$d=3$なら、$5^3 < 128$かつ$6^3 > 128$なので$r=6$と選びます。$d=4$の次の例の場合は、$n=128$で、$r=4$となります。

扱うのは、i桁のr進法で表された数です。$r=4, d=4$の場合、最小値は0000_4(10進で0)、最大値は3333_4(10進で255)です。基底が4の4進表現では、1233_4のような数は、10進では$1\times4^3+2\times4^2+3\times4^1+3\times4^0=111$と等しくなることを覚えておくとよいでしょう。

最初の玉を1000_4(64)階から落とします。壊れなければ、2000_4(128)階に上がり、そこで落とします。壊れなければ、終わりです。壊れたら、玉は3個になりましたが、範囲が[10014, 13334](10進で[65, 127])だとわかりました。第2段階に進んで、第1段階で玉が壊れなかった最上階に戻ります。

第2段階では2番目の玉でrの左から第2桁を使います。第1段階では2000_4階で壊れ、1000_4階では壊れなかったとします。第2段階では、最初に落とすのが1100_4階(80階で[65, 127]の間)です。rでの第2桁を増やして、その階から順に玉を落としていきます。1100_4, 1200_4, 1300_4という順序です。第2段階で玉が壊れたら、その前の玉が壊れなかった最上階に戻ります。この例の場合には1200_4と仮定します。玉が1300_4で壊れたのですから、区間$[1201_4, 1233_4]$を調べるのです。10進だと[97, 111]です。

第3段階では、3個目の玉を1210_4から落とします。第2段階の階数を表すr進法の3桁目を増やします。1210_4階、1220_4階、1230_4階となります。1230_4階で落とした玉が壊れたとしましょう。第4段階が1220_4階からとなります。調べる範囲は$[1221_4, 1223_4]$、10進で[105, 107]です。

最終第4段階では、最後の4個目の玉を1221_4階、1222_4階、1223_4階からと、4桁目を増やします。玉が壊れなければ、1223_4と報告します。玉がどこかで壊れたら(例:1223_4)、1つ下の階(例:1222_4)と報告します。

落とした回数の最大値はどうでしょうか。各段階で高々$r-1$回です。高々d段階なので、全部で高々$d\times(r-1)$回です。この例では$r=4, d=4$ですから、$n=128$階において玉4個なら高々12回落とすだけです。

任意のnとdに対して、効率的に玉の硬度を決定するこのアルゴリズムを実装した対話的プログラムが必要です。プログラムの入力はnとd、最初の玉をどの階から落とすか指示します。玉が壊れたかどうかをプログラムに与えると、次の玉を落とす階数を示すか、硬度を伝えます。プログラムは硬度が決まった時に、全部で何回落としたかを示して終了します。

このプログラムのコードを次に示します。

```
1.  def howHardIsTheCrystal(n, d):
2.      r = 1
3.      while (r**d <= n):
4.          r = r + 1
5.      print('Radix chosen is', r)
6.      numDrops = 0
7.      floorNoBreak = [0] * d
8.      for i in range(d):
9.          for j in range(r-1):
10.             floorNoBreak[i] += 1
11.             Floor = convertToDecimal(r, d, floorNoBreak)
12.             if Floor > n:
13.                 floorNoBreak[i] -= 1
14.                 break
15.             print ('Drop ball', i+1, 'from Floor', Floor)
16.             yes = input('Did the ball break (yes/no)?:')
17.             numDrops += 1
18.             if yes == 'yes':
19.                 floorNoBreak[i] -= 1
20.                 break
21.     hardness = convertToDecimal(r, d, floorNoBreak)
22.     return hardness, numDrops
```

2-5行は使う基数rを決めます。階数の表現として、要素が0から`r-1`の範囲の数のリストを使います。このd桁リスト表現`floorNoBreak`では、最上位桁が左端、インデックス0であり、7行目で全桁を0に初期化します。8行目から、d段階に相当する外側の`for`ループが始まります。9行目からは、現在の階で玉を落としていく内側の`for`ループです。

10行目で`floorNoBreak`の現在の階に対応する桁の数字を増やします。

`r**d`がnよりも大きいことがあるので、nより高い階から落とさないようチェックする必要があります。11-14行がそれです。増やした結果nより高ければ、この段階が終わり、次の段階に移ります。14行目の`break`文がそれをします。ループを直ちに終了して、ループの次の行から実行します。この場合は、内側のループなので、8行目に行きます。break文はその最も内側のループを抜け出すことに注意します。外側のループは続いて実行します。11行目は、後で説明する簡単な関数を呼び出して、r進法で表された数を10進法に変換します。次の段階に移るには、floorNoBreakが玉を落としても壊れなかった最上階を示す必要があります。13行目で内側のforループを抜け出す前にfloorNoBreakを1減らすのはそれが理由です。

ユーザにどの玉をどの階から落とすか指示して、結果が入力されるのを待ちます(15-16行)。玉が壊れなければ、ループを続けます。玉が壊れたら、既に述べたように、玉が壊れなかった最上階にfloorNoBreakを設定する必要があります。内側のforループを止めて次の段階に移ります(20行目)。

すべての段階を終えれば、floorNoBreakで硬度を計算します(21行目)。

次の関数convertToDecimalは、基数r、d桁のリスト表現repを取り、10進法で数値を返します。

```
1.  def convertToDecimal(r, d, rep):
2.      number = 0
3.      for i in range(d-1):
4.          number = (number + rep[i]) * r
5.      number += rep[d-1]
6.      return number
```

前に示した例を実行します。

```
howHardIsTheCrystal(128, 4)
```

ユーザの入力を斜体で示しますが、期待通りの実行結果です。

```
Radix chosen is 4
Drop ball 1 from Floor 64
Did the ball break (yes/no)?:no
Drop ball 1 from Floor 128
Did the ball break (yes/no)?:yes
Drop ball 2 from Floor 80
Did the ball break (yes/no)?:no
Drop ball 2 from Floor 96
Did the ball break (yes/no)?:no
Drop ball 2 from Floor 112
Did the ball break (yes/no)?:yes
Drop ball 3 from Floor 100
Did the ball break (yes/no)?:no
```

```
Drop ball 3 from Floor 104
Did the ball break (yes/no)?:no
Drop ball 3 from Floor 108
Did the ball break (yes/no)?:yes
Drop ball 4 from Floor 105
Did the ball break (yes/no)?:no
Drop ball 4 from Floor 106
Did the ball break (yes/no)?:no
Drop ball 4 from Floor 107
Did the ball break (yes/no)?:yes
```

プログラムは、硬度106、11回落としたという答えを返します。

2個の玉で落とす回数を減らす

これまでのアルゴリズムでは、階がk、$2k$、$3k$、…と均等に分布していました。こう仮定することで何を失っていたか検討しましょう。$n = 100$の場合、2つの玉が硬度65とすると、アルゴリズムに従えば、第1の玉を11、22、33、44、55、66階で落とします。66階で壊れるので第2の玉を56階、57階と65階まで落とします。65階で壊れなかったので、硬度65と報告します。これには、全部で16回落としました。硬度が98なら、全部で19回落とす必要があります。

この例は、$d = 2$でアルゴリズムを考えた戦略とプログラムが整合していないことを示します。100の平方根は10なのに、どうしてアルゴリズムは$k = 11$を選んだのでしょう。基数rを10にすると、2桁では99階までしか表せません。よって、アルゴリズムは基数を11にしたのです[*1]。

10も11も最適戦略になりません。最適戦略では、玉を落とす階を不均等に配置する必要があります。注意して不均等に並べれば、100階のビルで最大14回玉を落とすところまで減らせます。最大でk回落とすことにしたいとしましょう。最初に、第1の玉をk階から落とします。壊れたら第2の玉でどこで壊れるか調べるので、最大$k-1$回落とす必要があります。k階からの第1の玉が壊れなかったら、次は$k + (k-1)$階から落とします。なぜでしょうか。玉が壊れたら、第2の玉が壊れる階を見つけるのに$k-2$回落とすからです。第1の玉で2回落としているので、全部でk回落とすことになります。

---

*1　原注：同じような理由で、128階2つの玉で、アルゴリズムは128の平方根を12に丸めました。硬度が119の場合に、最悪時の21回落とす羽目になります。

このようにして、n階のビルの階数とkとには次の関係式が成り立ちます。

$$n \leqq k + (k - 1) + (k - 2) + (k - 3) + \cdots + 2 + 1$$

これは、$n \leqq k(k + 1)/2$ということです。$n = 100$なら、$k = 14$です。玉を14、27、39、50、60、69、77、84、90、95、99、100と落としていきます。例えば、第1の玉が11回目の99階で落として壊れたら、最悪時に96、97、98階と落とします。

練習問題

問題1：`howHardIsTheCrystal(128, 6)`を実行すると次のようになります。

```
Radix chosen is 3
Drop ball 2 from Floor 81
```

最初に玉2を落とします。この場合、$2^6 < 128$なので、$r = 3$が選ばれます。しかし、$3^6 > 128$だけでなく、$3^5 = 243$です。3進表記の第1桁が0なので、アルゴリズムは第1の玉をスキップします。コードを修正して、不必要な玉を取り除き、実際に使う玉の個数を示すようにしてください。修正プログラムでは、階数にかかわらず、必ず最初に玉1を落とすようにします。

問題2：コードを修正して、壊れた玉の個数を出力するようにしてください。

問題3：コードを修正して、現在考えている階数の区間を出力するようにしてください。最初、区間は`[0, n]`です。玉を落とした結果をプログラムに入力するたびに、区間は縮みます。コードでは、ユーザの結果入力のたびに新たな区間を出力します。硬度は1つだけの階になった最後の区間に一致します。

6章
偽造硬貨を探す

分かれ道に来たら、そこに入れ。
——ヨギ・ベラ[*1]

この章で学ぶプログラミング要素とアルゴリズム

- リストスライス
- ケース分析
- 分割統治法

一組の硬貨から、天秤だけを使って偽造硬貨を見つけるという有名なパズルには、多くの種類があります。例えば、次のようなものがあります。「9つの同じように見える硬貨の中から、偽造硬貨を見つけなさい。」天秤を使う回数を最小にすることがこの問題の目標です。

見かけは同じでも、偽造硬貨は正規の硬貨よりわずかに重くなっています。天秤の両側の硬貨の枚数が違うと、天秤は多い方に傾きます（天秤の釣り合っている例を下に示します）。

何回天秤で量る必要があるでしょうか。

*1　訳注：原文はWhen you see a fork in the road, take it。普通はWhen you come to a fork in the road, take itとして引用されています。

9枚の硬貨のうち、8枚は同じ重さで1枚だけ少し重いのです。いずれか1枚の硬貨を選んで、他の硬貨と順に比べていくと、8回量れば、偽造硬貨が必ずわかります。

しかし、何枚かの硬貨をまとめて、まとめたもの同士を比較することで、もっとうまく行うことができます。先ほどの1枚ずつ硬貨を取り除く反復解ではなく、1回の計量で硬貨の一部をまとめて取り除きます。使用する戦略は分割統治法というカテゴリに属します。

分割統治法

9枚の硬貨から4枚取り出して、それを2枚ずつの対に分けます。対と対を比較すると結果は次の3つのいずれかになります。

1. 重さが等しい。この4枚の硬貨はいずれも偽造硬貨ではありません。偽造硬貨は残りの5枚のいずれかです。
2. 1番目の対が重い。この2枚のどちらかが偽造硬貨です。硬貨の重さを比べれば、どちらが偽造硬貨なのかを決定できます。
3. 2番目の対が重い。これは、2.の場合と同じようにして偽造硬貨を決定できます。

2番目と3番目の場合には、2回量るだけで偽造硬貨が決定できます。

1番目の場合は、5枚の硬貨が残り、そのうちの1枚が偽造硬貨です。5枚から4枚取り出して、同じ処理をします。2回目の2枚ずつの比較も、1回目と同じようになるので、その場合をそれぞれ1.1、1.2、1.3と名付けます。頭の1は、1回目の計量で、場合1になったという意味です。後ろの.1、.2、.3は、2回目の計量で3つの場合のどれになったかを示します。

2回目の計量で、2つの対の重さが等しい1.1の場合、偽造硬貨は残った硬貨ですから、2回の計量で見つけました。

1.2の場合は、最初の対が重かった場合です。2回の計量では終わりませんでした。2枚の硬貨を比較する3回目の計量で、どちらが偽かわかります。1.3の場合も同じです。最悪時でも3回の計量で偽造硬貨を見つけるのは、8回よりもはるかに優れていますが、最適でしょうか。

最初の9枚から3枚ずつ2対の硬貨を取り出しましょう。これらを比較します。前と同じく、3つの場合があります。

1. 重さが等しい。この6枚の硬貨のいずれも偽造硬貨ではありません。偽造硬貨は残りの3枚のいずれかです。

2. 1番目の対が重い。この3枚のいずれかが偽造硬貨です。
3. 2番目の対が重い。これは、2.の場合と同じです。

この分割統治法は、より対称的です。3つの場合すべてで、偽造硬貨を含む3枚の硬貨の対がわかります。1回量るだけで9枚から3枚に減らすことができました。先ほどと同じように1枚ずつ量れば、2回目の計量で偽造硬貨を決定できます。

例えば、0から8まで番号を振った硬貨があるとして、硬貨4が偽造硬貨だとします。0、1、2と3、4、5を比較して、3、4、5が重いとわかります。これは、上の3.の場合です。硬貨3と4を比較して、4が重いので偽造硬貨だとわかります。

再帰分割統治法

硬貨が9枚より多かったらどうでしょうか。27枚の硬貨があって、そのうち1枚が偽で少し重いとします。9枚ずつの3つの組に硬貨を分けます。既に述べた戦略に従い、重い9枚の組を見つけます。この9枚には偽造硬貨が1枚含まれます。9枚の場合は2回量るだけで偽造硬貨を決定できました。したがって、27枚の場合は、9枚のときよりも、もう1回多く量るだけで偽造硬貨を決定できます。このように、分割統治法は非常に強力で、次の**パズル7**も含めて多くのパズルで活用できます。

偽造硬貨問題を解くプログラムを書きましょう。この場合、現実世界からコンピュータの仮想世界に移行するとき、コンピュータではできてしまうこともできないと想定する必要が出ます。後で詳しく述べます。

硬貨の集まりに対して、どちらかが重いか、両方とも等しいか比較できます。次の関数が天秤で量ることに相当します。

```
1. def compare(groupA, groupB):
2.     if sum(groupA) > sum(groupB):
3.         result = 'left'
4.     elif sum(groupB) > sum(groupA):
5.         result = 'right'
6.     elif sum(groupB) == sum(groupA):
7.         result = 'equal'
8.     return result
```

組み込み関数`sum`は引数のリストの要素の重さを足し合わせて、その和を返します。関数`compare`は、左側が重いか、右側が重いか、それとも両方が釣り合うかを示します。

6行目では、elifを使っていますが、elseでも十分なことに注意します。if (2行目) の述部と最初のelif (4行目) の述部がともに真でなければ、両方は等しくなるはずです。6行目のelifは、これが2つのグループの重さが等しい場合であることを明示しています。

硬貨のリストを、3つの同じサイズのグループに分割します。次の関数では、引数リストの硬貨の個数が、あるnに対して3^nであると仮定しています。

```
1.  def splitCoins(coinsList):
2.      length = len(coinsList)
3.      group1 = coinsList[0:length//3]
4.      group2 = coinsList[length//3:length//3*2]
5.      group3 = coinsList[length//3*2:length]
6.      return group1, group2, group3
```

3-5行で、Pythonの整数除算とスライス演算を用いて、リストを3つの異なる部分リストに分割します。演算子//が整数除算で、例えば、1//3 = 0, 7//3 = 2, 9//3 = 3, 11//3 = 3となります。b = a[0:3]なら、aの最初の3要素がリストbにコピーされることを忘れないように。bの長さは3です (aの長さは3以上と仮定します)。3-5行で、リストcoinsListの先頭の3分の1がgroup1に、2番目の3分の1がgroup2に、そして最後の3分の1がgroup3にコピーされます。4行目が一番複雑です。lengthが9なら、length//3 = 3で、演算子//が*より優先される[*1]ので、length//3*2 = 3*2 = 6となります。

3つの部分リストすべてが返されます (6行目)。

次の関数では、1回の比較、すなわち、1回の計量を行います (2行目)。結果から、どのグループに偽造硬貨があるか決めます。この関数では、偽造硬貨だけが重く、他は等しいと仮定します。

```
1.  def findFakeGroup(group1, group2, group3):
2.      result1and2 = compare(group1, group2)
3.      if result1and2 == 'left':
4.          fakeGroup = group1
5.      elif result1and2 == 'right':
6.          fakeGroup = group2
7.      elif result1and2 == 'equal':
8.          fakeGroup = group3
```

*1　訳注：//と*は演算子同士では、優先順位は同一ですが、//が先にある (左から右) ので//が先に適用されます (https://docs.python.jp/3.6/reference/expressions.html#operator-precedence)。

```
9.      return fakeGroup
```

左側が重いと（3行目）、第1グループに偽造硬貨があります（アルゴリズムの2番目の場合）。右側が重いと（5行目）、第2グループに偽造硬貨があります（3番目の場合）。両側が等しいと（7行目）、第3グループに偽造硬貨があります（1番目の場合）。7行目で、elseでも十分ですがelifを使っていることに注意します。

3^n個の硬貨のリストから偽造硬貨を見つける分割統治法アルゴリズムのコードを書く用意ができました。硬貨の重さは引数coinsListにあります。

```
1.  def CoinComparison(coinsList):
2.      counter = 0
3.      currList = coinsList
4.      while len(currList) > 1:
5.          group1, group2, group3 = splitCoins(currList)
6.          currList = findFakeGroup(group1, group2, group3)
7.          counter += 1
8.      fake = currList[0]
9.      print ('The fake coin is coin',
               coinsList.index(fake) + 1, 'in the original list')
10.     print ('Number of weighings:', counter)
```

2行目で量る回数を数えるcounterを初期化します。3行目はcoinsListへの新たな参照を作り、現在扱っている硬貨のリストへのポインタとして使います。4-7行は、coinsListを毎回3分の1のサイズに縮める分割統治法戦略の実行です。currListのサイズが1なら偽造硬貨が見つかりました。アルゴリズムは既に述べた通りで、splitCoinsで3グループに分割し、group1とgroup2を比較して、どのグループに偽造硬貨があるか求めます。

8行目はwhileループを抜け出した後ですが、これは（そもそも長さが、あるnに対して3^nと仮定して）len(currList)が1ということです。coinsListでの偽の位置とcounterの値である計量回数を出力します。

硬貨がcoinsListで次のように表されているとします。

```
coinsList = [10, 10, 10, 10, 10, 10, 11, 10, 10,
             10, 10, 10, 10, 10, 10, 10, 10, 10,
             10, 10, 10, 10, 10, 10, 10, 10, 10]
```

次を実行します。

```
CoinComparison(coinsList)
```

次の出力が得られます。

```
The fake coin is coin 7 in the original list
Number of weighings: 3
```

偽造硬貨はどのようにして見つかったでしょうか。fndFakeGroupの最初の計量で、coinsListの第1行、すなわちgroup1と第2行group2を比較しました。比較結果は'left'で、group1が選択されました。次の計量では、coinsListの第1行の先頭の3枚の硬貨が次の3枚と比較されます。これが等しいので、fndFakeGroupは、group3すなわち最後の3枚を返します。最後の計量では、偽造硬貨と正規の硬貨を比較するので、'left'が返り、偽造硬貨が見つかりました。

coinsListの要素を見れば、数値を比較するだけでどの硬貨が重いかわかります。しかし、これでは最悪時すべての硬貨を調べて、他より重い値を比較して見つけたことになります。分割統治法アルゴリズムは計量回数を最小化するよう設計されています。パズルの中では天秤を使って量るのが大変なことだと仮定しているからです。例えば、coinsListが遠くのコンピュータに格納されていて、アクセスコストが高価なデータ構造の可能性があります。その遠くのコンピュータでは、指定された硬貨の集合を互いに比較してどちらが重いかを判断することしかできないのです。手元のコンピュータと遠くのコンピュータとの通信も高価で、最小限にする必要があると考えます。

fndFakeGroupで、偽造硬貨が正規の硬貨より重いのか軽いのかがわからないとしたらどうでしょうか。関数fndFakeGroupAndTypeを書く必要があります。fndFakeGroupAndTypeでgroup1がgroup2より重い、result1and2 == 'left'の場合は次のようになります。他の場合も同様の修正が必要です。

```
1. if result1and2 == 'left':
2.     result1and3 = compare(group1, group3)
3.     if result1and3 == 'left':
4.         fakeGroup = group1
5.         type = 'heavier'
6.     elif result1and3 == 'equal':
7.         fakeGroup = group2
8.         type = 'lighter'
```

group1がgroup2より重いと、group1とgroup3を比較します（2行目）。group1がgroup3より重いと、明らかにgroup1に偽造硬貨があり、偽造硬貨は正しい硬貨より重いということです。もし、group1とgroup3が等しければ（6行目）、group2に偽造硬貨があり、偽造硬貨は正しい硬貨より軽いということです。偽造硬貨は1つしかないので、

`result1and3 == 'right'`はありえないことに注意します。もしそうなったら、`group1`が`group2`より重く、`group3`が`group1`と`group2`より重い（推移律）ので、偽造硬貨が1つで、残りの2つのグループは重さが等しいという前提に矛盾します。

幸いなことに、この余分の作業は最初に1回だけやれば済みます。2回の計量で、与えられた集まりの3分の1のグループと、偽造硬貨が重いか軽いかがわかります。後は、これまでと同様に処理できます。もちろん、偽造硬貨が軽いなら、重いと仮定した`fndFakeGroup`とは違う答えになります。

したがって、3^n個の硬貨があり、1枚が偽だが重いか軽いかわからない場合でも、$n+1$回量ることで偽造硬貨がわかります。この戦略をプログラムするのは、本章の練習問題です。

3進数表現

10進数以外を使うとパズルで役立つことがあります（**パズル5**参照）。この偽造硬貨の問題でも、検討してみましょう。3^n個硬貨があると仮定しました。3進表現を使って硬貨を0から3^n-1まで、3進数で番号を付けます。$n=4$なら、最初の硬貨が0000、最後が2222です。最初の計量では、先頭の桁が0、1、2の硬貨を選びます。各グループには27枚の硬貨があります。偽造硬貨が2番のグループだとしましょう。2回目の計量では、先頭が20, 21, 22の硬貨を選びます。4回の計量で4桁の数字が、例えば、2122のように決まり、偽造硬貨が見つかりました。

計量パズルの変形

見かけが同じ12枚の硬貨があり、偽造硬貨は1枚ですが重いか軽いかがわからないとします。どれが偽造硬貨か高々3回量るだけで見つけられますか。この問題は明らかに9枚の硬貨よりも枚数が多いので難しいでしょう。9枚で3回量りました。異なる枚数で硬貨を比較する必要があります。

練習問題

問題1：本章のコードは1枚の硬貨が他より重いと仮定しています。全部の硬貨が等しいリストが渡されると、硬貨1が偽造硬貨だとなります。コードを修正して間違いを正し、どの硬貨も偽でないと通知するようにしてください。

パズル問題2：現在のコードのように、偽造硬貨が重いとは想定せずに偽造硬貨を求めるCoinComparisonGeneralを書いてください。これは、fndFakeGroupAndTypeのresult1and2において本文で示したleft以外の2つの場合の処理を書き、最初の分割でfndFakeGroupAndTypeを呼び出し、後の分割ではfndFakeGroupHeavierかfndFakeGroupLighterを呼び出します。fndFakeGroupは、偽造硬貨が重いと仮定していましたから、軽い場合に相当するプロシージャを書く必要があります。偽造硬貨が全くない場合も扱うべきです。

パズル問題3：偽造硬貨が2つあり、正しい硬貨より重く、偽造硬貨同士は同じ重さとします。CoinComparisonを修正して、偽造硬貨を1つ見つけるようにしてください。硬貨の集まりを比較したとき、両方に偽造硬貨があると天秤が釣り合うことに注意します。修正コードは比較回数を数えなくても構いません。

7章 平方根もカッコイイ[*1]

木の根がiの形をしていたら、この木は虚の数木なのか。

作者未詳

この章で学ぶプログラミング要素とアルゴリズム

- 浮動小数点数と浮動小数点算術
- 連続領域の二分法
- 離散二分探索

与えられた数の平方根を計算します。米国では中学校で習う筆算の開平法もありますが、ここでは違う方式を使います。

反復法

数nが平方数なら、1から始めて2、3、…と増やしながら、それら数の平方を計算してはnと比較することができます。平方根aに来れば、$a^2 = n$なのでそこで止めます。この推測してチェックという方式は、特に現代の高速コンピュータでは、そこそこうまくいきますが、あとでわかるように限界があります。しかし、まずは推測してチェックというコードを確認しましょう。

```
1.  def findSquareRoot(x):
2.      if x < 0:
3.          print ('Sorry, no imaginary numbers!')
4.          return
5.      ans = 0
6.      while ans**2 < x:
7.          ans = ans + 1
8.      if ans**2 != x:
9.          print (x, 'is not a perfect square')
```

*1　訳注：原題はHip to Be a Square Root。ヒューイ・ルイス&ザ・ニュースの曲、Hip To Be Squareのもじり。

```
10.            print ('Square root of ' + str(x) +
                      ' is close to ' + str(ans - 1))
11.        else:
12.            print ('Square root of ' + str(x) + ' is ' + str(ans))
```

1行目で1引数xの関数を定義します。2-4行では、処理を始める前にx >= 0を確認します。重要なのは、5-7行のwhileループです。解答であるansを0に初期化し、平方して(**がべき乗演算子)、xより小さいかどうかチェックします。小さいとwhileループの本体でansを（1足して）増やします（7行目）。ans**2 >= xになったら、whileループを抜け出し、8行目に移ります。

ansの平方がきっちりxになるなら、平方数xの平方根が見つかりました。そうでないと、(ans - 1)**2 < x < ans**2ということです。どうしてでしょうか。whileループの本体7行目を実行したとき、ansの値を1増やす前は、平方した値はxより小さいのでした。そうでなければ、本体実行に移りません。1増やしたら、ループ条件はもはやTrueではなく、ループを抜け出して、8行目に来ました。

fndSquareRoot(65536)を実行すると、

```
Square root of 65536 is 256
```

となります。

fndSquareRoot(65535)を実行したら、

```
Square root of 65535 is close to 255
```

となります。

255よりも65535の本当の平方根に近い値にしたいと考えましょう。小数部を使えるなら、平方根は255.998046868で、255よりも256にずっと近い値です。10行目のstr(ans - 1)をstr(ans)に替えたら、256と返せたのではないかと思うかもしれませんが、fndSquareRoot(65026)の場合には、255の方が256よりもずっと65026の平方根に近いので現在のans - 1 = 255のままの方が良いのです。

5-8行目のwhileループで、1よりもっと小さい値で増やす必要があります。次のコードでは、ユーザがどれだけ平方根に近いかの基準値や、どのくらい増やすかの増分値を指定できます。

```
1.  def findSquareRootWithinError(x, epsilon, increment):
2.      if x < 0:
3.          print ('Sorry, no imaginary numbers!')
4.          return
```

```
 5.     numGuesses = 0
 6.     ans = 0.0
 7.     while x - ans**2 > epsilon:
 8.         ans += increment
 9.         numGuesses += 1
10.     print ('numGuesses =', numGuesses)
11.     if abs(x - ans**2) > epsilon:
12.         print ('Failed on square root of', x)
13.     else:
14.         print (ans, 'is close to square root of', x)
```

いくつかの変更があります。7行目では、epsilon以内に答えが近づいたらwhileループから抜けるので条件が違っています。値を増やすのは関数呼び出しの引数で与えるincrementです。何回答えを試すか、すなわちwhileループの繰り返し回数を数える仕組みも用意しました。これは性能分析に役立ちます。

最後の大事な点は、絶対値を計算する11行目のabsです。xよりも大きくても小さくても、答えの平方とxとの差がepsilonより大きいなら、その答えは求めたいものではありません。どうして、より大きくなってしまうのでしょうか。最後にwhileループに入るとき、ans**2は明らかにxより小さいのですが、ansをincrementだけ増やすと、ans**2がxより大きくなるだけでなく、epsilonよりも大きく離れてしまう可能性があります。これは、次に示すように、大きすぎるincrementを選んだためです。

コードをさまざまな引数で実行した結果は次のようになります。

```
>>> findSquareRootWithinError(65535, .01, .001)
numGuesses = 255999
Failed on square root of 65535
>>> findSquareRootWithinError(65535, .01, .0001)
numGuesses = 2559981
Failed on square root of 65535
>>> findSquareRootWithinError(65535, .01, .00001)
numGuesses = 25599803
255.99803007 is close to square root of 65535
```

誤差epsilonはずっと0.01に設定したままです。初めの2回の実行では、whileループが正答を「飛び越え」たので、失敗でした。ループの最後で、while条件がTrueのとき、x - ans_0**2はepsilonより大きいのです。ans_0は、その条件がTrueのときのansの値です。ループの中では、変数ansがincrementだけ増やされます。この時点では次のようになっています。

```
x - (ans0 + increment)**2 < -epsilon    →    (ans0 + increment)**2 - x > epsilon
```

したがって失敗します。incrementに十分小さな値を選べば、解像度が十分細かくなり、epsilon内の平方根が見つかります。これにはプログラム実行時間が増えるという負の側面があり、実行時間の代わりに解の個数を用いると、成功するのに2500万回かかります。

ここでx >= 1と仮定します。平方根の最初の探索空間を[0, x]とします。これまでは、探索空間を幅がincrementの「スロット」に分割していました。探索するスロット数はx/incrementでした。平方根がどのスロットにあるか次々に調べました。incrementを狭くすると、実行時間が増えます。

[注意]

浮動小数点数の等値チェックに気を付けましょう。等しいと思った数が等しくないことがあります。例えば、0.1 + 0.2は、IDLEやPython 3.5の動くほとんどのコンピュータで0.30000000000000004になります。そこで、次のようなおかしな振る舞いになります[*1]。

```
>>> x = 0.1 + 0.2
>>> x == 0.3
False
```

これまでのコードの中では、浮動小数点数の厳密な等値チェックは行わなかったので、上のような振る舞いを避けてきました。一般に、このように避けておくのがうまいやり方です[*2]。

偽造硬貨を探索したのと同じような概念を用いて、実行時間を大幅に減らせます。3^n個の硬貨からn回量って偽造硬貨を見つけたのと同じような分割統治法アルゴリズムを使うことができます。

実行時間を減らす方法を考え付きますか。

二分法で探索

カギとなる洞察：ある答えをaとします。a**2 > xなら、aより大きな答えを求める必要はありません。同様に、a**2 < xなら、aより小さな答えを求める必要はありませ

---

*1　訳注：IEEE-754浮動小数点演算を採用しているからです。

*2　訳注：Python 3.5以降ならmath.iscloseを使う方法もあります（https://docs.python.jp/3/library/math.html#math.isclose）。

ん。スロットを順次調べていく代わりに、範囲[0, x]を狭めたらどうでしょうか。上の場合、範囲[0, a]と[a, x]にそれぞれ狭めることができます。

実験に基づいて探索空間を縮めるというこの概念になじみがあるのは、水晶玉の**パズル5**や偽造硬貨の**パズル6**でも使ったからです。

aはどんな値で試すのでしょうか。0とxの中間の値で試すのが良さそうです。同様に、範囲[0, a]や[a, x]でも、2つの端点の中点を新たな値として試すのが良さそうです。そのためには、次の二分法探索のコードを使います。

```
1.  def bisectionSearchForSquareRoot(x, epsilon):
2.      if x < 0:
3.          print ('Sorry, imaginary numbers are out of scope!')
4.          return
5.      numGuesses = 0
6.      low = 0.0
7.      high = x
8.      ans = (high + low)/2.0
9.      while abs(ans**2 - x) >= epsilon:
10.         if ans**2 < x:
11.             low = ans
12.         else:
13.             high = ans
14.         ans = (high + low)/2.0
15.         numGuesses += 1
16.     print ('numGuesses =', numGuesses)
17.     print (ans, 'is close to square root of', x)
```

9-14行が二分法探索です。初期区間は[low, high]です。ansを区間の中点にします。どこに平方根があるかによって、[low, ans]か[ans, high]に移ります。そして、新たな区間の中点を次の答えにします。

このコードをx = 65535とepsilon = 0.01で実行します。

```
bisectionSearchForSquareRoot(65535, .01)
```

すると、

```
numGuesses = 24
255.998046845 is close to square root of 65535
```

になります。

24回（whileループの回数）で、逐次探索で2500万回行ったのと小数点4桁まで同じ答えになりました。両方の答えとも、答えの平方が65535のsepsilon = 0.01範囲内という意味で正解です。3^n個の硬貨からn回量って偽造硬貨を見つけたのと同様に、素晴らしい改善です。毎回、探索空間を半分に分割するので、24回では、探索空間が[0, 65535]の$1/2^{24}$のサイズです。$65535/2^{24}$は0.1より小さいので、24回の分割で収束します。

区間は答えを求めるごとにどう狭まったでしょうか。最初、区間は[0.0, 65535.0]です。最初の答えは、(0.0 + 65535.0)/2 = 32767.5です。これは、明らかに大きすぎて、区間は[0.0, 32767.5]に狭まります。こうして狭めていくと、答えが255.99609375、区間[0.0, 511.9921875]になります。この答えは小さすぎるので、次の区間は[255.99609375, 511.9921875]になります。この答えは383.994140625で、大きすぎます。このように数回繰り返して、答えが255.99804684519768になり、誤差の限界内になりループが停止します。

二分探索

二分法は、平方と平方根が関数として単調性を持つので、うまくいきます。すなわち、$x > y \geqq 0$なら、$x^2 > y^2$です。したがって、答えaがa**2 > xなら、aより大きい答えを調べる必要がありません。**パズル5**の水晶玉パズルでは、f階から落とした玉が壊れたら、同じ種類の玉はより高い階から落とせば壊れると仮定しました。同様に、f階から落として壊れなければ、より低い階から落としても壊れないのです。

連続変数の二分法は、離散変数の二分探索という概念に密接に関係していますが、それをここで検討します。

数のリストがあり、そこに指定された数があるかどうか知りたいとします。次のように、

```
member in myList
```

とすると、memberがmyListにあるかチェックします。どうするのでしょうか。1つのやり方は、myListの要素を順に、memberと等しいか次のように調べていきます。

```
1.  NOTFOUND = -1
2.  Ls = [2, 3, 5, 7, 11, 13, 17, 19, 23, 29, 31, 37, 41, 43, 47,
          53, 59, 61, 67, 71, 73, 79, 83, 89, 97]

3.  def lsearch(L, value):
4.      for i in range(len(L)):
```

```
5.          if L[i] == value:
6.              return i
7.      return NOTFOUND
```

lsearch(Ls, 13)は、Ls[5] = 13なので5を返します。Pythonのリストのインデックスは0から始まることを忘れないようにします。

lsearch(Ls, 26)を呼び出すと、NOTFOUNDになります。これは最悪時のリストL個にその数がない場合で、len(L)の要素を調べます。上のforループの増分1は、findSquareRootWithinErrorの反復探索のincrementの増分と非常によく似ています。

もっとうまくやりたい、すなわち、もっと少ない要素を調べて、数を見つけるか、リストにはないことを見つけたいものです。リストが、リストLのように、ソートしていればもっとうまくやれます。

ソートすれば、二分探索を使うことができる単調性（覚えていますね）が得られます。上の例ではリストLsで実行しましたが、アルゴリズムの動作の次の記述では引数名のLを使います。

1. 26を探すとき、最初にリストの中点、L[12]を調べます。値は41。41 > 26なので、26は41より後のリスト部分にはあり得ません。リストLにあるなら、インデックス11以下のところです。
2. 次にL[5]を調べます。13です。13 < 26なので、L[6]とL[11]の間を調べる必要があります。
3. L[8]を調べます。23です。23 < 26なので、L[9]とL[11]の間を調べる必要があります。
4. L[10]を調べます。31です。31 > 26なので、10より小さいインデックスを調べる必要があります。
5. L[9]しかなくて、29です。これは、探していた数がリストにないことを意味するので、NOTFOUNDを返します。

25個のL[i]を調べてから、数26がLにないとわかるのではなく、5個のL[i]を調べるだけで済みました。一般に、リストLで、最悪時も$\log_2$ len(L)だけチェックして、数があるかないかわかります。len(L) = 25の場合は、次の2のべき乗、すなわち32を使って、$\log_2 32 = 5$となります。

1. 数がリストLにある場合を、数29を例にとって次に示します。

2. 中点L[12]を調べます。値は41。そして41 > 29。
3. L[5]を調べると13です。そして13 < 29。
4. L[8]を調べると23です。そして23 < 29。
5. L[10]を調べると31です。そして31 > 29。
   L[9]を調べると29なので、インデックス9を返します（もしL[9]が29ではなく28なら、探索をL[9]まで狭めたので、NOTFOUNDを返します）。

ソートしたリストでの二分探索のコードを次に示します。

```
1.  def bsearch(L, value):
2.      lo, hi = 0, len(L) - 1
3.      while lo <= hi:
4.          mid = (lo + hi) // 2
5.          if L[mid] < value:
6.              lo = mid + 1
7.          elif value < L[mid]:
8.              hi = mid - 1
9.          else:
10.             return mid
11.     return NOTFOUND
```

これは二分法のコードとよく似ています。探索区間は最初はリスト全体（2行目）で、インデックスloとhiで表します。whileループは3行目から始まり、区間に要素がある限り、探索が続きます。L[mid]の値が探している値なら、それを返します。loとhiが等しいなら、区間は1要素だけで、最後のループで、値が見つかるか、loがhiより大きくなるかどちらかです。

最後に、mid = (lo + hi)//2が小数部分を切り捨てる整数除算であることに注意します。したがって、lo = 7かつhi = 8ならmid = 7となります。先ほどの2つの例は、bsearchの実行に合致します。

三分探索

二分探索は、探索区間を1回の比較で半分にします。区間$[0, n-1]$の場合、中点L[n//2]の値を調べて、[0, n//2-1]か[n//2+1, n-1]のどちらで継続するか決めます。例えば、L[n//3]とL[2n//3]という2点をチェックして、元の区間の1/3のサイズの区間を選ぶこともできます。最悪時の比較回数は、二分探索では$\log_2 n$ですが、三分探索では$2\log_3 n$で、より大きくなります。偽造硬貨を見つけるパズル（**パズル6**）では、

1回の計量（比較）だけで硬貨の個数が元の3分の1になったので、有益でした。

練習問題

問題1：二分法のプログラム`bisectionSearchForSquareRoot`は、`x = 0.25`すなわち`x < 1 - epsilon`の場合にうまくいきません。つまり、止まらないということです。調べて直せますか。

[ヒント]

0.25の平方根はいくつでしょうか、プログラムはどの範囲を探索しているでしょうか。

問題2：プロシージャ`bsearch`を修正して、反復逐次探索を行う区間の長さを示す引数を追加してください。現在のプロシージャは、要素が見つかるまで二分探索を続けます。区間`[lo, hi]`において、区間の長さ`hi - lo`が指定長より短くなったら、除算を使わず逐次探索を使った方が速くなることがあるからです。

問題3：二分法のプログラムを修正して、与えられた誤差（例：0.01）の範囲内で、関数$x^3 + x^2 - 11$の1つの根（方程式$x^3 + x^2 - 11 = 0$の解）を見つけるようにしてください。$[-10, 10]$のような0をまたぐ区間で始める必要があります。

8章 招かれざる客[*1]

友達と私は、これが口論かどうかを2時間言い争っていた。
作者未詳

この章で学ぶプログラミング要素とアルゴリズム

- リストの連結
- しらみつぶしの数え上げと符号化の組合せ

あなたには多数の友人がいて、集まって楽しむのが大好きです。しかし残念ながら、友達全員が互いに好き合っているわけではありません、実際には、ひどく嫌っていることがあります。夕食に誘うとき、喧嘩にならないようにしなければなりません。したがって、格闘する羽目になったり、口論になってせっかくの集まりを台無しにするような人たちを一緒には招かないようにしなければなりません。しかし、集まりは多いほど楽しいので、できるだけ多くの友人を招きたいものです。

問題の感じを掴むために、友人の輪をグラフで表します。節点が友人です。節点間の辺もあります。AliceがBobを嫌っていると、節点AliceとBobとの間に辺があります。Bobは（ひそかに）Aliceを好いているかもしれないし、互いに嫌い合っているかもしれませんが、どちらにしても、あなたの家の夕食にAliceとBobを一緒に招くわけにはいきません。AliceとBobの間の辺は、どちらかがあるいは互いに、嫌っていることを表します。

現在のソーシャルネットワークが次のようなものであると仮定します。

*1　原注：原題は、「Guess Who's Coming to Dinner」。1967年のコロンビア映画（シドニー・ポワチエ、キャサリン・ヘプバーン主演）。

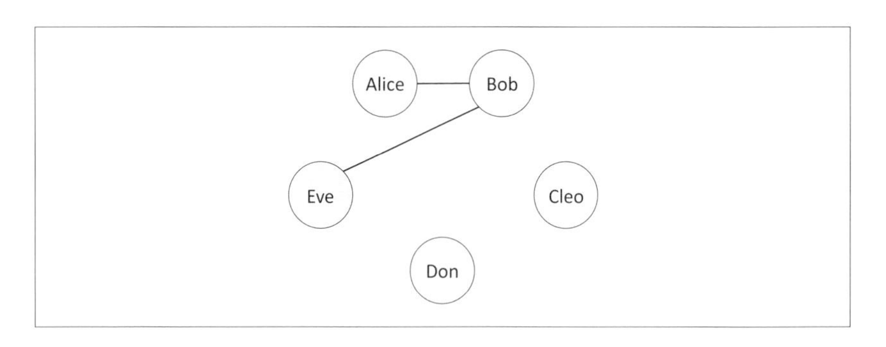

お客の最大数は5人です。しかし、「嫌い」関係を示す辺が2つあります。AliceとBob、BobとEveを一緒に招くわけにはいきません。嫌い関係には推移律が成り立ちません。AliceはBobを嫌っており、BobはEveを嫌っていますが、AliceはEveとなら大丈夫ですし、EveもAliceとはOKです。EveとAliceに嫌い関係があれば、辺があるはずです。好き嫌いは、実生活でそうであるように、予測がつかないものです。

CleoとDonは、他の誰をも嫌っていないので、当然、招くことにします。もしBobを招くと、AliceもEveも招くわけにはいきません。しかし、Bobを招かないなら、Cleo, Don, Alice, Eveの友達4人を招くことができます。すなわち、現在の友達の輪で夕食に招くことができる最大人数は4人です。

任意の複雑な友達の輪（例：下のグラフ）に対して、夕食に招待できる最大人数を常に与えるアルゴリズムを考えつきますか。

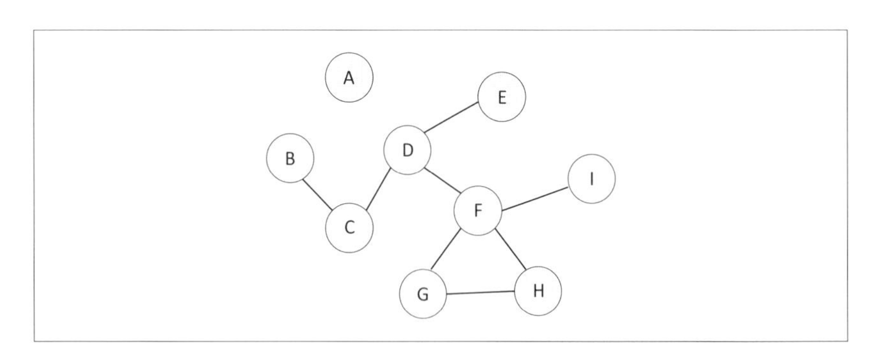

最初の試み

まず、貪欲方式を試しましょう。このパズルの貪欲アルゴリズムは、嫌いな人が最も少ない、すなわち、辺の個数が最も少ない客をまず選びます。次に、この客の嫌っている客を全員取り除きます。この処理を、客全員が選ばれるか取り除かれるかまで続けます。

最初の例では、貪欲アルゴリズムは、(辺のない) CleoとDonを選びます。どの客も取り除きません。次に、Bobには辺が2つあるので、辺が1つのAliceかEveを選びます。どちらかを選ぶとBobが取り除かれます。残った、選ばれていない客を選ぶことができます。例えば、最大選択に至る貪欲選択系列は、次のようになります。

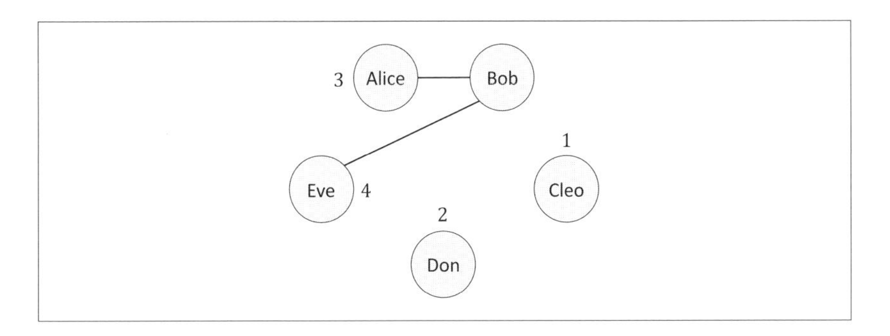

次に、下の図の問題を考えましょう。辺が2つの節点がいくつかあります。貪欲アルゴリズムはCを選ぶかもしれません。

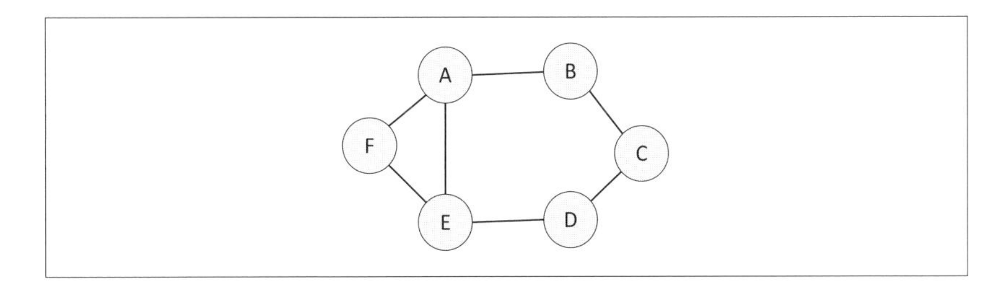

Cを選んだら、BとDが取り除かれます。その後は、A、E、Fのいずれかしか選べないので、解は2人になります。ところが、最大選択はB、D、Fの3人です。

貪欲アルゴリズムは、このパズルではうまくいく保証がありません。本書では、他にも、貪欲アルゴリズムでうまくいったり、うまくいかなったりする例を見ていきます。

最大選択を常に与える

しらみつぶしで最適性を保証する方式は次の通りです。

1. 嫌い関係を無視して、夕食の客のあらゆる組合せを生成する。
2. 嫌い関係の対を含む組合せをチェックして、それらを取り除く。
3. 残った組合せの中から、人数が最大のものを選ぶ。これが最適解。最適解が複数のこともある。

元の5人の友人の輪でこのステップを試してみましょう。

1. n 人客がいれば、各人を呼んだり呼ばなかったりできます。各人に2つ選択肢があるので、2^n 個の異なる組合せがあります。そのうちの1つは、全員を招くもので、もう1つは誰も招かないものです。この場合は、$n = 5$ なので、下に示すように32個の異なる組合せがあります。名前を先頭の英字に省略して、'Alice', 'Bob'などをA, Bなどと簡潔にします。

   []

   [A] [B] [C] [D] [E]

   [A, B] [A, C] [A, D] [A, E] [B, C] [B, D] [B, E] [C, D] [C, E] [D, E]

   [A, B, C] [A, B, D] [A, B, E] [A, C, D] [A, C, E] [A, D, E] [B, C, D] [B, C, E]
   [B, D, E] [C, D, E]

   [A, B, C, D] [A, B, C, E] [A, B, D, E] [A, C, D, E] [B, C, D, E]

   [A, B, C, D, E]

2. 嫌っている対が[A, B]と[B, E]の2つあります。AとBを両方含む組合せもBとEを両方含む組合せも取り除きます。残るのは次の通りです。

   []

   [A] [B] [C] [D] [E]

   ~~[A, B]~~ [A, C] [A, D] [A, E] [B, C] [B, D] ~~[B, E]~~ [C, D] [C, E] [D, E]

   ~~[A, B, C]~~ ~~[A, B, D]~~ ~~[A, B, E]~~ [A, C, D] [A, C, E] [A, D, E] [B, C, D] ~~[B, C, E]~~
   ~~[B, D, E]~~ [C, D, E]

   ~~[A, B, C, D]~~ ~~[A, B, C, E]~~ ~~[A, B, D, E]~~ [A, C, D, E] ~~[B, C, D, E]~~

   ~~[A, B, C, D, E]~~

3. 組合せ候補の中には5人のものはありませんが、4人の組合せ候補がちょうど1つあって、[A, C, D, E]です。そこでこれを選びますが、これはAlice、Cleo、Don、Eveを招くことに相当します。

この方式だと、貪欲方式で失敗した第2の例に対しても、最大数の選択[B, D, F]が求まります。

次の課題は、このアルゴリズムをコーディングすることです。全部の組合せを系統的に生成し、仲の悪い組合せを取り除き、客の人数が最大の組合せを選ばねばなりません。それぞれのステップのコードを順に見ていきます。

すべての組合せを生成する

文字列集合から、すべての組合せ（またはその部分集合）を求めるには、もちろん、多くの方法があります。組合せはどれも、0から2^n-1の間の数とみなすことができます。まず、組合せに先頭オブジェクトがあるかないかを、2進数（ビット）の0か1とみなします。すると、0がすべての列は、どのオブジェクトも含まれない空の組合せになります。すべてのオブジェクトが含まれるなら、それはすべて1の列です。A, B, C, D, Eをこの順に並べた場合、次に示すのは、いくつかの組合せと、それに対応する2進数と、それに対する10進数値です。

[]	00000	0
[A, B]	11000	24
[B, C, D]	01110	14
[A, B, C, D, E]	11111	31

すべての組合せを生成するには、上の表で右から左へと、数を0から2^n-1まで繰り返します。

```
1.  def Combinations(n, guestList):
2.      allCombL = []
3.      for i in range(2**n):
4.          num = i
5.          cList = []
6.          for j in range(n):
7.              if num % 2 == 1:
8.                  cList = [guestList[n - 1 - j]] + cList
9.              num = num//2
```

```
10.         allCombL.append(cList)
11.     return allCombL
```

この関数は、客の人数と客のリストを入力に取ります。今回の例では、$n = 5$とguestList = [A, B, C, D, E]です。ループを2^n回、0から$2^n - 1$まで1つずつ増やして繰り返します。

値iに対して、この値に相当するnビットの2進列を生成して、numにコピーします。コピーするのは、numを変更するからで、それによってループの中のカウンタを変更したくないからです。nビットの列の生成は6行目から始まる内側のforループで行われます。24に相当する2進列の生成は次のようになりますが、順に2で割り余りを求める方法を使います。

```
24 % 2 = 0     24//2 = 12
12 % 2 = 0     12//2 = 6
 6 % 2 = 0     6//2 = 3
 3 % 2 = 1     3//2 = 1
 1 % 2 = 1     1//2 = 0
```

ビットは最大値方向に生成されるので、2進法としては右から11000と読む必要があります。これが、8行目でguestListにn - 1 - jというインデックスを使う理由です。最大ビットがguestListの先頭要素（この例ではA）に当たるようにします。さらに、末尾に追加するappendではなく、guestListと同じ順序にしたい、すなわち、['B', 'A']ではなく['A', 'B']にしたいのです[*1]。それが、客のリストを元のリストと連結する理由です。ここでguestList[n - 1 - j]が[]に囲まれていることに注意してください。[]で囲んでいないと、文字列をリストに連結することになり、プログラム実行でエラーになります。この順序で連結することにより、インデックスが小さいguestListの前の方の要素が、cListの先頭に来ます。

外側のforループの初めの方の5行目でcListがリセットされていることに注意します。値が求まると、10行目でallCombLに追加されます。

---

*1　原注：これは解の正しさについては関係しません。入力リストであれ、組合せ表現であれ、客の順序に関わらず、最大人数が求まります。ただし、正解が複数ある場合、順序によって返す答えが異なることはあります。

嫌い関係の組合せを取り除く

アルゴリズムの第2ステップは組合せを調べて嫌い同士が含まれていないかチェックします。組合せに嫌い同士が含まれていれば、険悪になるので組合せを取り除きます。コードを示します。

```
1.  def removeBadCombinations(allCombL, dislikePairs):
2.  allGoodCombinations = []
3.      for i in allCombL:
4.          good = True
5.          for j in dislikePairs:
6.              if j[0] in i and j[1] in i:
7.                  good = False
8.          if good:
9.              allGoodCombinations.append(i)
10.     return allGoodCombinations
```

3行目から始まる外側のforループで、組合せを順に調べます。それぞれで、嫌い同士を順に調べます。嫌い同士は、客2人のリストです。この例では2つ、['A', 'B']と['B', 'E']です。'A'と'B'の両方を含む組合せは険悪であり、取り除く必要があります。6行目でこれをします。組合せが'B'と'E'を含むかもチェックしなければなりません。ここで、j in iとチェックしたら、常にFalseになります。j in iは、リストiのメンバーがjかどうかチェックするので、['A', 'B'] in ['A', 'B', 'C', 'D', 'E']はFalseになるわけです。j = ['A', 'B']は、jのメンバーそれぞれがリストiのメンバーではあっても、iのメンバーではありません（ついでに言えば、['A', 'B'] in [['A', 'B'], 'C', 'D', 'E']はTrueです）。

最大の組合せを選ぶ

最後に、夕食に招く客の人数が最大になる組合せを求めねばなりません。次のコードでは、2行目と3行目で上の2つのプロシージャを呼び出してから、招く客の組合せを見つけます。

```
1.  def InviteDinner(guestList, dislikePairs):
2.      allCombL = Combinations(len(guestList), guestList)
3.      allGoodCombinations = removeBadCombinations(allCombL, dislikePairs)
4.      invite = []
5.      for i in allGoodCombinations:
6.          if len(i) > len(invite):
```

```
7.              invite = i
8.      print ('Optimum Solution:', invite)
```

4-7行で、残った組合せを順に調べて、客が最大人数のを見つけます。最大人数の先頭の組合せを出力します。Pythonにはリストを処理する組み込み関数が多数あり、4-7行は次の1行で置き換えることができます。

```
4a. invite = max(allGoodCombinations, key=len)
```

maxは、引数のリストから最大メンバーを返す組み込み関数です。要素比較に使う関数をkeyで指定します。この場合には、keyはlen関数です。

次のコード

```
dislikePairs = [['Alice','Bob'], ['Bob','Eve']]
guestList = ['Alice', 'Bob', 'Cleo', 'Don', 'Eve']
InviteDinner(guestList, dislikePairs)
```

を実行すると、次が出力されます。

```
Optimum Solution: ['Alice', 'Cleo', 'Don', 'Eve']
```

これは既に知っていることでした。本来の目的は、既に取り上げた9節点グラフのような複雑な問題を解くことです。次のコード

```
InviteDinner(LargeGuestList, LargeDislikes)
```

を実行すると、次の解が得られます。

```
Optimum Solution: ['A', 'C', 'E', 'H', 'I']
```

メモリ使用を最適化する

ここで示したコードでは、客の人数をnとして、長さ2^nのリストを作ります。大きなnでは、大量のメモリを要します。この問題では、最悪時の客の組合せが指数サイズになるのを避けることはできませんが、指数サイズのリストの格納は簡単に避けられます。

その方法は、まず、これまでと同様に組合せを生成します。組合せをリストに格納する代わりに、その組合せが良いかどうかを直ちに決定するのです。良ければ、これまでの最良のと比較、すなわち、これまでの最長の組合せと比較して、最良の組合せを更新します。

次が最適版のコードです。いずれも既に登場したコードです。

```
1.  def InviteDinnerOptimized(guestList, dislikePairs):
2.      n, invite = len(guestList), []
3.      for i in range(2**n):
4.          Combination = []
5.          num = i
6.          for j in range(n):
7.              if (num % 2 == 1):
8.                  Combination = [guestList[n-1-j]] + Combination
9.              num = num // 2
10.         good = True
11.         for j in dislikePairs:
12.             if j[0] in Combination and j[1] in Combination:
13.                 good = False
14.         if good:
15.             if len(Combination) > len(invite):
16.                 invite = Combination
17.     print ('Optimum Solution:', invite)
```

3-9行はnum = iという値に対応する組合せを生成します[*1]。10-13行は、組合せが良いかどうかを決めます。最後に、14-16行で、組合せ客の人数の方が多ければ、これまでの最良の組合せを更新します。この最適化版では、リストに格納しないので、リストの要素の最大値を求める関数maxを使うことができないことに注意します。

応用

この夕食問題は、節点と辺からなるグラフで、互いに辺を持たない節点の最大集合を求める、最大独立集合問題（MIS：maximum independent set）と呼ばれる古典的な問題です。MISを解かねばならない状況はいくつもあります。例えば、フランチャイズ展開しているビジネスで、どの2店も互いに競合する距離にならないようにしたい場合があります。店舗の可能な位置を節点にして、近すぎて競合する2点を辺で結びます。MISによって、共食い競争にならない最大個数の地点がわかります。

MISは計算困難な問題です。どのような問題に対しても最大数を保証する既知のアルゴリズムはどれも、ここで紹介したアルゴリズムを含めて、客の人数の指数関数時間

---

*1　原注：Python 2.xでは、iの2**n個の全値が格納されないことを保証するには、3行目でforループにrangeを使わずxrangeを使わないといけないことに注意します。Python 2のrangeはリストを返すからです。

がかかります。客の人数の多項式時間[*1]で収まるような効率的アルゴリズムを発見するか、そのようなアルゴリズムが存在しないことを数学的に証明した人は、未解決のミレニアム賞金問題を解いたことになるので、100万ドルの賞金を獲得するだけでなく、もっと重要なことには、コンピュータ・サイエンスでスーパースターの位置に登場します。

絶対に最大数の解でないといけないという制約を外せば、貪欲方式で嫌い関係が最も少ない客を次々に選ぶことにより、グラフを何回か走査するだけの高速性が保証された解法を使うことができます。

練習問題

パズル問題1：ほとんどの人がそうであるように、他の友人より好ましい友人がいるとします。好ましさの程度を整数値の重みで表し、次のように客のリストに名前だけでなく重みも与えます。

```
dislikePairs = [['Alice','Bob'],['Bob','Eve']]
guestList = [('Alice', 2), ('Bob', 6), ('Cleo', 3), ('Don', 10), ('Eve', 3)]
```

最初のコードや最適化したコードを修正して、重みが最大になるよう友達を招くようにしてください。上の例では、EveとAliceを合わせたよりもBobが好きなので、重みのない場合とは、客のリストが異なります。

問題2：ここで紹介した解法の問題点の1つは効率です。n人の客に対して2^n個の組合せを生成します（$n = 20$なら、100万を超えます）。最初の例で、嫌い関係のない2人の客CleoとDonがいました。友達の輪グラフでCleoとDonに対応する節点には辺がありません。CleoとDonは、他の誰が招かれていようと招くことができる楽な客です。（CleoとDonを除いて）客のリストを3に縮め、組合せの生成、険悪な組合せの削除を行い、客の人数が最大の組合せを求めます。例えば、次を実行します。

```
dislikePairs = [['Alice','Bob'], ['Bob','Eve']]
guestList = ['Alice', 'Bob', 'Eve']
InviteDinner(guestList, dislikePairs)
```

そうすると次になります。

```
Optimum Solution: ['Alice', 'Eve']
```

---

*1　原注：kを定数として、nを客の人数とすると、実行時間がn^kで増えること。

それから、CleoとDonを追加します。このプロシージャでも解は同じですが、25ではなく、23個の組合せしか生成しません。同様に、節点が9つの例では、辺がないので、'A'をリストから取り除き、後で追加できます。

元のコードや、パズルの重み付き版のコードを、この最適化を行うように修正してください。すなわち、嫌い同士を走査して、嫌い同士に一切入っていない客を取り除いて、客のリストを縮小し、後で、これらの客を招待用の組合せに追加します。

パズル問題3：互いに嫌っている友人同士1組を、あなたがテーブルの中央、彼らがテーブルの両端に座るようにするものとします。友達を最大人数招待する元のプログラムや最適化したプログラムのコードをこのように修正してください。互いに嫌っている友達同士を2組は、たとえその2組に共通の友達が1人いたとしても、招くことはできないことを忘れてはなりません。

例えば、次の場合、

```
LargeDislikes = [['B', 'C'], ['C', 'D'], ['D', 'E'],
                 ['F', 'G'], ['F', 'H'], ['F', 'I'], ['G', 'H'] ]
LargeGuestList = [('A', 2), ('B', 1), ('C', 3), ('D', 2), ('E', 1), ('F', 4),
                  ('G', 2), ('H', 1), ('I', 3)]
```

修正したコードを次のように実行すると、

```
InviteDinnerFlexible(LargeGuestList, LargeDislikes)
```

次の結果となります。

```
Optimum Solution: [('A', 2), ('C', 3), ('E', 1),
                   ('F', 4), ('I', 3)]
Weight is: 13
```

ここで、FとIにはテーブルの両端に席を与える必要があることに注意します。

9章
アメリカズ・ゴット・タレント[*1]

私には特別な才能はない。ただ好奇心が旺盛なだけだ。
── アインシュタイン

この章で学ぶプログラミング要素とアルゴリズム

- 2次元の表をリストで表す

「フーズ・ゴット・タレント」という題名のテレビ番組をプロデュースすることが決まりました。春休みに、多数の応募者を集めてオーディションを開きます。応募者は何がしかの才能(例:フラワーアレンジメント、ダンス、スケートボード)を持っており、オーディションで審査します。ほとんどの応募者は、要求水準を満たしませんが、良いと思える人も何人かはいます。少なくとも1つの才能を示す応募者のリストができました。

番組では、才能の多彩さを売りにしたいと考えています。毎週、いろいろなフラワーアレンジメントを取り上げても視聴率は上がらないでしょう。候補者リストから才能の全リストを作ります。プロデューサのところに行って、番組でこれらの才能を披露することの許可をもらいます。プロデューサは才能リストを絞り込み(例えば、食べたものを粗末にするのはふさわしくないと考える)、最終リストを決めます。さらに、費用削減を要求します。

費用を削減して視聴率を上げるには、番組での多様性を最大にして、候補者数を最小にすることだと考えます。そこで、最終リストのすべての才能について演じることができるような出演者を最少人数になるよう選びます。

候補者と才能を次のように表にまとめます。

*1　訳注:原題は「America's Got Talent」。NBCのスター発掘番組。英国の「Britain's Got Talent」のフランチャイズ。

候補者＼才能	歌	ダンス	マジック	アクト（演技）	フレックス（曲芸）	コード（振付）
Aly					○	○
Bob		○	○			
Cal	○		○			
Don	○	○				
Eve		○		○		○
Fay				○		○

上の例では、Aly、Bob、Don、Eveを選ぶとすべての才能をカバーできます。Alyはフレックスとコード、Bobはダンスとマジック、Donはダンスと歌、Eveはダンス、アクト、コードができます。合わせて6つの才能をカバーします。

もっと少ない人数ですべての才能をカバーできるでしょうか。一般化すると、表において、最少の候補者（行）で、すべての才能（列）をカバーできるように選ぶにはどうするのでしょうか。別の例を次に示します。

候補者＼才能	1	2	3	4	5	6	7	8	9
A				○	○		○		
B	○	○						○	
C		○		○		○			○
D			○			○			○
E		○	○						○
F							○	○	○
G	○		○				○		

最初の例については、4人より少なくできます。Aly、Cal、Eveを選ぶと良いのです。Alyはフレックスとコード、Calは歌とマジック、Eveはダンス、アクト、コードができます。合わせて6つの才能です。

夕食に招待する（**パズル8**）のと同じ戦略が使えます。2つの問題は似ていますが、夕食問題では、人数を最多にし、このパズルでは最少にします。共通なのは、あらゆる組合せ（すなわち、候補者の部分集合すべて）を調べて、すべての才能をカバーできない組合せを削除し、最小部分集合を選ぶところです。もう1つの共通点は貪欲方式がうまくいかないことです。

2つのパズルでは、データ構造が異なります。嫌いグラフではなく、情報の表がタレント問題では必要です。上の例は、次のようなデータ構造に変換できます。

```
Talents = ['Sing', 'Dance', 'Magic', 'Act', 'Flex', 'Code']
Candidates = ['Aly', 'Bob', 'Cal', 'Don', 'Eve', 'Fay']
```

```
CandidateTalents = [['Flex', 'Code'], ['Dance', 'Magic'], ['Sing', 'Magic'],
                    ['Sing', 'Dance'], ['Dance', 'Act', 'Code'], ['Act', 'Code']]
```

才能のリスト（表の列）と候補者のリスト（表の行）があります。表の各項目を表すために、リストのリスト、CandidateTalentsが必要です。CandidateTalentsは、表の行に対応した要素を含みます。要素の順番が、リストCandidatesの候補者の順番に対応しているので重要です。Bobは、Candidatesで2番目で、才能はリストCandidateTalentsの2番目に対応して、['Dance', 'Magic']です。

ご推察通り、この2つのパズルのコードはよく似ています。このパズルではやり方を変えて、**パズル8**の最適化版を流用します。

組合せを1つずつ生成してはテストする

組合せを生成し、良いかどうかテストし、最小長の組合せを選ぶ最上位プロシージャのコードは次のようになります。

```
1.  def Hire4Show(candList, candTalents, talentList):
2.      n = len(candList)
3.      hire = candList[:]
4.      for i in range(2**n):
5.          Combination = []
6.          num = i
7.          for j in range(n):
8.              if (num % 2 == 1):
9.                  Combination = [candList[n-1-j]] + Combination
10.             num = num // 2
11.         if Good(Combination, candList, candTalents, talentList):
12.             if len(hire) > len(Combination):
13.                 hire = Combination
14.     print ('Optimum Solution:', hire)
```

4-10行でnum = iに対応する組合せを生成します。11行目は、その候補者の組合せですべての才能をカバーするかどうかチェックする、後で述べる関数Goodを呼び出します。良ければ、これまでの最良の組合せと比較し、人数が少なくなれば更新します（12-13行）。

3行目は、**パズル8**でのinvite = []と異なります。夕食招待パズルでは、招待客の人数を最大にしたいので、初期最良組合せを空リストで始めました。このパズルでは、候補者数を最小にしたいので、初期最良組合せを候補者の全リストで始めます。候補者全員で、すべての才能をカバーすると仮定しています。そうでなければ、才能リストを再定義すればよいのです。

才能の欠ける組合せを決定する

関数Hire4Showでは、候補者の組合せですべての才能をカバーするかどうか決める関数を呼び出します。必要なチェックは、次に示すように、**パズル8**のとは全く異なります。

```
1.  def Good(Comb, candList, candTalents, AllTalents):
2.      for tal in AllTalents:
3.      cover = False
4.      for cand in Comb:
5.          candTal = candTalents[candList.index(cand)]
6.          if tal in candTal:
7.              cover = True
8.      if not cover:
9.          return False
10.     return True
```

forループ(2-9行)は、才能リストのtalでイテレーションします。組合せの各候補者について(4行目から始まる内側のforループ)、候補者と才能のデータ構造に使うインデックスとして、候補者リストcandListの候補者へのインデックスを使います(5行目)。

この候補者の才能が、(2行目から始まる)forループで求めているtalを含んでいるかチェックする必要があります。6行目でこれを行います。含んでいれば、7行目でTrueにします。そうして、内側のforループを終えても、talをカバーする候補者が組合せにいなければ、この組合せは取り除く必要があります。1つでも才能が欠ければ、組合せはダメです。よって、他の才能を調べる必要はなく、Falseを返します(9行目)。

繰り返しが終わってもFalseが返らないですべての才能を調べたら、この組合せですべての才能をカバーするので、Trueを返します(10行目)。

最初の例でこのコードを実行しましょう。表は次の通りでした。

```
Talents = ['Sing', 'Dance', 'Magic', 'Act', 'Flex', 'Code']
Candidates = ['Aly', 'Bob', 'Cal', 'Don', 'Eve', 'Fay']
CandidateTalents = [['Flex', 'Code'], ['Dance', 'Magic'], ['Sing', 'Magic'],
                    ['Sing', 'Dance'], ['Dance', 'Act', 'Code'], ['Act', 'Code']]
```

次を実行します。

```
Hire4Show(Candidates, CandidateTalents, Talents)
```

出力は次のようになりました。

```
Optimum Solution: ['Aly', 'Cal', 'Eve']
```

期待通りです。

2番目のより大きな例を実行しましょう。

```
ShowTalent2 = [1, 2, 3, 4, 5, 6, 7, 8, 9]
CandidateList2 = ['A', 'B', 'C', 'D', 'E', 'F', 'G']
CandToTalents2 = [[4, 5, 7], [1, 2, 8], [2, 4, 6, 9], [3, 6, 9], [2, 3, 9],
                  [7, 8, 9], [1, 3, 7]]
```

答えは次の通りでした。

```
Optimum Solution: ['A', 'B', 'D']
```

応用

このパズルは集合被覆問題の一例で、多数の応用があります。例えば、自動車会社では、車の組み立てに必要な部品を供給するベンダーの総数を最小にして、検査プロセスを最小化しようとします。NASAでは、宇宙空間であらゆるメンテナンスに必要なツール類の全重量を最小化したいと考えます。

集合被覆も計算困難な問題です。あらゆる問題例に対して、選んだ候補が最小数であることを保証する既知のアルゴリズムは、ここに述べたものも含めて、候補者数の指数時間かかります。その意味では、集合被覆は夕食パズル（**パズル8**）と等価です。

絶対に最小数であることが必要ないなら、貪欲方式で解くことができます。高速性は保証され、表を何回か走査するだけで済みます。このパズルの貪欲アルゴリズムでは、才能数最大の候補をまず取り上げます。この候補者がカバーする才能をすべて削除します。この処理をすべての才能がカバーされるまで続けます。

2番目の、候補者がAからGのより大きな例では、まずCを取り上げ、2, 4, 6, 9の4才能がカバーされるので、次のより小さな表になります。

才能 / 候補者	1	3	5	7	8
A			○	○	
B	○				○
D		○			
E		○			
F				○	○
G	○	○		○	

今度はGが3つの才能をカバーします。他の候補者は高々2つの才能しかカバーしないので、Gを選びます。CとGを選ぶと、表は次のようになります。

才能 / 候補者	5	8
A	○	
B		○
D		
E		
F		○

候補者Aが必要な才能5と候補者BかFを必要とする才能8があります。すなわち、総勢4人です。これは最適解でないことはわかっています。コード実行で、3候補者の結果が得られています。

練習問題

問題1：最初の例では、EveがFayの才能をすべてカバーしているので、「優位に立つ」状態です。表から、優位関係で負けている候補を取り除くようにコードを修正してください。こうすると、組合せ生成が効率的になります。

問題2：最初の例でAlyだけがフレックスを演じられるので、候補者に選ぶ必要があります。表を見れば、フレックスの列には1つしかチェックがないので明らかです。同様に、第2の例では、Dだけが才能4を、Fだけが才能7をカバーする候補者です。
元のコードを修正して、(1) ある才能をその人だけがカバーする候補者を見つけ、(2) その候補者がカバーするすべての才能を削除して表を縮小し、(3) 縮めた表で最適選択を求め、(4) ステップ1で上げた候補者を追加するようにしてください。

パズル問題3：候補者の中には自惚れが強すぎて、不当に高い出演料を要求する連中がいます。提示した出演料で満足する候補者を選ぶ方法を探しています。候補者に対して、適切な額を反映した重みを与えます。コードを変更して、前と同様すべての才能をカバーしつつ、重みの和が最小になる組合せを求めるようにしてください。

次の例は、CandidateListWの2要素タプルの数値が候補者の価格に対応します。

```
ShowTalentW = [1, 2, 3, 4, 5, 6, 7, 8, 9]
CandidateListW = [('A', 3), ('B', 2), ('C', 1), ('D', 4),
                  ('E', 5), ('F', 2), ('G', 7)]
CandToTalentsW = [[1, 5], [1, 2, 8], [2, 3, 6, 9],
                  [4, 6, 8], [2, 3, 9], [7, 8, 9],
                  [1, 3, 5]]
```

出演料を最小にするコードの結果は次のようになるはずです。

```
Optimum Solution: [('A', 3), ('C', 1), ('D', 4), ('F', 2)]
Weight is: 10
```

EveにはFayより多く支払わないといけないなら、問題1の「優位性」最適化がもはや役立たないことに注意します。Eveの重みがFay以下なら最適化が有効です。問題1で書いたコードを使う場合には注意してください。

問題4：問題2で述べた不可欠な候補者の最適化を思い出しましょう。それに対して、問題3の最小重み候補者選択問題も解けるようにコードを追加修正してください。

10章 おびただしい女王

ループするは人の性、再帰するは神の心[*1]

作者未詳

この章で学ぶプログラミング要素とアルゴリズム

- 再帰プロシージャ
- 再帰によるしらみつぶし探索

8クイーン問題（**パズル4**）を解いたので、任意のNについてNクイーン問題を解くことにしましょう。すなわち、$N \times N$の盤面でどの2つのクイーンも取り合わないようにN個のクイーンを置く必要があります。

入れ子の深さが2段より深くなるような入れ子のforループを書くことが許されないと仮定します。これはいかにも不自然な制約だと思うかもしれませんが、**パズル4**のコードは美学上好ましくないだけでなく、一般的にもありえないものです。例えば、Nクイーン問題をNが20まで解くプログラムを書くとしたら、（4段の入れ子ループの）4クイーン、（5段の入れ子ループの）5クイーンと、（20段の入れ子ループの）20クイーンと関数を書いて、実行時にNの値に応じて適切な関数を呼び出さねばなりません。21クイーン問題を解きたいとしたらどうなるでしょうか。

再帰を使って、一般的なNクイーン問題を解く必要があります。再帰は何かを自分自身で定義すると生じます。プログラミングで最もありふれた再帰は、関数が自分自身の定義の中で呼び出されるときです。

Pythonでは、関数が自分自身を呼び出せます。自分自身を呼び出す関数は、再帰関数と呼ばれます。再帰は、関数Aが関数Bを呼び出し、その関数Bが関数Aを呼び出しても起こります。本章では、単純な再帰の場合、すなわち関数fがfを再度呼び出す場合を考えます。

---

*1　訳注：原文はTo loop is human, to recurse divineで、これはTo err is human, to forgive divineのもじり。

再帰最大公約数

関数fが自分自身を呼び出すと何が起こるでしょうか。実行の観点では、驚くべきことに、これは関数fが別の関数gを呼び出すのとそんなに変わりません。最大公約数(GCD)を計算する簡単な再帰を取り上げます。ユークリッドの互除法を使うと、次のように簡単に反復計算できます。

```
1.  def iGcd(m, n):
2.      while n > 0:
3.          m, n = n, m % n
4.      return m
```

同じ関数の再帰コードは次のようになります。

```
1.  def rGcd(m, n):
2.      if m % n == 0:
3.          return n
4.      else:
5.          gcd = rGcd(n, m % n)
6.          return gcd
```

2つ重要なことがあります。

1. rGcdはすべての場合に自分自身を呼び出すわけではありません。この基底部は m % n == 0で、このときrGcdはnを返して自分自身は呼び出しません(2-3行目)。
2. rGcdの内部で(5行目で) rGcdを呼び出す引数は、呼び出す側のrGcdの引数とは異なります。2回の再帰呼び出し(すなわち、rGcdを呼び出すrGcdを呼び出すrGcd)で、3番目の呼び出し引数は、1番目の引数より小さくなっています。

上の2つのことにより、rGcdが停止することが保証されます。関数が自分自身を全く同じ引数で呼び出し、グローバルな状態を変更したりテストすることがなければ、無限ループ、すなわち、停止しないプログラムになります。基底部がない場合にも、非停止プログラムになります。

次に示すrGcd(2002, 1344)の実行から、呼び出されたプロシージャの様子がわかります。

```
rGcd(2002, 1344) (line 5 call)
        →rGcd(1344, 658) (line 5 call)
              →rGcd(658, 28) (line 5 call)
                    →rGcd (28, 14) (returns on line 3)
```

```
            rGcd(658, 28) (returns on line 6)
        rGcd(1344, 658) (returns on line 6)
  rGcd(2002, 1344) (returns on line 6)
```

インデントで、再帰呼び出しを示しています。

再帰フィボナッチ

別の例を示しましょう。有名なフィボナッチ数列の初めの方は次のようになります。

```
0 1 1 2 3 5 8 13 21 34 55
```

数学的には、フィボナッチ数の数列F_nは次の再帰関係で定義されます。

$$F_n = F_{n-1} + F_{n-2}$$
$$F_0 = 0, F_1 = 1$$

フィボナッチ数はこのように再帰的に定義されており、次に示す再帰的なコードに簡単に翻訳できます。

```
1. def rFib(x):
2.     if x == 0:
3.         return 0
4.     elif x == 1:
5.         return 1
6.     else:
7.         y = rFib(x-1) + rFib(x-2)
8.    return y
```

コードが再帰関係を忠実に反映していることに注意します。基底部が2つあり、2-3行と4-5行に相当します。再帰呼び出しは7行目で、異なる引数の2つの再帰呼び出しに注意してください。また、基底部と再帰呼び出しの引数について、以前と同様の2つのことが確認できます。

rFib(5)の実行は下図のようになります。

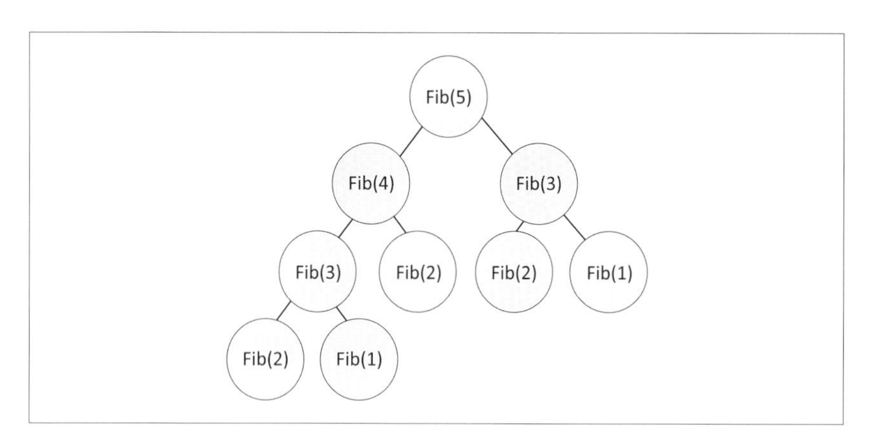

上の実行には、冗長な計算があります。例えば、rFib(3)が2度呼ばれています。もちろん、同じ結果である2をそれぞれ返します。rFib(2)は3回呼ばれ、それぞれ1を返します。

フィボナッチ数を効率的に求めるには、次に示すように、反復アルゴリズムを使います。

```
1. def iFib(x):
2.     if x < 2:
3.         return x
4.     else:
5.         f, g = 0, 1
6.         for i in range(x-1):
7.             f, g = g, f + g
8.         return g
```

7行目が重要で、数列の次の数を、前の2つの数を足して求め、次のイテレーションのために変数を更新します。再帰コードも、rFib(i)呼び出しの結果を表に覚えておき、再帰呼び出しを何度も繰り返す代わりにその表の値を使えば、上の反復コードと同じだけ効率的になります。この技法は、メモ化と呼ばれ、**パズル18**の主題です。

*N*クイーンを解く再帰アルゴリズムのコードを書けるようになったでしょうか。

再帰Nクイーン

8クイーンで書いたコードを全部捨ててしまう必要がないのは良いことです。部分的な配置で、3つの規則に違反していないかどうかをチェックするプロシージャnoConflicts(board, current)をそのまま使えます。それを次に再掲しますが、盤面の列を数値で示す簡潔なデータ構造を想定しています。具体的には、−1はその列にクイーンがないこと、0は第1行（最上行）にクイーンがあること、$n-1$は最下行にクイーンがあることを意味します。

```
1.  def noConflicts(board, current):
2.      for i in range(current):
3.          if (board[i] == board[current]):
4.              return False
5.          if (current - i == abs(board[current] - board[i])):
6.              return False
7.      return True
```

このプロシージャが、currentという列に新たに置かれたクイーンが、currentより前のクイーンと取り合わないかどうかだけをチェックすることを思い出しましょう。以前に置かれていたクイーン間の取り合いはチェックしません。したがって、これから書く再帰プロシージャでも、EightQueensがそうしていたように、新たにクイーンを置くたびにnoConflictsを呼び出す必要があります。最後に、currentの値は盤面サイズより小さいことも覚えておきましょう。currentの後ろの列は空です。

こういったことから、次の再帰プロシージャができます。

```
1.  def rQueens(board, current, size):
2.      if (current == size):
3.          return True
4.      else:
5.          for i in range(size):
6.              board[current] = i
7.              if noConflicts(board, current):
8.                  found = rQueens(board, current + 1, size)
9.                  if found:
10.                     return True
11.     return False
```

再帰計算のプロシージャ呼び出しの際、盤面に置かれたクイーンが増えて、クイーンをこれから置く列数が減っています。再帰プロシージャでまず確認するのは、基底部です。いつ再帰が停止するか、すなわち、どの条件で再帰呼び出しがなくなるかです。2行目が基底部です。currentが盤面を超える値です（列は、0からsize-1までです）。

5-10行のforループでは、currentで示す列に、クイーンを置いて試します。あとで示しますが、プロシージャnQueensが、rQueensをcurrent = 0で呼び出します。したがって、forループに最初の呼び出しで入ったとき、current = 0と想定できます。クイーンを行iに置きますが、iは0からsize-1まで変動します。iは列currentに置かれたクイーンの行を表します。

明らかに、最初のクイーンには取り合いがありません。すなわち、noConflicts(board, 0)はTrueを返すことがわかっています。noConflictsのforループの2行目では、range(0)なので0反復だからです。しかし、2番目以降のクイーンでは、取り合いが起こる可能性があり、そうなったら、次の行（5行目から始まるforループの次のイテレーション）に移ります。取り合いがなければ、0からcurrentまでのクイーンが取り合いをしない部分解が得られ、rQueensがcurrent + 1で再帰的に呼ばれます。再帰呼び出しがTrueを返したら、呼び出し元もTrueを返します。行にクイーンを置くどの呼び出しもTrueを返さなかったら、呼び出し元はFalseを返します。

2-3行の停止条件すなわち基底部に戻りましょう。current == sizeなら、noConflicts(board, size - 1)がTrueだったということです。noConflicts(board, j - 1)がTrueを返したときだけ、rQueensを呼び出すからです。7行目のif文がこれを保証しています。noConflicts(board, size - 1)がTrueなら、解が見つかったのです。boardにsize個の要素を格納しているので、解はboardにあります。

さて、rQueensを最初に呼び出すnQueensを次に示します。これは再帰呼び出しの「ラッパー」です。このようなプロシージャが必要なのは、盤面を空に初期化する必要があるからです。rQueensの中で盤面を空に初期化すると、再帰呼び出しのたびに盤面が空になってしまいます（もちろん、これがrQueensへの最初の呼び出しかどうかチェックする方法はあり、そのときだけ初期化することもできますが、初期化を扱うきれいな方法は、再帰呼び出しの外側で行うことです）。

```
1. def nQueens(N):
2.     board = [-1] * N
3.     rQueens(board, 0, N)
4.     print (board)
```

このプロシージャは、すべて-1のN個の要素のリストを作って盤面を初期化し（2行目）、空の盤面とcurrent = 0で、再帰探索プロシージャrQueensを呼び出し（3行目）、盤面を出力します（4行目）。

```
nQueens(4)
```

を実行すると、出力は次になります。

```
[1, 3, 0, 2]
```

この4クイーン問題の解は、次に示すような再帰呼び出しで求まりました。

[-1,-1,-1,-1]	[1,-1,-1,-1]	[1,3,-1,-1]	[1,3,0,-1]	[1,3,0,2]
0	1	2	3	4
4	4	4	4	4

rQueensの引数board, current, sizeは、盤面の下に表示されています。これらの呼び出しはTrueを返しました。失敗した呼び出しは表示されておらず、例えば、rQueens([-1, -1, -1, -1], 0, 4)の最初の再帰呼び出し、rQueens([0, -1, -1, -1], 1, 4)は再帰呼び出しを何度も失敗した後にFalseを返します。

```
nQueens(20)
```

を実行すると

```
[0, 2, 4, 1, 3, 12, 14, 11, 17, 19, 16, 8, 15, 18, 7, 9, 6, 13, 5, 10]
```

になります。

[警告]
コードの実行時間は、Nの指数で増えるので、N >> 20で実行すると非常に長い時間がかかります。

再帰の応用

*N*クイーン問題では、再帰的な数え上げを使いました。数え上げプロシージャは、クイーンを盤面に置くとすぐ、取り合いがないかチェックします。これは性能向上に重要なところです。既に取り合いのある盤面は拡張しません。そんな盤面にクイーンを追加しても、正しい解にはなりません。

夕食の**パズル8**やタレントの**パズル9**を解くには、招待客や候補者のあらゆる可能な組合せを数え上げることが必要でした。組合せはどれも招待客のリストの部分集合であり、客を招くかどうかをそれぞれ決めていました。夕食パズルでは、AliceとBob

が嫌い合っていたら、[Alice, Bob, Eve]や[Alice, Bob, Cleo]などのような組合せを作る意味はありませんでした。再帰のやり方がわかったので、再帰を使って夕食パズルをもっと効率的に解くことができます。

再帰的に組合せを生成して、早めに違反検出を行い、良くない組合せをそれ以上発展させないようにします。空の組合せと最初はすべての客のリストに等しい招待候補のリストで開始します。再帰戦略では、再帰に2つの分岐があります。

1. 招待候補から新たな客を現在の組合せに追加。組合せが正しい場合にだけ再帰。
2. 組合せに追加しないで、招待候補から客を取り除き、再帰。

基底部は、招待候補リストが空のときです。再帰の最中には、見つかった最良（すなわち、最大数）解を保持する必要があります。

客のリスト[A, B, C]と嫌い合い関係[A, B]があるとします。再帰全体の実行（再帰木と呼ばれます）がどのようになるかを次に示します。choseが現在の組合せ（すなわち、現在の招待客）、eltsが招待候補リストに対応します。

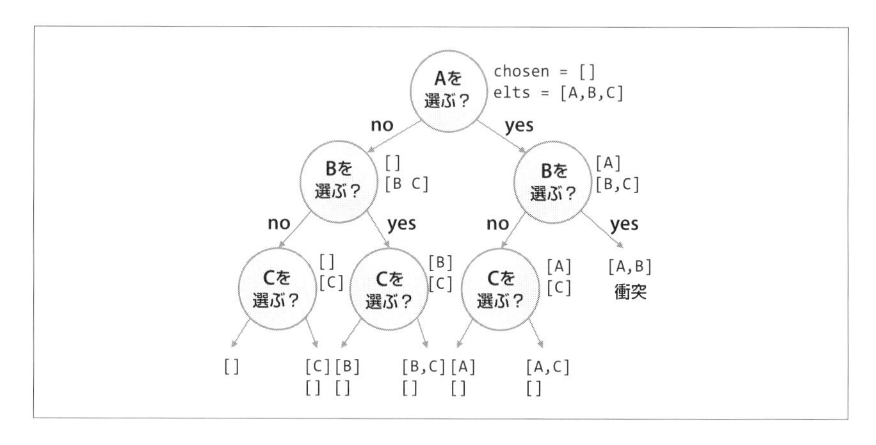

ここでわかる肝心なことは、衝突があると、分岐が停止することです。一番底に基底部と2つの最大数解[B, C]と[A, C]があります。2つのどちらかが木の実行順に応じて、すなわち、最初にyesの分岐かnoの分岐が選ばれるかに応じて、選ばれます。

再帰を実行する関数largestSoは下に示します。4つの引数、chosen、elts、dPairs（嫌い合い関係）、Sol（見つかった最良解）を取ります。

```
1. def largestSol(chosen, elts, dPairs, Sol):
2.     if len(elts) == 0:
```

```
3.          if Sol == [] or len(chosen) > len(Sol):
4.              Sol = chosen
5.          return Sol
6.      if dinnerCheck(chosen + [elts[0]], dPairs):
7.          Sol = largestSol(chosen + [elts[0]],\
7a.                          elts[1:], dPairs, Sol)
8.      return largestSol(chosen, elts[1:], dPairs, Sol)
```

基底部（2行目）は、招待候補リストが空のときです。Solが空なら（3行目）、最初の解を見つけたので、Solを更新します。Solが空でなければ、より大きな解を見つけたか確認して（3行目後半）、その場合にはSolを更新します。Solが返されます。

6-7行は、再帰の第1の場合です。再帰ステップ（6行目）では、候補者リストの先頭の人elts[0]をchosenに追加すると、衝突を起こすかどうかチェックします。衝突を起こさないなら、elts[0]をchosenに追加します。リストスライスで招待候補リストから取り除き、再帰します（7行目と7a行目）。8行目は再帰の第2の場合で、elts[0]をchosenに追加しないで再帰します。

次のプロシージャ dinnerCheck は**パズル8**で見た通りです。

```
1.  def dinnerCheck(invited, dislikePairs):
2.      good = True
3.      for j in dislikePairs:
4.          if j[0] in invited and j[1] in invited:
5.              good = False
6.      return good
```

嫌い合い関係を調べて、互いに嫌っている客が2人共招待リストに含まれているかどうかをチェックします。

さらに、プロシージャ InviteDinner は、空の招待リスト、全員の客候補リスト、嫌い関係、空の解リストでlargestSolを呼び出します（2行目）。

```
1.  def InviteDinner(guestList, dislikePairs):
2.      Sol = largestSol([], guestList, dislikePairs, [])
3.      print("Optimum solution:", Sol, "\n")
```

練習問題

問題1：nQueensのコードを修正して、nQueens(20)の解で次に示すように2次元の盤面をきれいに出力してください。ピリオド（.）は、盤面で空いているマス目、Qはクイーンを示します。ピリオドの間には空白があります。

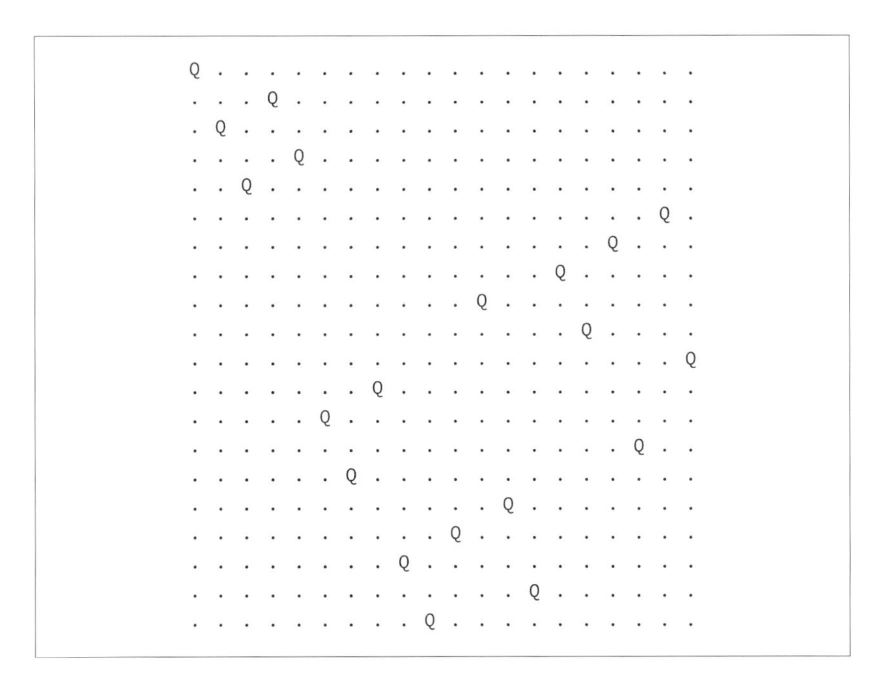

```
Q . . . . . . . . . . . . . . . . . . .
. . . Q . . . . . . . . . . . . . . . .
. Q . . . . . . . . . . . . . . . . . .
. . . . Q . . . . . . . . . . . . . . .
. . Q . . . . . . . . . . . . . . . . .
. . . . . . . . . . . . . . . . . . Q .
. . . . . . . . . . . . . . . . Q . . .
. . . . . . . . . . . . . . Q . . . . .
. . . . . . . . . . . Q . . . . . . . .
. . . . . . . . . . . . . . . Q . . . .
. . . . . . . . . . . . . . . . . . . Q
. . . . . . . Q . . . . . . . . . . . .
. . . . . Q . . . . . . . . . . . . . .
. . . . . . . . . . . . . . . . . Q . .
. . . . . . Q . . . . . . . . . . . . .
. . . . . . . . . . . . Q . . . . . . .
. . . . . . . . . . Q . . . . . . . . .
. . . . . . . . Q . . . . . . . . . . .
. . . . . . . . . . . . . Q . . . . . .
. . . . . . . . . Q . . . . . . . . . .
```

パズル問題2：nQueensのコードを修正して、与えた位置のリストにクイーンが置かれた解を探し、あれば出力するようにしてください。1次元リストlocationを使い、非負数値の列がクイーンの位置に相当します。例えば、location = [-1, -1, 4, -1, -1, -1, -1, 0, -1, 5]なら、3つのクイーンが、10×10の盤面で3、8、10番目の列にあります。コードは、指定位置を含んだ下のような解を生成します。

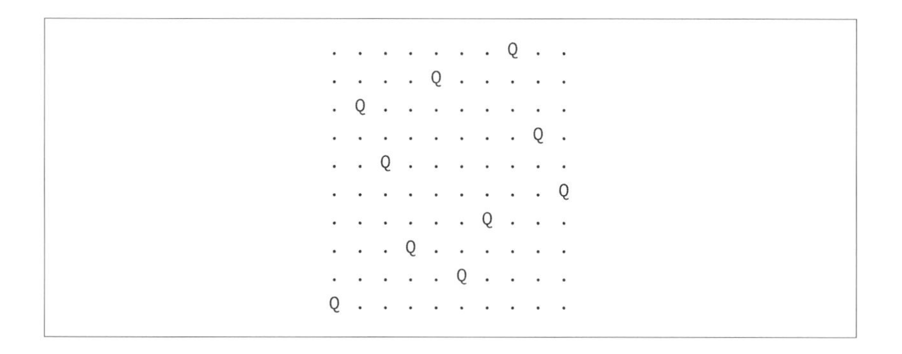

```
. . . . . . . Q . .
. . . . Q . . . . .
. Q . . . . . . . .
. . . . . . . . Q .
. . Q . . . . . . .
. . . . . . . . . Q
. . . . . . Q . . .
. . . Q . . . . . .
. . . . . Q . . . .
Q . . . . . . . . .
```

問題3：回文とは前から読んでも、後ろから読んでも同じ文字列のことです。例えば、「kayak」と「racecar」は回文です。リストスライスを使って、引数文字列が回文かどうか決定する再帰関数を書いてください。プロシージャは、大文字小文字を無視するようにします（例：'kayaK'は回文）。

パズル問題4：アメリカズ・ゴット・タレント問題（**パズル9**）を解く再帰アルゴリズムを書いてください。夕食パズルと同じように再帰解を作ることができますが、主な違いは、このタレントパズルでは、候補者の組合せで、すべての才能をカバーする、最小の組合せを返します。選択した候補者が必要なすべての才能をカバーするかチェックする**パズル9**の関数Goodを再利用します。

11章
中庭にタイルを敷く

建物を作ったのは我々だが、その後は建物が我々を形作る。
——ウィンストン・チャーチル

この章で学ぶプログラミング要素とアルゴリズム

- リスト内包表記の基本
- 再帰分割統治探索

次のようなタイル詰め問題を考えましょう。$2^n \times 2^n$の正方形の中庭があり、L字型のタイル、トロミノ (tromino) を使って敷き詰めます。トロミノは、下に示すように、3個の正方形がL字型につながったものです。

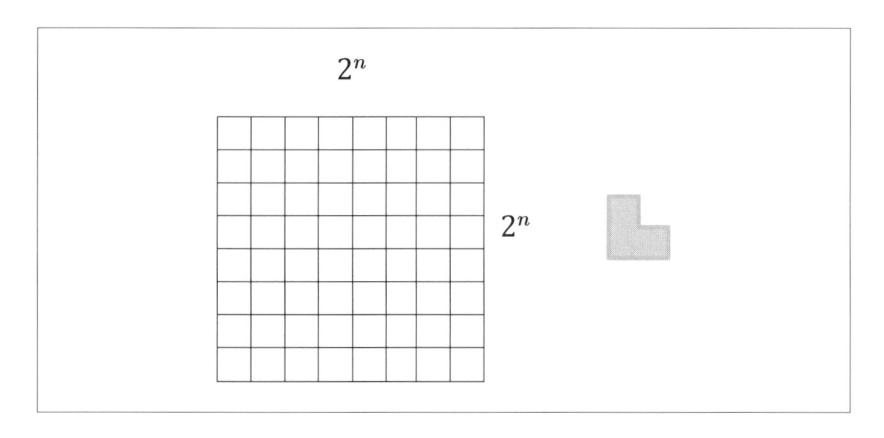

境界をはみ出したり、トロミノを壊したり、重ねたりしないで敷き詰めることができるでしょうか。答えはNOです。$2^n \times 2^n = 2^{2n}$が2では割れるが3で割り切れないからです。算術の基本定理、すなわち素因数分解の一意性の定理で、因数の順序を除いて一意に決まるということです。2は素数なので、この定理から2^{2n}は、$2n$個の2の積でしか表せません。3を含めて他の素数は、2^{2n}の因数になりません。しかし、マス目の1つ

をタイルで敷き詰めないことにしたら、$2^{2n}-1$は3で割り切れます。その説明はできますか？[*1]

したがって、1つのマス目だけ残して、$2^n \times 2^n$の中庭をトロミノできちんと敷き詰められる可能性があります。例えば、尊敬する大統領の像がそこにあるかもしれません。これを欠損正方形と呼びます。

任意の位置に1マス欠損がある$2^n \times 2^n$の中庭をトロミノで敷き詰めるアルゴリズムはあるでしょうか。例えば、下に示すのは、$2^3 \times 2^3$の中庭で、Δで印したのが欠損正方形です。欠損正方形の位置が問題になるでしょうか。

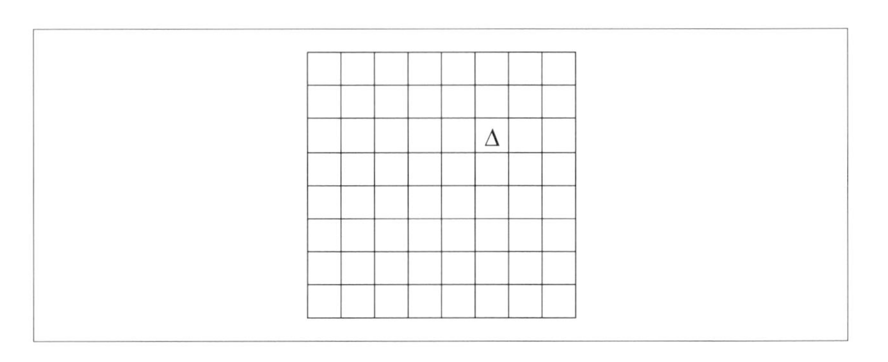

アルゴリズムはあります。任意の位置に1つ欠損正方形がある$2^n \times 2^n$の正方形の中庭に、トロミノを敷き詰める再帰分割統治アルゴリズムについて説明してコーディングします。再帰分割統治法がどのようになっているかを理解するために、まず、マージソートというよく知られたソートアルゴリズムで、それがどのように使われるかを説明します。

マージソート

エレガントな分割統治マージソートを使ってソートできます。その動作原理を説明します。

次のような記号値すなわち変数からなるリストがあり、昇順にソートします。

---

*1　原注：この本は数学パズルの本ではないので、説明します。$2^{2n}-1$は$(2^n-1)(2^n+1)$と書けます。既に述べたように2^nは3で割り切れません。2^n-1か2^n+1かどちらかが3で割り切れます。

a	b	c	d

まず、同じサイズ[*1]の部分リスト2つに分割します。

a	b

c	d

部分リストを再帰的にソートします。サイズが2のリストは基底部で、2つの要素を比較して、必要なら入れ替えます。`a < b`と`c > d`としましょう。昇順にしたいので、2つの再帰呼び出しが終わった後は、次のようになっています。

a	b

d	c

ソート関数の最初（最上位）の呼び出しに戻ると、ソート済み部分リストを1つのソート済みリストにマージ（併合）する作業をします。これがマージアルゴリズムですが、2つの部分リストの先頭の2つの要素を繰り返し比較していきます。$a<d$なら、まずaをマージ（出力）リストに置いて、元の部分リストから取り除きます。dはそのままです。次にbとdを比較します。dの方が小さいとします。dを出力リストのaの次に置きます（マージ）。次にbとcを比較します。cの方が小さいなら、cを出力リストのdの次に置き、最後にbを置きます。出力は次のようになります。

a	d	c	b

マージソートのコードは次の通りです。

```
1. def mergeSort(L):
2.     if len(L) == 2:
3.         if L[0] <= L[1]:
```

*1　原注：要素数が奇数なら、部分リストの長さは1だけ異なります。

```
4.             return [L[0], L[1]]
5.         else:
6.             return [L[1], L[0]]
7.     else:
8.         middle = len(L)//2
9.         left = mergeSort(L[:middle])
10.        right = mergeSort(L[middle:])
11.        return merge(left, right)
```

2-6行が基底部で、2要素のリストを正しい順序にして返します。リストが3要素以上なら、2つに分割し（8行目）、それぞれの部分リストについて、再帰呼び出しを合わせて2回行います（9-10行）。リストスライスを使います。L[:middle]はL[0]からL[middle-1]に相当するリストLの部分を、L[middle:]はL[middle]からL[len(L) - 1]に相当するリストLの部分を、それぞれ返すので、抜けはありません。最後に11行目で、2つのソート済み部分リストでmergeを呼び出し、結果を返します。

コードで残っているのはmergeだけです。

```
1. def merge(left, right):
2.     result = []
3.     i, j = 0, 0
4.     while i < len(left) and j < len(right):
5.         if left[i] < right[j]:
6.             result.append(left[i])
7.             i += 1
8.         else:
9.             result.append(right[j])
10.            j += 1
11.    while i < len(left):
12.        result.append(left[i])
13.        i += 1
14.    while j < len(right):
15.        result.append(right[j])
16.        j += 1
17.    return result
```

最初に空リストresultを作ります（2行目）。3つのwhileループがあります。最初のが一番興味深く、2つの部分リストが空でない一般的な場合です。この場合、各部分リストの先頭の要素（カウンタiとjで表す）を比較し、小さい方を取り出し、resultに置いて、そのカウンタを1つ増やします。最初のwhileループは、どちらかの部分リストを調べ終わると停止します。

どちらかの部分リストが調べ終わっていたら、残りの部分リストの残りの要素をresultに追加します。第2、第3のwhileループは、残りが左の部分リストと、右の部分リストのそれぞれに対応します。

マージソートの実行と分析

マージソートの入力リストを次とします。

```
inp = [23, 3, 45, 7, 6, 11, 14, 12]
```

実行は、どのようになるでしょうか。リストが2つに分かれます。

```
[23, 3, 45, 7]                  [6, 11, 14, 12]
```

左のリストからソートします。第1ステップは2つに分けます。

```
[23, 3]         [45, 7]         [6, 11, 14, 12]
```

2要素リストのそれぞれを昇順にソートします。

```
[3, 23]         [7, 45]         [6, 11, 14, 12]
```

2要素のソートソート済みリストをマージして、1つのソート済みリストにします。

```
[3, 7, 23, 45]                  [6, 11, 14, 12]
```

アルゴリズムは次に右側のリストを調べて、2つに分けます。

```
[3, 7, 23, 45]                  [6, 11]         [14, 12]
```

右側の2つの部分リストをそれぞれソートします。

```
[3, 7, 23, 45]                  [6, 11]         [12, 14]
```

2要素のソート済み部分リストをマージして1つのソート済みリストにします。

```
[3, 7, 23, 45]                  [6, 11, 12, 14]
```

最後に、2つのソート済み4要素部分リストをマージします。

```
[3, 6, 7, 11, 12, 14, 23, 45]
```

マージソートは、**パズル2**の選択ソートよりも効率的なアルゴリズムです。選択ソートには、二重入れ子ループがあり、最悪時には、長さnのリストで、n^2回の比較と交換が必要です。マージソートでは、長さnのリストで、各マージステップはn個の演算しか行いません。最上位のマージではn演算、次のレベルでは、長さ$n/2$の2つのリストにmergeを実行して、n演算です。その次のレベルでは、4つのリストに$n/4$演算ずつ必要なので全部でn演算です。レベルの段数は$\log_2 n$なので、マージソートは、$n \log_2 n$演算です。

mergeの処理では、新たなリストresultを作り（2行目）、その結果を返す必要があります。マージソートに必要な中間ストレージの大きさは、ソートするリストの長さとともに増えます。選択ソートでは違います。この要件に関しては**パズル13**で取り上げます。

さて、中庭のタイル敷き詰め問題に戻りましょう。

2×2の中庭の基底部

$n = 1$、すなわち、1欠損正方形のある2×2の中庭から始めましょう。下に示すように、欠損正方形の位置はさまざまです。Δがその位置を示します。全部で4つの場合があり、残りの3つの正方形に、L字型のトロミノを置くことができます。

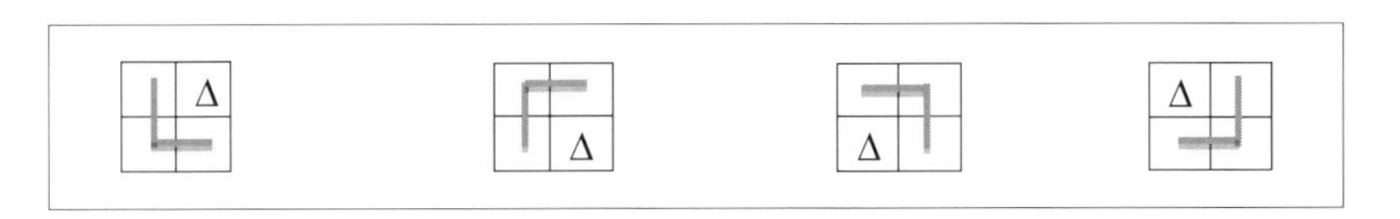

これから適用する再帰分割統治アルゴリズムの基底部ができたので、これは重要です。1欠損正方形のある$2^n \times 2^n$の中庭は、どのように分割すれば同じ部分問題になるでしょうか。下に示すように、$2^n \times 2^n$の中庭を4つの$2^{n-1} \times 2^{n-1}$の中庭に分割したとすると、1欠損正方形のある$2^{n-1} \times 2^{n-1}$の中庭が1つ（右上）できますが、他の3つは欠損正方形のない$2^{n-1} \times 2^{n-1}$の中庭です。

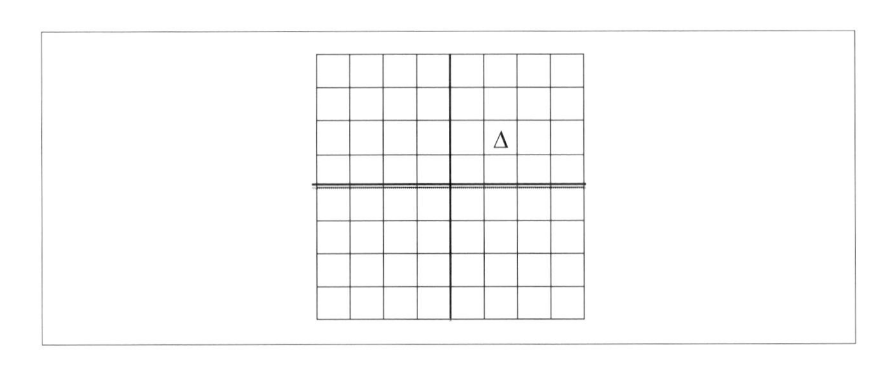

再帰ステップ

上の例では、銅像Δが右上の象限にあります。そこで、トロミノを欠損のない3つの象限をまたぐようにわざと置いて、4つの象限のそれぞれに1つ欠損正方形があるようにします（下図）。

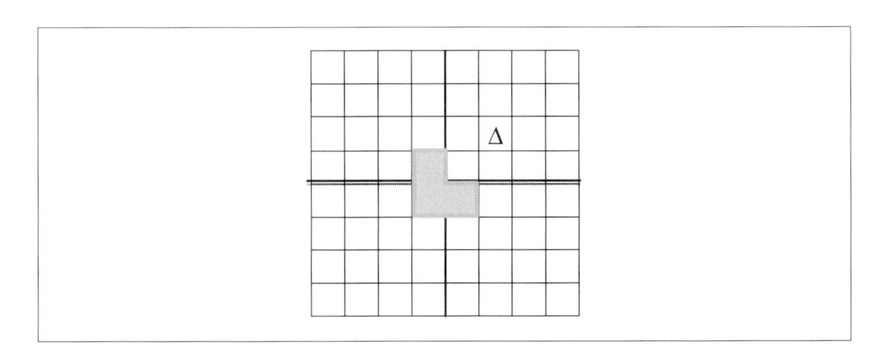

右上の象限には変更がありませんが、他の3つの象限には1つだけタイルが置かれました。残りの作業は4つの1欠損正方形のある$2^{n-1} \times 2^{n-1}$の中庭にタイルを敷き詰めることです。もうおなじみですね。もし、欠損正方形が左上なら、トロミノを反時計回りに90度回して、同じように4つの小さな中庭が得られます。他の2つの場合でも、回転させて対応できます。

1欠損正方形のある2×2中庭になるまで、これを再帰的に行います。既に説明したように、2×2の中庭ならタイルを置けます。それが終わりです。

でも、まだまだです。大きな（銅像のある）$2^n \times 2^n$の中庭にタイルを敷き詰めねばならず、L字型のタイルを扱うのは骨が折れます。これは、どのタイルをどこに置くか、作業者に細かく指示しなければいけないということです。中庭の全タイルの「地図」を作成するプログラムを書く必要があります（本書はプログラミングの本です。アルゴリズムでおしまいとは考えていませんね。どうですか）。

4つの象限を、下のコードに示すように、特別な方式で番号を付けます。中庭を、rが行番号、cが列番号として、`yard[r][c]`で表します。行番号は上から下へ、列番号は左から右へ、下図に示すように増えます。

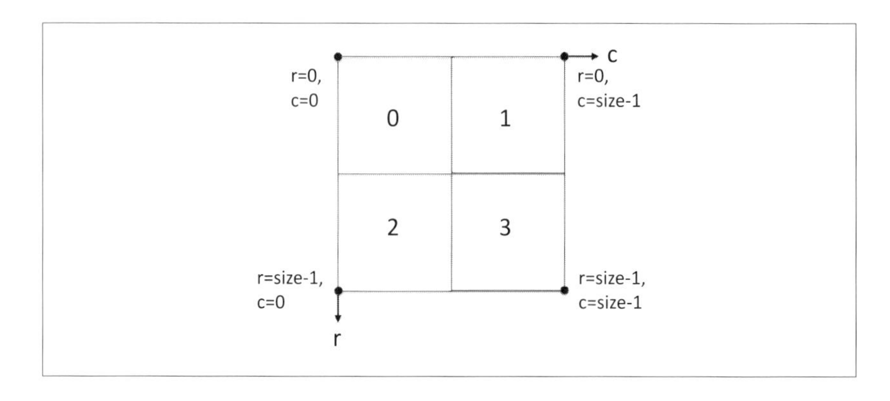


```
1.  def recursiveTile(yard, size, originR, originC, rMiss, cMiss, nextPiece):
2.      quadMiss = 2*(rMiss >= size//2) + (cMiss >= size//2)
3.      if size == 2:
4.          piecePos = [(0,0), (0,1), (1,0), (1,1)]
5.          piecePos.pop(quadMiss)
6.          for (r, c) in piecePos:
7.              yard[originR + r][originC + c] = nextPiece
8.          nextPiece = nextPiece + 1
9.          return nextPiece
10.     for quad in range(4):
11.         shiftR = size//2 * (quad >= 2)
12.         shiftC = size//2 * (quad % 2 == 1)
13.         if quad == quadMiss:
14.             nextPiece = recursiveTile(yard, size//2, originR + shiftR, \
14a.                originC + shiftC, rMiss - shiftR, cMiss - shiftC, nextPiece)
15.         else:
16.             newrMiss = (size//2 - 1) * (quad < 2)
17.             newcMiss = (size//2 - 1) * (quad % 2 == 0)
18.             nextPiece = recursiveTile(yard, size//2, originR + shiftR, \
18a.                originC + shiftC, newrMiss, newcMiss, nextPiece)
19.     centerPos = [(r + size//2 - 1, c + size//2 - 1) \
19a.                  for (r,c) in [(0,0), (0,1), (1,0), (1,1)]]
20.     centerPos.pop(quadMiss)
21.     for (r,c) in centerPos:
22.         yard[originR + r][originC + c] = nextPiece
23.     nextPiece = nextPiece + 1
24.     return nextPiece
```

関数recursiveTileは、2次元格子yard、タイルを敷き詰める象限すなわち現在のyardの大きさsize、原点の行と列の座標(originR, originC)、欠損正方形の原点からの

位置 (rMiss, cMiss) を引数に取ります。最後の引数として、ヘルパー変数nextPieceを取りますが、これは、タイルに番号を振って、作業者に読みやすい地図を出力するのに使います。原点を (0, 0) とします。

欠損正方形のある象限は、2行目にあるように、欠損正方形の位置に基づいて求めます。

```
quadMiss = 2*(rMiss >= size//2) + (cMiss >= size//2)
```

行は、最上位の0から最下位のsize-1までです。列は、左の0から右のsize-1までです。例えば、rMiss = 0かつcMiss = size-1ならば、右上の象限に欠損正方形があり、quadMissは2 * 0 + 1 = 1と計算できます。size//2以上の大きなrMissやcMissでは、右下の象限3になります。

recursiveTileでは、3-9行で最初に基底部を書き、nextPieceを使って、マス目をカバーするのに使うタイル番号をマス目に印します。基底部は、1欠損正方形がquadMissで表される位置にある2×2の中庭です。quadMissがどこであってもタイルを敷くことができて、nextPieceを使ってタイルの番号と中庭yardへの敷き詰めができることがわかっています。quadMissのマス目には、タイルを敷かない（既にタイルが敷かれているか、銅像が立つ）ので、リストのpop関数を用いて、タプルpiecePosのリストから削除します。pop関数は、リストの要素のインデックスを引数に取り、その要素をリストから取り除きます（5行目）。関数呼び出しのたびに、同じデータ構造yardにデータが格納されるので、原点座標を使って呼び出しのたびに異なる象限のタイルを敷き詰めます（7行目）。2×2の中庭のタイルを済ませたら、nextPieceを増やして、それを返します（8-9行目）。

全体の再帰は次のようになります。quadMissに基づいて、4回の再帰呼び出しが行われます（10-18行）。quadMissは中庭で欠損正方形の位置で、quadMissに対応する象限には欠損正方形があります。他の3つの象限には、隅にタイルを敷くので、隅が欠損正方形になります。この中央のタイルは、再帰呼び出しの後で敷きます（19-23行）。

再帰呼び出しの引数を決定するために計算をします。中庭のサイズはsize//2で、nextPieceを再帰呼び出しに渡します。4つの象限それぞれで、原点座標を計算する必要もあります。必要な座標のシフトは11-12行で計算します。象限の番号付けから、再帰呼び出しを行うとき、象限0と1とは、親のプロシージャでと同じ行座標を持ち、象限2と3とは、親のプロシージャに関して、size//2だけシフトした原点行座標を持ちます（11行目）。象限0と2とは、親のプロシージャと同じ原点列座標を持ち、象限1と3

とは、size//2だけシフトした原点列座標を持ちます（12行目）。

親の呼び出しで欠損正方形のある象限quadMissに対応する再帰呼び出しについては、シフトした原点座標に関して、新たなrMissとcMissを計算するだけです（14行目）。

引数rMissとcMissの計算は、他の3つの象限の再帰呼び出しでは異なります。欠損正方形が隅の1つで、親の呼び出しのrMissとcMissの値に無関係だからです。計算は16-17行で行います。

象限0については、右下隅が欠損正方形で、原点からの座標はsize//2 - 1に等しいrMissと、size//2 - 1に等しいcMissです。他の象限も同様に計算します。

最後に、19-23行で、yardの中央にタイルを敷きます。これもタイルを敷いてはならないマス目を指すquadMissに基づいています。再帰呼び出しをする前に、中央にタイルを置いても同じです。唯一の相違点は、タイルの番号付けで、タイルをどこに置くかではありません。19、19a行は、後で述べる、Pythonのリスト内包表記で、リストcenterPosを作ります。このリストは最初は、この呼び出しで処理される中庭の4つの中央のマス目を含んでいます。中庭の4つの象限に関しては隅のマス目です。20行目で、quadMissを含む象限に属する隅のマス目がcenterPosから取り除かれます。

recursiveTileをどのように呼び出すか確認しましょう。

```
1.  EMPTYPIECE = 1

2.  def tileMissingYard(n, rMiss, cMiss):
3.      yard = [[EMPTYPIECE for i in range(2**n)] for j in range(2**n)]
4.      recursiveTile(yard, 2**n, 0, 0, rMiss, cMiss, 0)
5.      return yard
```

-1がyard中の空のマス目を表します（1行目）。関数tileMissingYardは、原点座標とすべて0に初期化したnextPieceを引数に取る必要がある関数recursiveTileに対するラッパーです。3行目で、幅が2**nに等しいyardに対応する新しい2次元リストを作ります。Pythonのリスト内包表記で初期化しますが、これは2次元リストの初期化で標準的な入れ子forループよりも簡潔です。プロシージャ recursiveTileの内部では、中庭にメモリを一切割り当てないことは強調する価値があります。各再帰呼び出しで、変数yardの互いに素な部分がこのプロシージャに渡されます。

返されるnextPiece値は、この最上位のrecursiveTile呼び出しでは使われませんが、その後の再帰呼び出しでは使われます。

リスト内包表記の基本

リスト内包表記により、自然な形式でリストを作れます。数学的に次のように定義された、リストSとOを作りたいとします。

$$S = \{\, x^3 \mid x \in \{0 \ldots 9\}\,\}$$
$$O = \{\, x \mid x \in S \text{かつ} x \text{は奇数}\,\}$$

リスト内包表記では、次のようにしてリストを作ります。

```
S = [x**3 for x in range(10)]
O = [x for x in S if x % 2 == 1]
```

リスト定義の最初の式は、リストの要素に対応し、残りは、指定した性質を備えたリスト要素を生成します。Sでは、0から9までのすべての数の立方を生成します。リストOでは、Sのすべての奇数を含みます。

次に、50より小さい素数のリストを計算する、もっと興味深い例を示します。まず、合成数（非素数）のリストをリスト内包表記1つで作ります。そして、別のリスト内包表記を使ってリストの「否定」を取ります。それが素数に対応します。

```
cp = [j for i in range(2, 8) for j in range(i*2, 50, i)]
primes = [x for x in range(2, 50) if x not in cp]
```

cpの定義の2つのforループは、50より小さい2から7までの倍数をすべて求めます。$7^2 = 49$が50より小さい最大の数なので、数7が選ばれました。合成数によっては、cpで重複しています。primesの定義は、単に2から49までを調べて、cpのリストにない数を含めることです。

リスト内包表記は、非常に簡潔なコードを生成しますが、理解不能なこともあります。節度をわきまえて使いましょう。

プリティプリント

今回のコーディングの理由の1つは、作業者にわかりやすい地図を作ることでしたが、次はそれを行う出力ルーチンです。

```
1. def printYard(yard):
2.     for i in range(len(yard)):
3.         row = ''
4.         for j in range(len(yard[0])):
5.             if yard[i][j] != EMPTYPIECE:
```

```
6.                  row += chr((yard[i][j] % 26) + ord('A'))
7.              else:
8.                  row += ' '
9.          print (row)
```

このプロシージャは、2次元のyardを、行を1行ずつ出力します。その行のタイルに相当する文字で行を作ります。空のまま中庭で残される欠損正方形には、空白を出力します（8行目）。

数字を出力することもできますが、文字AからZで置き換えることにしました。

関数chrが数値を取って、ASCIIでその数に対応する文字を生成します。関数ordは、chrの逆です。文字を取ってそのASCII番号を返します。番号0のタイルは6行目で文字Aに、数1のタイルは文字Bにというふうに、数26がZになります。中庭が$2^5 \times 2^5$以上なら、L字型のタイルは26個より多く、タイルによっては同じ文字になります（もちろん、タイルの一意な番号を印刷することもできたのですが、数を印刷する問題の1つは、出力時に、1桁の数と2桁の数とを扱わねばならないことでした）。

次を実行します。

```
printYard(tileMissingYard(3, 4, 6))
```

結果は次になります。

```
AABBFFGG
AEEBFJJG
CEDDHHJI
CCDUUHII
KKLUPP Q
KOLLPTQQ
MOONRTTS
MMNNRRSS
```

この記述なら、どんな作業者でも中庭に正しくタイルを敷くことができるでしょう。recursiveTileでどんな順序でタイルが敷かれたかわかります。再帰呼び出しは、象限0, 1, 2, 3の順番です（recursiveTileの12行目）。最初のタイルがAで、左上の象限です。中央のタイルUは、再帰呼び出しが返った後で敷くことにしたので、一番最後に敷かれます。再帰呼び出しの前に中央のタイルを敷くことにしたら、中央のタイルはAだったでしょう。

recursiveTileの実行時間分析を行いましょう。大きな中庭でもかなり高速です。カギとなる観察は、再帰呼び出しでの中庭のサイズ（すなわち、中庭の長さと幅）が、元のサイズの半分だということです。$2^n \times 2^n$の中庭で開始したなら、$n-1$ステップ後に、基底部2×2の中庭に到達します。もちろん、各ステップで、4つの再帰呼び出しを行い、タイルが2×2の中庭を4^{n-1}回呼び出します。処理したマス目の個数はきっちり$2^n \times 2^n$で、最初の中庭のマス目の個数です。もちろん、マス目の1つにはタイルがありません。

別のタイル問題

有名な切り欠きチェス盤敷き詰め問題は次のようなものです。標準的な8×8チェス盤から、対角方向に相対する隅のマス目を取り除き、62個のマス目にします。このときサイズ2×1の31枚のドミノですべてのマス目を覆うことができますか。

練習問題

問題1：$2^n \times 2^n$中庭で、4つのマス目を除いてL字型のタイルを敷き詰めます。それが可能になる（少なくとも）2つの場合があります。

1. 4つの欠損正方形が4つの異なる象限にある。
2. 4つのうちの3つにトロミノが当てはまる。

`recursiveTile`を使い、上の2つの条件をチェックして、タイルを敷き詰められるかどうか決定するプロシージャを書いてください。このプロシージャは、nと欠損正方形の座標による4要素のリストが与えられたときに、`True`か`False`だけを返します。

パズル問題2：次に示すような2次元リストの行列`T`があり、全行、全列がソート済みとします。`T`のようなリストで役立つ二分探索アルゴリズムを考えて、実装してください。すべての要素が次の例に示すように異なると仮定できます。

```
T = [[ 1, 4, 7, 11, 15],
     [ 2, 5, 8, 12, 19],
     [ 3, 6, 9, 16, 22],
     [10, 13, 14, 17, 24],
     [18, 21, 23, 26, 30]]
```

戦略は次の通りです。値が`i, j`にあると推測して、`T[i][j]`が求める値より小さければ、それは何を意味するか、あるいは、大きければ何を意味するか考えてください。例えば、`21`を探していて、`T[2][2] = 9`と比較したとします。`21`が`T[<= 2][<= 2]`の左上の

象限にはないことが、その象限のすべての値が9より小さいことからわかります。しかし、21は残りの3つの象限のどれでも、左下T[> 2][<= 2]象限、右上T[<= 2][> 2]象限、右下T[> 2][> 2]象限のどの可能性もあります。この例の場合は、左下でした。

2次元二分探索では、4つの象限のうちの1つを常に取り除けます。他の3つの象限には再帰呼び出しをする必要があります。

パズル問題3：問題2の2次元二分探索アルゴリズムが最良のアルゴリズムかと問うのは自然です。再度Tを確認しましょう。

```
T = [[ 1, 4, 7, 11, 15],
     [ 2, 5, 8, 12, 19],
     [ 3, 6, 9, 16, 22],
     [10, 13, 14, 17, 24],
     [18, 21, 23, 26, 30]]
```

Tに13があるか調べるとしましょう。戦略は次の通りです。

右上の要素から始める。要素が13より小さければ、第1行全体を削除。1つ下に移動。要素が13より大きければ、右端の列全体を削除。左へ1つ移動。探索要素が右上にあればそこで停止。

この戦略の美しいのは、各ステップで行か列を削除することです。$n \times n$行列なら、高々2^nステップで探索する要素が求まるか、あるいは、ないと決定できます。上のアルゴリズムを適当な部分行列（1行または1列少ない）を呼び出す再帰呼び出しで実装してください。上の例では、15から11、12、16、9、14、13と移ります。

12章
ひねりを加えたバラモンの塔

とても素晴らしい特殊効果がない限りは、世界の終わりになっても起こさないでくれ。
── ロジャー・ゼラズニイ (Prince of Chaos,「新・真世界アンバー」シリーズから)

この章で学ぶプログラミング要素とアルゴリズム

- 再帰的に1つ減らして探索

一般にはハノイの塔として有名ですが、バラモンの塔は数学ゲーム、数学パズルです。3本の棒とその棒にはまるよう穴が開いた大きさの異なる円盤からなります。パズルは、1つの棒に大きさ順にきちんと並んだところ、一番小さいのがてっぺん、一番大きいのが底にある状態から始めます。

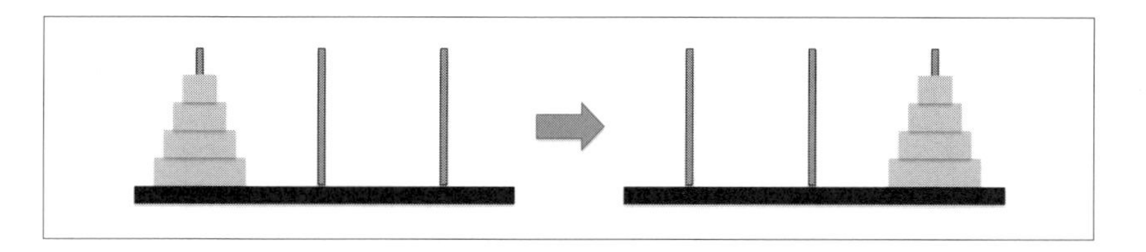

ハノイの塔 (TOH) パズルの目的は、円盤全体を次の単純な規則にしたがって、別の棒に移すことです。

- 1回に1つの円盤しか動かせない。
- 打てる手は、1つの山の一番上の円盤を、他の山の上に置くこと (すなわち、山の一番上の円盤だけが移せる)。
- 自身より小さな円盤の上に置いてはならない。

このパズルは、1883年にフランスの数学者エドゥアール・リュカ (Édouard Lucas) がおそらく考え出したもので、広めたのが彼だというのは確かです。伝説によれば、ヒンズー教寺院カーシー・ヴィシュヴァナート (Kashi Vishwanath) には、3つの棒がある広間があり、初めは64枚の黄金の円盤があったと言います。時の開闢(かいびゃく)以来、バラモン僧が上の規則にしたがって円盤を動かしているそうです。伝説によれば、パズルが完了するとき、すなわち、最後の円盤が移されたとき、世界が終わりを迎えます。リュカ本人がこの伝説をでっち上げたのか、この伝説に啓発されたのかどうかはわかりません。

本来のパズルでは、64枚の円盤と棒が3本ありますが、今回のパズルでは、パラメータ化してn枚とします。このパズルには、変形がいくつもあり、棒の数が変わります。まず、このパズルの古典的な3本のものと、円盤を動かすときに追加条件のある新しいものを考えます。本章の末尾の練習問題では、他の変形も取り上げます。

TOHの再帰解

TOHは、分割統治アルゴリズムパラダイムを使って解くことができます。この方式を、左端の棒から右端の棒まで、4つの円盤を動かす例で示します。

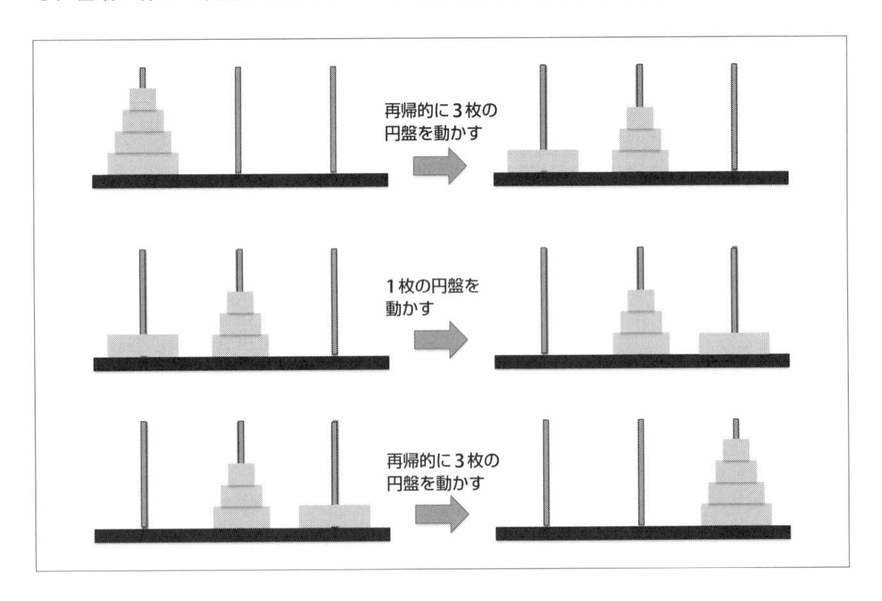

第1ステップは、異なる棒を目標にして$n-1$枚の円盤問題を再帰呼び出しします（例では$n=4$）。TOHでは、3つの棒はすべて等しいので、最初、途中、最後がいずれかは実は関係しません。第2ステップは、最初の棒から最後の棒へ円盤を1つ動かすことです。第3ステップは、途中の棒から、元の最後の棒まで$n-1$枚の円盤問題を再帰呼

び出しします。

この分割統治アルゴリズムでは、問題の円盤が1枚少ない再帰呼び出しをしていることに注意します。タイル敷き詰めパズル（**パズル11**）では、4分の1の領域で対応する中庭問題を再帰呼び出ししていました。

分割統治アルゴリズムを再帰呼び出しに変える方式はわかっています。次に示すのは、numRings個の円盤のTOH問題を解くのに必要な手順を出力する再帰的なTOH実装ですから、バラモン僧は既に述べた規則を破らないように作業できます。

```
1.  def hanoi(numRings, startPeg, endPeg):
2.      numMoves = 0
3.      if numRings > 0:
4.          numMoves += hanoi(numRings - 1, startPeg, 6 - startPeg - endPeg)
5.          print ('Move ring', numRings, 'from peg', startPeg, 'to peg', endPeg)
6.          numMoves += 1
7.          numMoves += hanoi(numRings - 1, 6 - startPeg - endPeg, endPeg)
8.      return numMoves
```

最初に、このコードでは一番上（1）から一番下（numRings）まで円盤に1からnumRingsまでの番号が付いていることに注意します。次に、開始の棒から、目的の棒へ円盤を動かすのをどうコーディングしているかに注意します。棒は、左から右へ1, 2, 3と番号が振られています。開始、目的の棒の番号がわかれば、もう1つの棒の番号が得られることに注意します。再帰呼び出しでは、円盤を別の棒に移すので、これは重要です。

4, 5, 7行目は、図の3つの矢印に対応します。4行目は、開始棒の上のnumRings - 1枚の円盤を中間の棒に移します。変数numMovesで、手数を数えます。5行目は、番号numRingsの一番底の円盤を開始棒から目的棒に移す単一の手を出力します。7行目は、numRings - 1枚の円盤を中間の棒から目的棒に移します。

次を実行します。

```
hanoi(3, 1, 3)
```

3つの棒があり、startPeg = 1かつendPeg = 3です。次がhanoi(2, 1, 2)呼び出しで、円盤3を棒1から棒3に移し、最後にhanoi(2, 2, 3)を呼び出します。2つの再帰呼び出しが円盤1つのハノイ問題を解く呼び出しを2回行います。出力は次のようになります。

```
Move ring 1 from peg 1 to peg 3
Move ring 2 from peg 1 to peg 2
Move ring 1 from peg 3 to peg 2
```

```
Move ring 3 from peg 1 to peg 3
Move ring 1 from peg 2 to peg 1
Move ring 2 from peg 2 to peg 3
Move ring 1 from peg 1 to peg 3
```

今度は変形問題を考えます。隣接ハノイの塔（ATOH：Adjacent Towers of Hanoi）では、左端の棒から右端の棒に円盤を移すことが許されず、隣り合う棒の間だけで円盤を移動できます。再帰TOHアルゴリズムの第2ステップ（下図）は、円盤を左端から右端に移動しましたが、これはATOHでは許されません。

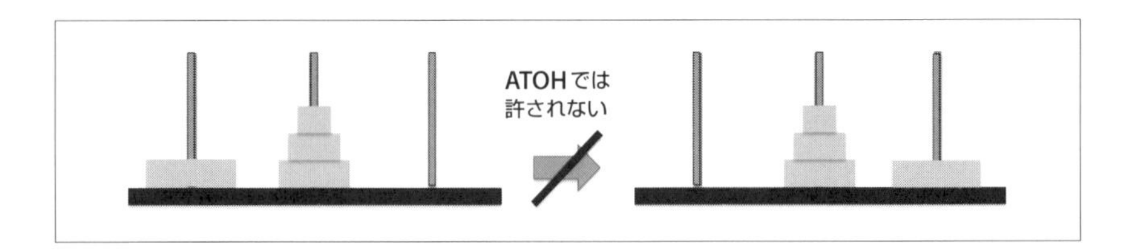

しかも、大きな円盤を小さな円盤の上に置けないので、この円盤を中間の棒には移せません。ATOHを解くには、別の再帰戦略が必要です。

ATOHを解く再帰分割統治戦略を考え付きますか。

ATOH再帰解

分割統治でカギとなるのは、基底部がある限り、より小さな再帰問題をどう解くかわかっているという「ふり」ができることです。明らかに、円盤が1つ（すなわち、$n = 1$）なら、2つの手、円盤を左端の棒から真ん中の棒、真ん中の棒から右端の棒へと移して解くことができます。$n - 1$枚の円盤でどう解けばよいかわかっていると仮定しましょう。再帰分割統治戦略を次の図で示します。

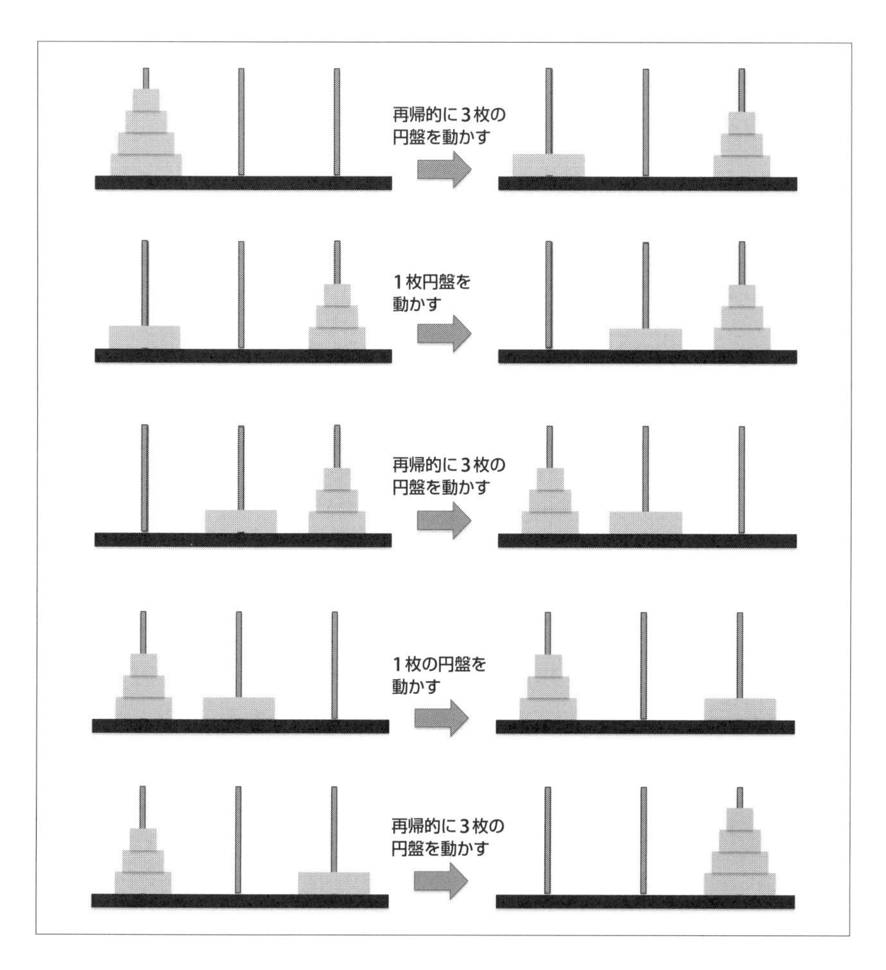

最初の再帰呼び出しが、ATOHが$n-1$枚の円盤でATOHの制約に従いながら解けると仮定していることに注意します。開始と目標の棒は、元の問題と同じです。次の手はATOHで正当です。底の円盤を開始棒から中間棒に移します。次に、再度、元の問題の開始と目標の棒を入れ替えて、$n-1$枚の円盤の問題を再帰的に解きます。ATOHでは、開始棒と目標棒は対称的で、役割を入れ替えられます。次に、最大の円盤を中間の棒から目標の棒に移します。最後に、元のn枚のATOH問題と同じ開始棒と目標棒で、$n-1$枚の円盤の問題を再帰的に解きます。

ATOH再帰実装を調べましょう。

```
1.  def aHanoi(numRings, startPeg, endPeg):
2.      numMoves = 0
3.      if numRings == 1 :
4.          print ('Move ring', numRings, 'from peg',
                    startPeg, 'to peg', 6 - startPeg - endPeg)
5.          print ('Move ring', numRings, 'from peg',
                      6 - startPeg - endPeg, 'to peg', endPeg)
6.          numMoves += 2
7.      else:
8.          numMoves += aHanoi(numRings - 1, startPeg, endPeg)
9.          print ('Move ring', numRings, 'from peg', startPeg,
                              'to peg', 6 - startPeg - endPeg)
10.         numMoves += 1
11.         numMoves += aHanoi(numRings - 1, endPeg, startPeg)
12.         print ('Move ring', numRings, 'from peg',
                      6 - startPeg - endPeg, 'to peg', endPeg)
13.         numMoves += 1
14.         numMoves += aHanoi(numRings - 1, startPeg, endPeg)

15.     return numMoves
```

このコードはTOHのよりもステップ数は多いですが、概念的により複雑なわけではありません。以前同様、中間の棒は、startPegとendPegの数値から計算できます。1枚の基底部では2つの移動が必要です（4、5行）。numRings > 1のコードは、既に図示したステップに従い、3回の再帰呼び出しと2回の1枚の円盤移動になります。例えば、11行目の第2の再帰呼び出しは、元の開始棒と目標棒の役割を、図に示したように、入れ替えています。

次を実行します。

```
aHanoi(3, 1, 3)
```

出力は次です。

```
Move ring 1 from peg 1 to peg 2
Move ring 1 from peg 2 to peg 3
Move ring 2 from peg 1 to peg 2
Move ring 1 from peg 3 to peg 2
Move ring 1 from peg 2 to peg 1
Move ring 2 from peg 2 to peg 3
Move ring 1 from peg 1 to peg 2
Move ring 1 from peg 2 to peg 3
Move ring 3 from peg 1 to peg 2
```

```
Move ring 1 from peg 3 to peg 2
Move ring 1 from peg 2 to peg 1
Move ring 2 from peg 3 to peg 2
Move ring 1 from peg 1 to peg 2
Move ring 1 from peg 2 to peg 3
Move ring 2 from peg 2 to peg 1
Move ring 1 from peg 3 to peg 2
Move ring 1 from peg 2 to peg 1
Move ring 3 from peg 2 to peg 3
Move ring 1 from peg 1 to peg 2
Move ring 1 from peg 2 to peg 3
Move ring 2 from peg 1 to peg 2
Move ring 1 from peg 3 to peg 2
Move ring 1 from peg 2 to peg 1
Move ring 2 from peg 2 to peg 3
Move ring 1 from peg 1 to peg 2
Move ring 1 from peg 2 to peg 3
```

円盤3つのATOH問題では、円盤3つのTOH問題よりずっと多くの移動が必要です。円盤移動の追加制約が問題を難しくしました。

アルゴリズム思考には、アルゴリズムを発明してコーディングするだけでなく、アルゴリズムの計算量分析も含まれます。TOHとATOHの円盤移動回数を計算量分析で比較しましょう。

分割統治アルゴリズムには、再帰関係があります。TOHでは次のように書けます。

$$T_n = 2T_{n-1} + 1$$

ここでT_nは、n枚の円盤のTOHを解くのに必要な手数。T_{n-1}は、$n-1$枚の円盤のTOHの手数です。この式は、既に示したTOHの図とコードとからそのまま出てきます。円盤がないと移動はないので、$T_0 = 0$です。この式を反復適用すれば、$T_1 = 1, T_2 = 3, T_3 = 7, T_4 = 15$となります。推論しチェックして、答えが$T_n = 2^n - 1$となります。

これは、バラモンの塔の伝説を信じているなら良い知らせです。たとえ僧たちが円盤を毎秒1枚動かすことができたとしても、最小回の移動でも、完了するまでには$2^{64} - 1$秒、すなわち約5850億年かかります。太陽はそんなに長く持ちません。実際、数億年以内に、太陽がもっと熱くなって地球には生物が住めなくなるので、太陽系外へ脱出する方法を発明しなければなりません。

同様に、ATOHでは、前の図から次のように書けます。

$$A_n = 3A_{n-1} + 2$$

ここで、A_nは、n枚の円盤のATOHを解くのに必要な手数。A_{n-1}は、$n-1$枚の円盤のTOHの手数です。円盤がないと移動はないので、$A_0 = 0$です。この式を反復適用すれば、$A_1 = 2$, $A_2 = 8$, $A_3 = 26$, $A_4 = 80$のようになります。ここから推定しチェックして、答えが$A_n = 3^n - 1$となります。

$n = 3$の例では、TOHは7回、ATOHは26回円盤を移動するので式と合っています。

グレイコードとの関係

フランク・グレイ（Frank Gray）に因んでグレイコードとも呼ばれる交番二進符号（RBC：reflected binary code）は、2つの隣接する値では（通常の2進表現と異なり）1つの桁の2進数、すなわち1ビットしか異ならない2進符号化体系です。グレイコードは、デジタル通信における誤りを防ぐために広く使われています。興味深いのは、グレイコードがTOHパズルに関係していることです。

1ビットのグレイコードは{0, 1}で、これをL1と呼びましょう。2ビットのグレイコードは次のようにして作ります。まず、1ビットコードを反転して{1, 0}を作り、これをL2と呼びます。L1の要素の前に0、L2の要素の前に1を付けます。L1′= {00, 01}とL2′= {11, 10}が得られます。L1′とL2′を連結して、2ビットのグレイコード{00, 01, 11, 10}が得られます。

このようにして、2ビットのグレイコードから3ビットのグレイコード{000, 001, 011, 010, 110, 111, 101, 100}、さらに4ビットのグレイコード{0000, 0001, 0011, 0010, 0110, 0111, 0101, 0100, 1100, 1101, 1111, 1110, 1010, 1011, 1001, 1000}などが得られます。

n枚のTOH問題には、nビットのグレイコードが必要です。グレイコードが必要な手を教えてくれます。TOHの$2^n - 1$手の並びが、2^n長のグレイコードの$2^n - 1$個の遷移に対応します。一番小さい円盤は、右端の（最下位）桁に、最大の円盤が左端の（最上位）桁に相当します。円盤は、数値が変化する桁に沿って動きます。例えば、000→001なら、最小円盤の移動です。しかし、どの棒に移すのでしょうか。これは、複数の棒に動かせるときは問題です。

最小円盤には、移せる棒が常に2つあります。他の円盤では1つの棒にしか移せません。円盤の枚数が奇数なら、最小円盤は次のような順番で移動します。開始→目標→中間→開始→目標→中間, …。枚数が偶数なら、開始→中間→目標→開始→中間→目標, …。3枚と4枚の円盤で試してみてください。

練習問題

パズル問題1：棒が4本の場合を考えます。n枚円盤の場合の手数を減らす1つの方法は、下に示すように$n/2$枚の問題2つに分割することです。図に示した各ステップでは、3本を作業用に選んで古典的なハノイの塔として動かせます。この問題ではnを偶数とします。

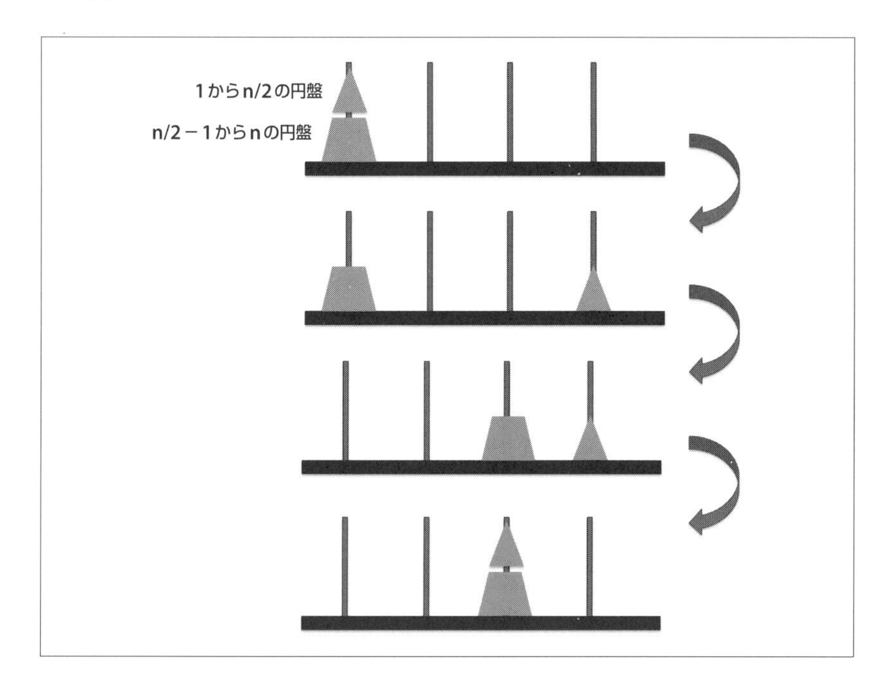

例えば、第1ステップは、真ん中の2つの棒のどちらかを中間に選び、目標を4番目の棒にして、古典的ハノイの塔を呼び出します。
第2ステップでは、下半分の$n/2-1$からnの円盤を扱うので、円盤の番号を適当に付け直して古典的ハノイの塔を呼び出し、移動手順を出力するときに適切に処理します。
第3ステップでは、開始棒を第4の棒、目標を第3の棒（古典的ハノイでと同じ）、最初の2つの棒のどちらかを中間の棒にして、古典的ハノイの塔を呼び出します。この図にあるようなステップを踏む解をコーディングしてください。$n=8$で、3つの棒での255手よりはるかに少ない45手になるはずです。3回呼ばれる古典的なハノイの塔の手数が$2^{8/2}-1=15$かかるのです。

パズル問題2：上の解よりも良いものがあります。上の第1、第3ステップでは、「中間」の2つの棒を活用できます。この第1、第3ステップで4本棒で再帰呼び出ししてコードを最適化してください。これにより、$n = 8$で33手になります。この問題では、あるkについて$n = 2^k$だと仮定してください。さらに手数が減らせるのではないかと思うなら、WikipediaでFrame-Stewart algorithmを調べてください。これは最適な$k < n$を選んで、問題をk枚の円盤と$n - k$枚の円盤に分割します。

パズル問題3：円環型ハノイの塔では、1、2、3という番号の棒が、下図に示すように円形に配置され、1→2→3→1または1→3→2→1というように時計回り、または反時計回りの方向が定められています。

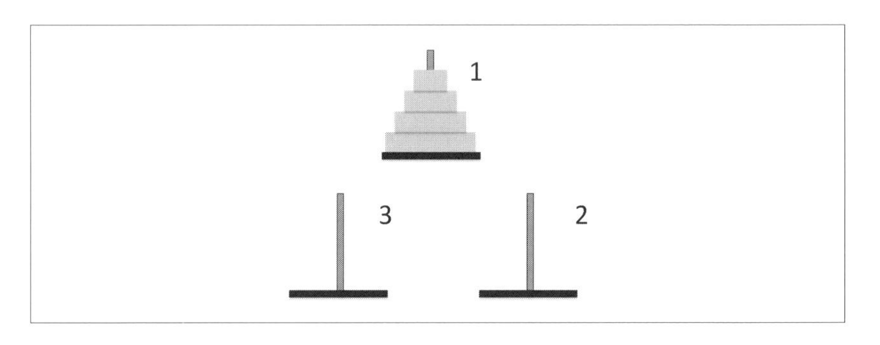

円盤は時計回りにだけ動かせます。棒1にn枚の円盤があるとき、それらを棒2に移す再帰プロシージャを書いてください。

n枚の円盤を時計回りに次の棒に移動するのと、さらにその先の（反時計回りに隣の）棒に移動するのとの2つの相互再帰プロシージャが必要になります。

時計回りプロシージャは、$n - 1$枚を反時計回りに1→3と移動し、底の円盤を時計回りに1→2と移動し、$n - 1$枚を反時計回りに3→2と移動します。1枚の円盤の基底部は、時計回りに次の棒へ移します。

反時計回りプロシージャは、時計回りの移動しか許されないので、かなり複雑です。基底部は、1枚の円盤を時計回りに2度移動します。時計回りに2つ移動するには、$n - 1$枚に対する時計回りと反時計回りの両方のプロシージャを呼び出す必要があります。

n = 3だと次のようになります。

```
Move ring 1 from peg 1 to peg 2
Move ring 1 from peg 2 to peg 3
```

```
Move ring 2 from peg 1 to peg 2
Move ring 1 from peg 3 to peg 1
Move ring 2 from peg 2 to peg 3
Move ring 1 from peg 1 to peg 2
Move ring 1 from peg 2 to peg 3
Move ring 3 from peg 1 to peg 2
Move ring 1 from peg 3 to peg 1
Move ring 1 from peg 1 to peg 2
Move ring 2 from peg 3 to peg 1
Move ring 1 from peg 2 to peg 3
Move ring 2 from peg 1 to peg 2
Move ring 1 from peg 3 to peg 1
Move ring 1 from peg 1 to peg 2
```

13章
整理が苦手な修理屋

腕のよくない修理屋は、いつも道具のせいにする。

有名な格言

ハンマーが紙でできていたらどうだ。そいつのせいにできるかな。

作者未詳

この章で学ぶプログラミング要素とアルゴリズム

- インプレースピボット決め
- 再帰インプレースソート

ある修理屋がさまざまな大きさのボルトとナットを入れた袋を持っています。どのナットも大きさが違っていて、合うボルトが揃っていますが、この修理屋は整理がダメで、全部を1つの袋に入れてごちゃまぜにしています（下図）。ナットをどう「並べて」、さらにそれぞれに合うボルトも揃えるためにはどうするのが一番良い方法でしょうか。

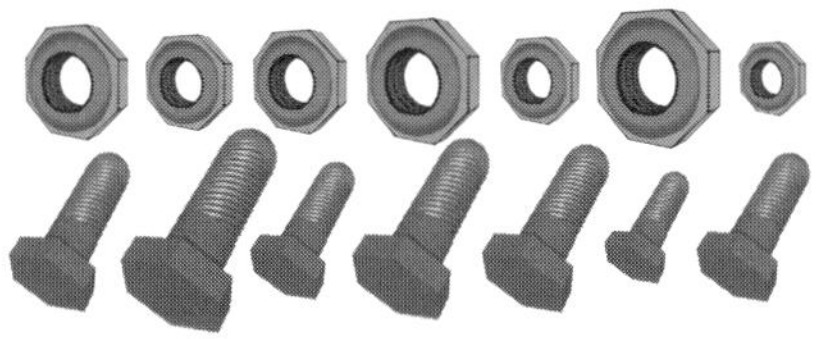

n 個のナットとボルトがあるので、修理屋は任意のナットを手に取り、それぞれのボルトを試して、合うのを見つけられます。その1組のボルトとナットを別に置いておけば、サイズ $n-1$ の問題になります。つまり、n 回の比較で問題のサイズが1つ減りました。次は、$n-1$ 回の比較で、問題のサイズを $n-2$ に縮めます。必要な比較総数は $n + (n-1) + (n-2) + ... + 1 = n(n+1)/2$ です。最後は、1つのナットとボルトしかないので比較は要らないとも言えますが、確認比較と呼ばれるものです。

比較回数を減らすことができるでしょうか。具体的には、ナットとボルトをそれぞれ半分ずつの2組に分けて、サイズが$n/2$の2つの問題にできるでしょうか。そうすれば、修理屋に手伝いがいれば、並列に作業できます。もちろん、手伝ってくれる人がもっといれば、この戦略をサイズ$n/2$の問題にも適用できます。

残念ながら、ナットを（ほぼ）同じサイズのAとBに、ボルトを同じようなサイズのCとDに分けただけでは、うまくいきません。AとCのナットとボルトを集めても、AのナットがCのどのボルトとも合わなくて、合うボルトはDにあるということが起こります。次がその例です。

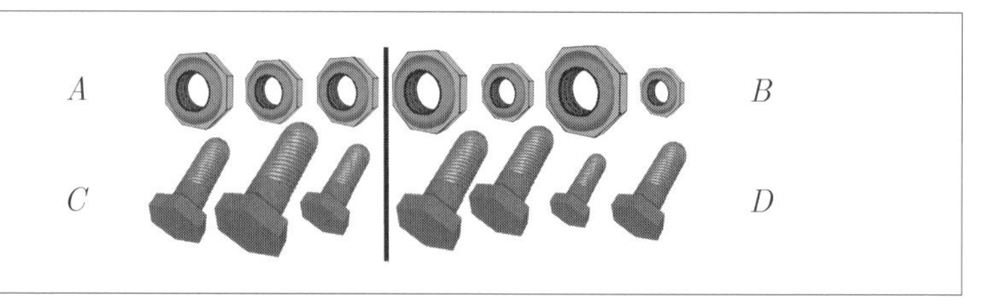

AとCが左側、BとDが右側です。一番大きいボルトが左側（左から2番目）で、一番大きいナットが右側（右から2番目）です。

このナットとボルト問題を解く再帰分割統治戦略を考えられますか。大きなnについて、比較回数が$n(n+1)/2$より格段に少なくなるようにです。

分割統治戦略を使うには、サイズが小さくて本質的に同じ部分問題にどのようにして分割するかを決めなければなりません。ナットとボルト問題では、ナットを任意に適当に分割したのでは（ボルトの分割とは関係なく）うまくいきません。部分問題が独立に解ける、つまり、その集まりのボルトとナットだけで合う組になることを何とかして保証しなければなりません。

分割統治のピボット決め

この問題では、ピボット決めが分割統治アルゴリズムのカギとなります。ピボットボルトを決めて、それを使って、どのナットが小さく、どれが合い、どれが大きいか決めます。ナットはこうすると3組に分かれます。中央はサイズが1で合うナットです。したがって、この処理で、1対のナットとボルトが見つかりました。対のナット、ピボットナットを使って、ボルトを2組に分けます。ピボットナットには大きいボルトと小さいボルトです。大きなボルトはピボットボルトには大きなナットと組にして、小さなボルトはピボットボルトには小さなナットと組にします。

こうして、「大」ボルトと「大」ナットの組、「小」ボルトと「小」ナットの組ができました。ピボットボルトの選択によって、それぞれの組のナットの個数が変わります。しかし、各組でナットとボルトの個数は、元の問題でナットとボルトの個数が一致している限りは、同じことが保証されます。さらに、ナットに合うボルトが同じ組にあることも保証されます。

この戦略では、ナットを2組に分けるためにn回の比較が必要です。この処理でピボットナットが求まるので、ボルトをナットに応じて分けるために$n-1$回比較します。全体で$2n-1$回の比較です。サイズを半分にするピボットナットが見つかったものと仮定すれば、サイズ$n/2$の問題2つになりました。サイズ$n/2$の2つの問題を、全体で約$2n$回の比較で分割できれば、サイズ$n/4$の問題4つになります。

素晴らしいのは、各ステップで問題サイズが、1だけ減るのではなく、半分になることです。例えば、$n = 100$とします。もともとの戦略では、5050回の比較が必要です。この新戦略では、199回の比較で、サイズが約50の2つの部分問題になりました。部分問題に対して元の戦略を使ったとしても、それぞれで1225回の比較なので、全体で99 + 1, 225×2 = 2,649回の比較です。もちろん、再帰分割統治法を使えます。実際、各問題をほぼ半分に分割できるなら[*1]、再帰戦略での比較回数は、元の戦略のn^2に対し$n \log_2 n$です。これと同じことは平方根パズル（**パズル7**）でもありました。

このパズルは、おそらく最もよく使われているソートアルゴリズムであるクイックソートと深い関係があります。クイックソートは、このピボット決めという概念に依存しています。

ソーティングとの関係

下図のように、すべて異なる要素からなる[*2]配列を実装したPythonのリストがあります。

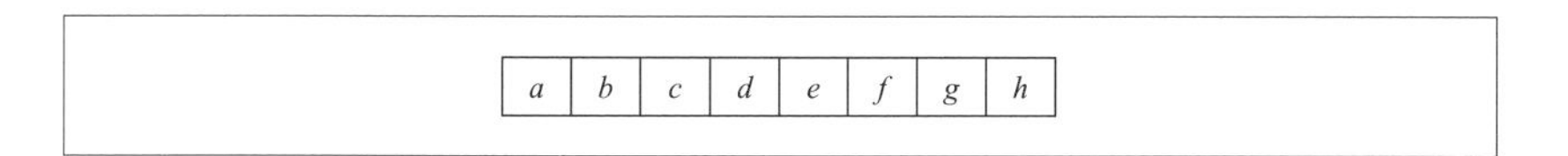

*1　原注：これは自明ではありません。半分のナットが大きくて、半分のナットが小さくなるようなナットに合うボルトをピボットとして見つけなければなりません。

*2　原注：本書のアルゴリズムとコードは、等しい要素があっても構いません。すべて異なると想定した方が、アルゴリズムの記述が簡単になります。

このリストを昇順にソートします。ピボットとして任意の要素、例えばgを選びますが、最後の要素hにしても構いません。次に、リストを2つの部分リストに、左側はgより小さく、右側はgより大きいに分割します。この2つの部分リストはまだソートしていません。つまり、gより小さい左の部分リストの要素は大きさ順とは限りません。リストを次のように表します。

gより小さい要素	g	gより大きい要素

都合のよいことに、左の部分リストのソートはgの位置に影響せず、したがって、右の部分リストにも影響しません。2つの部分リストをソートしたら、完了です。

再帰分割統治クイックソートの実装例を確認しましょう。再帰構造を示すコードを示してから、ピボット決めのコードを示します。

```
1. def quicksort(lst, start, end):
2.     if start < end:
3.         split = pivotPartition(lst, start, end)
4.         quicksort(lst, start, split - 1)
5.         quicksort(lst, split + 1, end)
```

関数quicksortは、ソートする配列に対応するPythonリスト、リストの先頭、末尾のインデックスを引数に取ります。リストの要素は、lst[start]からlst[end]までです。先頭のインデックスが0、末尾のインデックスがリストの長さ引く1と仮定します。引数をインデックスにすると、Nクイーンパズル（**パズル10**）や中庭タイル敷き詰めパズル（**パズル11**）のようなラッパーが必要ありません。プロシージャが、引数のリストlstを変更し、何も返さないことは重要なので注意してください。

startとendが等しいなら、リストの要素は1つだけでソートする必要がありません。すなわち、それが基底部でリストは変更しません。関数pivotPartitionがピボット要素（上の例ではg）を選択して、ピボットより前にある要素はピボットより小さく、後ろにある要素は大きくなるように変更します。ピボット要素のインデックスが返されます。インデックスを使えば、再帰呼び出しでstartとendのインデックスが何かを引き渡すだけで、効率的にリストを分割できます。インデックスendの要素はリストにあり、lst[split]には触れる必要がないので、2つの再帰呼び出しは、lst[start]からlst[split - 1]（4行目）とlst[split + 1]からlst[end]（5行目）に対応します。

残っているのは、pivotPartitionの実装だけです。インデックスstartとendの間でピボットを選び、startとendの間の値を適切に並び替えます。pivotPartitionの最初の実装を次に示します。

```
1.  def pivotPartition(lst, start, end):
2.      pivot = lst[end]
3.      less, pivotList, more = [], [], []
4.      for e in lst:
5.          if e < pivot:
6.              less.append(e)
7.          elif e > pivot:
8.              more.append(e)
9.          else:
10.             pivotList.append(e)
11.     i = 0
12.     for e in less:
13.         lst[i] = e
14.         i += 1
15.     for e in pivotList:
16.         lst[i] = e
17.         i += 1
18.     for e in more:
19.         lst[i] = e
20.         i += 1
21.     return lst.index(pivot)
```

関数本体の最初の行でピボットとしてリストの末尾の要素を選びます（2行目）。ナット・ボルト問題では、真ん中のサイズのピボットを選ぼうとしました。この配列の場合は、半分が小さく、半分が大きくなるような要素です。しかし、最良のピボットを探すには、計算がかなり必要になるので、探したくはありません。入力リストがランダムだと仮定すれば、要素が「中央値」である確率はどの要素も同じです。したがって、末尾要素をピボットに選びます。pivotPartitionでは、要素をソートしないので、分割されたリスト内でも小さな要素と大きな要素の順序はランダムなままだということに注意します。したがって、再帰的に末尾要素をピボットとして選んでもよくて、分割されたリストのサイズはほぼ半分と想定できます。これは、平均すれば、quicksortがn要素の元のリストのソートに$n \log_2 n$回しか比較を必要としないことを意味します。ただし、病的な場合には、n^2回の操作が必要です。練習問題で、quicksortの振る舞いを検討します。

リストは3つ、ピボットより小さい（less)、ピボットと等しい（pivotList)、ピボットより大きい（more）です。リストの中に重複した要素があるかもしれず、また、そのうちの1つがピボットに選ばれるので、pivotListはリストになっています。この3つのリストは、3行目で空に初期化されます。4-10行では、入力リストlstを走査して、3つのリストに要素を格納します。11-20行では、リストlstをless、pivotList、moreとなるように変更します。

最後に、ピボットのインデックスを返します。リストに重複要素があったら、この場合はピボット要素に重複があったら、先頭の要素を返します。これは、quicksortの2番目の再帰呼び出しで、先頭要素がピボットに等しい部分リストを処理するかもしれないことを意味します。他の要素がピボットより大きいので、先頭要素は、そのままリストの先頭に残ります。

インプレース分割

上の実装では、分割ステップ（すなわち、元のリスト/配列に対して、gの位置を決めて、ソートしていないがgより小さい/大きい部分リストを作る）で、余分なリスト/配列メモリを必要としないというquicksortの利点が示されていません。

パズル11で示したマージソートアルゴリズムは最悪時でも$n \log_2 n$しか比較しません。マージソートでは、分割時に、2つの部分リストが高々1要素しかサイズが違わないことが保証されます。マージソートではマージステップで作業が全部行われます。クイックソートでは、ピボットによる分割が主要ステップです。マージステップは簡単です。マージソートでは、マージステップで一時リストの追加ストレージが必要ですが、クイックソートでは必要ありません。

パズル2でコードを示した選択ソートアルゴリズムも、ソートするリストのコピーを作る必要がありませんが、極めて遅く、2つの入れ子ループがあり、ソートするリストのサイズをnとすると、1回のループにn倍の時間がかかります。これにより、既に論じた$n(n+1)/2$比較が必要なナット・ボルトアルゴリズムと同様、比較回数がn^2で増えます。

クイックソートは、平均すると$n \log_2 n$の比較しか必要なく、pivotPartitionをうまく実装すれば、次のコードに示すように追加リストストレージを必要としません。

```
1. def pivotPartitionClever(lst, start, end):
2.     pivot = lst[end]
3.     bottom = start - 1
4.     top = end
```

```
5.      done = False
6.      while not done:
7.          while not done:
8.              bottom += 1
9.              if bottom == top:
10.                 done = True
11.                 break
12.             if lst[bottom] > pivot:
13.                 lst[top] = lst[bottom]
14.                 break
15.     while not done:
16.         top -= 1
17.         if top == bottom:
18.             done = True
19.             break
20.         if lst[top] < pivot:
21.             lst[bottom] = lst[top]
22.             break
23.     lst[top] = pivot
24.     return top
```

このコードは、最初のとは大きく異なります。まず、リスト要素格納のために他の追加リスト/配列を一切割り当てず、入力リストlstだけを使います（リスト変数less, pivotList, moreは消えました）。インデックスstartとendの間のリスト要素しか変更しません。このプロシージャは**インプレースピボット決め**を使い、このプロシージャの最初の版と同様にリスト要素が位置を変更しますが、リストのコピーはしません。

このプロシージャは例で理解するのが最も簡単です。次のリストをソートします。

```
a = [4, 65, 2, 31, 0, 99, 83, 782, 1]
quicksort(a, 0, len(a) - 1)
```

ピボット決めはインプレースでどのように行われているでしょうか。ピボットは末尾の要素1です。最初にpivotPartitionCleverが呼ばれた時は、start = 0でend = 8です。すなわち、bottom = -1かつtop = 8です。外側のwhileループから内側のwhileループに入ります（7行目）。変数bottomは、0に増えます。リストの左から右へとピボットの1より大きな要素がないか調べます。先頭要素でa[0] = 4 > 1です。この要素を、ピボットを含んでいたa[top]に格納します。この時点で、リストの中に4が重複しますが、心配ありません。ピボットの値は変数pivotに格納してあります。内側のwhileループが最初に完了した時点で、リストと変数bottomとtopを出力すると次のようになります。

```
[4, 65, 2, -31, 0, 99, 83, 782, 4] bottom = 0 top = 8
```

今度は、次の内側のwhileループに入ります（15行目）。リストを右のa[7]（変数topは探す前に1減らされます）から左方向へピボット1より小さい値を探します。topを減らして探していくと、0が見つかりますが、a[4] = 0なのでtop = 4です。この要素0をa[bottom = 0]に格納します。a[bottom]がこれより前にa[8]にコピーされていたので、リストの要素はどれもなくしていません。この結果は次の通りです。

```
[0, 65, 2, -31, 0, 99, 83, 782, 4] bottom = 0 top = 4
```

ピボット1より大きな4をリストの右側に、ピボット1より小さな0をリストの左側に置きました。

今度は外側のwhileループの2回目です。最初の内側のwhileループで次のようになります。

```
[0, 65, 2, -31, 65, 99, 83, 782, 4] bottom = 1 top = 4
```

左から65 > 1が見つかり、これをa[top = 4]にコピーします。次は、2番目の内側のwhileループですが、その結果が次のようになります。

```
[0, -31, 2, -31, 65, 99, 83, 782, 4] bottom = 1 top = 3
```

top = 4から左に探して、-31 < 1を見つけました。これをa[bottom = 1]にコピーします。

2回目の外側のwhileループでは、65をリストの右側に置きました。65より右にある要素はすべてピボット1より大きい。次に-31をリストの左側に置きました。-31より左にある要素はすべてピボット1より小さくなっています。

今度は3回目の外側のwhileループです。最初の内側のwhileループで次のようになります。

```
[0, -31, 2, 2, 65, 99, 83, 782, 4] bottom = 2 top = 3
```

a[bottom = 2] = 2 > 1なので、a[top = 3]に移します。2番目の内側のwhileループではtopを減らします。bottomと等しくなったことがわかるので、doneをTrueにして、このwhileループを終えます。doneがTrueなので、外側のwhileループも終えます。

a[top = 2] = pivot = 1と設定（23行目）して、ピボット1のインデックス2を返します。リストは次のようになっています。

```
[0, -31, 1, 2, 65, 99, 83, 782, 4]
```

要素1をピボットとして正しく処理できました。

これまで行ってきたのは、元のリストを長さ2と6の2つに分けただけでした。これらを再帰的にソートする必要があります。前の2要素の部分リストでは、`-31`をピボットとすると`-31, 0`になります。後ろの部分リストは、`4`をピボットにして、処理を続けます。

最後に、プロシージャ`pivotPartition`とは異なり、`pivotPartitionClever`は、ピボットをリストの末尾要素にすると想定しています。正しく処理するには、代入`pivot = lst[end]`（2行目）が肝心です。

ソートマニア

ソートはデータ処理で重要なので、数百ものソートアルゴリズムがあります。まだ挿入ソートやヒープソートを扱っていませんが、どちらもインプレースのソート技法です。

挿入ソートは最悪時n^2の比較が必要ですが、小さなリストやほとんどソートされたリストでは効率的です。挿入ソートでは、ソート済みの部分リストが常にリストの前方に来ます。新たな要素がこの部分リストに、長さが1要素分増えるように挿入されます。

ヒープソートは、選択ソートの効率化版で、最悪時でも$n \log n$回の比較です。リストの最大（または最小）要素を求め、それをリストの末尾（または先頭）に置き、残りのリストについて処理を継続しますが、ヒープと呼ばれるデータ構造を使い効率的です。

Pythonは、組み込みソート関数を提供します。リスト`L`に対しては、`L.sort()`を呼び出すだけでソートできます。`L`はインプレース変更されます。`L.sort`は、ティムソート（Timsort）と呼ばれるアルゴリズムを使い、演算が$n \log n$で、一時的なメモリを使います。ティムソートはハイブリッドソートと呼ばれる種類で、複数のアルゴリズムを組み合わせたものです。リストを多数の部分リストに分割して、挿入ソートを使い、マージソートの技法を用いてマージします。

`L.sort`は、本書の`quicksort`よりも格段に速いですが、主たる理由は、アルゴリズムの違いというよりも、低水準言語で注意深く書かれた組み込み関数だということによります。

練習問題

問題1：pivotPartitionCleverを修正して、移動要素の個数を数え、ピボットの他に移動数を返すようにしてください。pivotPartitionCleverでは、リスト要素を移動するのは2か所だけです。すべてのpivotPartitionClever呼び出しで行われた移動数を足し合わせて、ソートが済んだところで全移動数を出力してください。これは、プロシージャquicksortがpivotPartitionClever呼び出しとその2つの再帰呼び出しでの移動数を数えて、それを返すことを意味します。

quicksortが、例で使ったリストa = [4, 65, 2, -31, 0, 99, 83, 782, 1]をソートすると、移動数は9になります。実装を検証するため、リストL = list(range(100))でquicksortを実行してください。Lは0から99までの昇順のリストで、移動はありません。次に、D = list(range(99, -1, -1))で降順のリストDを作ります。このリストDでquicksortを実行してください。

リストDで、要素数nの場合のquicksortで移動個数の近似式を書いてください。

問題2：移動は、pivotPartitionCleverが12行目と20行目でTrueを返したときだけ行われるので、移動数は計算量をよく示しているとは言えません。問題1と同じ方法で、pivotPartitionCleverの両方の内側のwhileループの回数を数えてください。リストa = [4, 65, 2, -31, 0, 99, 83, 782, 1]に対して、全再帰呼び出しで両方のループの総回数が24であることを確かめてください。

次のようにして、「ランダムな順序」の100個の数のリストを決定的手法で作ってください。

```
R = [0] * 100
R[0] = 29
for i in range(100):
    R[i] = (9679 * R[i-1] + 12637 * i) % 2287
```

リストL, D, Rについて、必要なループの回数を計算してください。要素数nのDについて、問題1のリストDにquicksortで何回ループが必要かの近似式を求めてください。DとRとでループの回数が異なる理由を説明してください。

[ヒント]

Dの場合とRの場合で、リストを分割した大きさがどうなるか考えてください。

パズル問題3： ソートに関わる問題に、未ソート配列の中で、k番目に小さい要素を見つける問題があります。要素に重複があった場合、k番目に小さいとはどういうことなのかという疑問を避けるために、全要素の値が異なると仮定します。この問題を解く1つの方法は、配列を昇順にソートして、k番目の要素を出力することですが、もっと速い解がないでしょうか。

クイックソートの場合、分割ステップの後では、探している要素がどちらの部分リストにあるか、そのサイズを見ただけで、答えることができたことに注目します。再帰的には、2つではなく1つの部分リストだけ探せばよいのです。例えば、17番目に小さい要素を探すとします。分割後、ピボットより小さい部分リストのサイズが100とします。この部分リストをLESSとします。17番目に小さい要素は、LESSの中だけで探せばよいのです。分割後のLESSのサイズがちょうど16だとします。それなら、ピボットを答えとして返せばよい。一方で、LESSのサイズが10なら、ピボットより大きな要素の部分リストであるGREATERの中を探せばよいのです。

quicksortのコードを修正して、ここに記述したquickselectのコードを書いてください。

[ヒント]

再帰呼び出しではkを変更する必要も、pivotPartitionCleverを変更する必要もありません。

14章
数独は二度とごめんだ

最近のコンピュータのおかげで、筋肉が頭脳に優るようになった[*1]。
── シュリニ・デヴダス

この章で学ぶプログラミング要素とアルゴリズム

- 大域変数
- 集合と集合演算
- しらみつぶし再帰探索

数独は、ポピュラーな数字置き換え（number placement）パズルです。9×9の格子状の枠（マス）の中に、1から9までの数字が一部だけ置かれたものです。「各列、各行、および9つある3×3の各ブロックには、1から9までの数字が1回だけ使われる」という規則に従い、空いているマスに1から9までの数字を置いて完成させることが目標です。

この規則にしたがって、空いているマスの数字を決めます。下のパズルでは、複数のブロックに空いているマスがあります。行（または列）を調べると、マスの数字がわかることがあります。

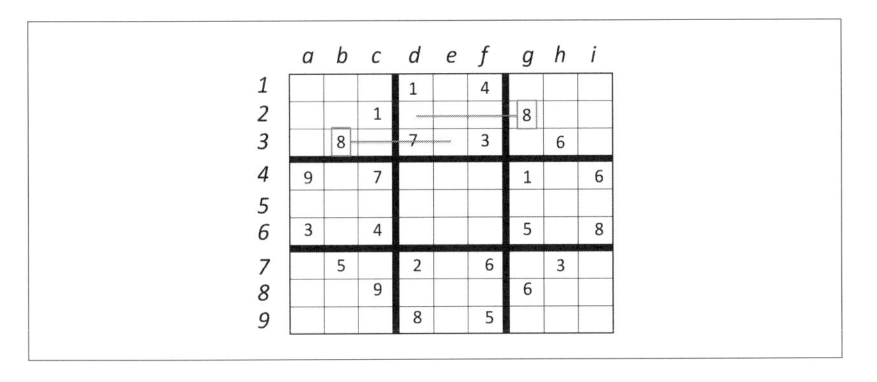

＊1　訳注：原文の該当句は、brawn beats brain。英語では普通は、「brain beats brawn」と言って、頭を使った方が勝つと言い習わしているのを、ひっくり返しています。

真ん中上のブロックで、8がどこに来るか決めることができます。下に示すように、8はブロックの中央の行にも下の行にも置けず、上の行の中央にしか置けないからです。

	a	b	c	d	e	f	g	h	i
1				1	8	4			
2			1				8		
3		8		7		3		6	
4	9		7				1		6
5									
6	3		4				5		8
7		5		2		6		3	
8			9				6		
9				8		5			

本章の目標は、空いているマスの数字を再帰探索する数独ソルバーを書くことです。ソルバーの基本は、上に述べたような人間が使う戦略を用いないことです。マスの数字を適当に当てはめては、規則に違反しないかどうか決定します。違反しなければ、次のマスの数字に進みます。違反を検出すれば、最も最近当てはめた数字を変更します。これは**パズル10**の*N*クイーン探索と同じやり方です。

最初に何個の数字が置かれているかには関係なく、どのような数独パズルでも解く再帰数独ソルバーを作ります。

パズル10の*N*クイーンコードと同じような構造の再帰数独ソルバーを書けますか。

数独の再帰的解法

次のコードは、基本再帰数独ソルバーの最上位ルーチンです。正方形は、gridという2次元配列/リストで表され、要素の値0は、マスが空いていることを示します。系統的な探索順序にしたがってマスの空いているところを見つけ、数字を当てはめ、それが不当だとバックトラック（やり直し）します。

```
1.  backtracks = 0

2.  def solveSudoku(grid, i=0, j=0):
3.      global backtracks
4.      i, j = findNextCellToFill(grid)
5.      if i == -1:
6.          return True
```

```
 7.      for e in range(1, 10):
 8.          if isValid(grid, i, j, e):
 9.              grid[i][j] = e
10.              if solveSudoku(grid, i, j):
11.                  return True
12.              backtracks += 1
13.              grid[i][j] = 0
14.      return False
```

solveSudokuは、引数を3つ取り、呼び出しの便宜上、後ろの2引数のデフォルト値を0にします。こうすると、入力inputに対して、初期呼び出しがsolveSudoku(input)と簡単になります。この呼び出しでは、後ろの2引数が0ですが、再帰呼び出しではinputの空いているマスに応じた値になります（これは、**パズル13**のquicksortでと同じです）。

あとで示すプロシージャfndNextCellToFillは、前もって定めた順序で次の空いているマスを探します。空いているマスがなければパズルが解けました。

プロシージャisValidも後で説明しますが、部分的に数字が置かれた正方形で数独の規則に違反していないことを確認します。これは、*N*クイーンで部分構成をチェックした（**パズル4**と**パズル10**）noConflictsと同じ役割です。

solveSudokuで第1に重要なことは、作業修正対象のgridはこの1つしかないことです。すなわち、（**パズル10**）*N*クイーンと同じく、インプレース再帰探索です。そのために、不当な数字が置かれた（9行目）マスを0に戻す（13行目）ことが、数字を置いた再帰呼び出しがFalseを返した後でループを続けるのに必要です。次のforループでは、新たな数字でgrid[i][j]を上書きするので、この作業はforループ終了後にしか必要ないことに注意します。当てはめた数字が不当で、すべての再帰呼び出しが失敗して、solveSudoku呼び出しが失敗した場合、Falseを返す前に、正方形のマス目が変更されていないことを確認する必要があります。次のように書き換えることもできますが、13行目はforループの外に出ています。

```
 7.  for e in range(1, 10):
 8.      if isValid(grid, i, j, e):
 9.          grid[i][j] = e
10.          if solveSudoku(grid, i, j):
11.                  return True
12.              backtracks += 1
13.  grid[i][j] = 0
14.  return False
```

初めて見るプログラム要素はglobalでしょう。大域変数は関数呼び出しを超えて状態を保持するので、例えば、再帰呼び出しの回数を記録するのに便利です。backtracksを大域変数として使い、(ファイルの先頭で)初期値を0にしておき、やり直しが必要な数字当てはめの失敗ごとに1増やします。solveSudokuでbacktracksを使うためには、関数本体でglobalと宣言しなければならないことに注意しましょう。

バックトラックの回数は、プラットフォーム独立な性能測定として重要です。回数が多いほど、計算時間がかかります。

次に、solveSudokuで呼び出されるプロシージャについて説明します。findNextCellToFillは、定められた順序で空いているマスを、列を順に左端から始めて右へと探索します。正方形内の空いているマスを再帰探索中に見逃さなければ、どんな順序でも構いません。

```
1.  def findNextCellToFill(grid):
2.      for x in range(0, 9):
3.          for y in range(0, 9):
4.              if grid[x][y] == 0:
5.                  return x, y
6.      return -1, -1
```

このプロシージャは、空いているマスの位置を0, 0から8, 8まで返します。空きがなければ、-1, -1を返します。

次に示すプロシージャisValidは、数独の規則を体現しています。現在の正方形内の状態のgridとgrid[i, j]に置く数字eを引数に取り、これによって規則違反がないかチェックします。

```
1.  def isValid(grid, i, j, e):
2.      rowOk = all([e != grid[i][x] for x in range(9)])
3.      if rowOk:
4.          columnOk = all([e != grid[x][j] for x in range(9)])
5.          if columnOk:
6.              secTopX, secTopY = 3 *(i//3), 3 *(j//3)
7.              for x in range(secTopX, secTopX+3):
8.                  for y in range(secTopY, secTopY+3):
9.                      if grid[x][y] == e:
10.                         return False
11.             return True
12.     return False
```

このプロシージャでは、最初に各行に要素eと同じ数字がないかチェックします

(2行目)。allの演算子を使います。2行目はgrid[i][x]でxを0から8まで、eと同じ数字があればFalseを返し、そうでないとTrueを返す反復手順に等価です。これが問題なければ、jに対する列を4行目でチェックします。列にも問題なければ、grid[i, j]に対応するブロックを調べます。ブロック内にeと同じ数字がないかチェックします(7-10行)。

noConflicts同様isValidでも、新たな要素の行、列、ブロックだけを調べるので、新たな要素が規則に違反しているかどうかしかチェックしていないことに注意します。例えば、i = 2, j = 2, e = 2では、i番目の行に3が重複していないかどうかはチェックしません。したがって、要素を追加するたびにisValidを呼び出すことが重要で、solveSudokuはそうしています。

最後に、数独パズルの答えをそれらしく出力する簡単な出力プロシージャを示します。

```
1.  def printSudoku(grid):
2.      numrow = 0
3.      for row in grid:
4.          if numrow % 3 == 0 and numrow != 0:
5.              print (' ')
6.          print (row[0:3], ' ', row[3:6], ' ', row[6:9])
7.          numrow += 1
```

5行目では3行出力した後に、1行空けます。end = ''[*1]としていないので、print関数の出力が、1行ごとになることに注意します。

これで数独ソルバーの準備が整いました。2次元配列/リストの入力は次のようになります。

```
input = [[5, 1, 7, 6, 0, 0, 0, 3, 4],
         [2, 8, 9, 0, 0, 4, 0, 0, 0],
         [3, 4, 6, 2, 0, 5, 0, 9, 0],
         [6, 0, 2, 0, 0, 0, 0, 1, 0],
         [0, 3, 8, 0, 0, 6, 0, 4, 7],
         [0, 0, 0, 0, 0, 0, 0, 0, 0],
         [0, 9, 0, 0, 0, 0, 0, 7, 8],
         [7, 0, 3, 4, 0, 0, 5, 6, 0],
         [0, 0, 0, 0, 0, 0, 0, 0, 0]]
```

*1 原注：Python 2.xでは、end = ''の扱いが異なり、出力が同じものになりません。もっとも、数独パズルの解として読める出力にはなります。

次を実行します。

```
solveSudoku(input)
printSudoku(input)
```

次が答えの出力です。

```
[5, 1, 7]  [6, 9, 8]  [2, 3, 4]
[2, 8, 9]  [1, 3, 4]  [7, 5, 6]
[3, 4, 6]  [2, 7, 5]  [8, 9, 1]
[6, 7, 2]  [8, 4, 9]  [3, 1, 5]
[1, 3, 8]  [5, 2, 6]  [9, 4, 7]
[9, 5, 4]  [7, 1, 3]  [6, 8, 2]
[4, 9, 5]  [3, 6, 2]  [1, 7, 8]
[7, 2, 3]  [4, 8, 1]  [5, 6, 9]
[8, 6, 1]  [9, 5, 7]  [4, 2, 3]
```

正解かどうかチェックしておきましょう。このinputについては、579回バックトラックしました。solveSudokuを下に示す別のパズルで実行すると、6,376回のバックトラックをします。この2番目では、最初のから数字がいくつか取り除かれていて、それを0ではなく太字の**0**で示しています。数独ソルバーには、こちらの方が難しくなります。

```
inp2 = [[5, 1, 7, 6, 0, 0, 0, 3, 4],
        [0, 8, 9, 0, 0, 4, 0, 0, 0],
        [3, 0, 6, 2, 0, 5, 0, 9, 0],
        [6, 0, 0, 0, 0, 0, 0, 1, 0],
        [0, 3, 0, 0, 0, 6, 0, 4, 7],
        [0, 0, 0, 0, 0, 0, 0, 0, 0],
        [0, 9, 0, 0, 0, 0, 0, 7, 8],
        [7, 0, 3, 4, 0, 0, 5, 6, 0],
        [0, 0, 0, 0, 0, 0, 0, 0, 0]]
```

基本ソルバーでは、最初の数独の例で行った、8の位置についての推論を使いませんでした。この種の推論は、鉛直方向にも拡張できます。下の（最初の）例で、右上のブロックのどこに1を置けるか考えます。1行目、2行目に1があるので、このブロックの下の行の2つのマスが候補です。$g4$に1があるので、g列にはもう1を置けません。

	a	b	c	d	e	f	g	h	i
1				1		4			
2			1				8		
3		8		7		3		6	
4	9		7				1		6
5									
6	3		4				5		8
7		5		2		6		3	
8			9				6		
9				8		5			

したがって、マス*i*3だけに1を置けます（下図参照）。

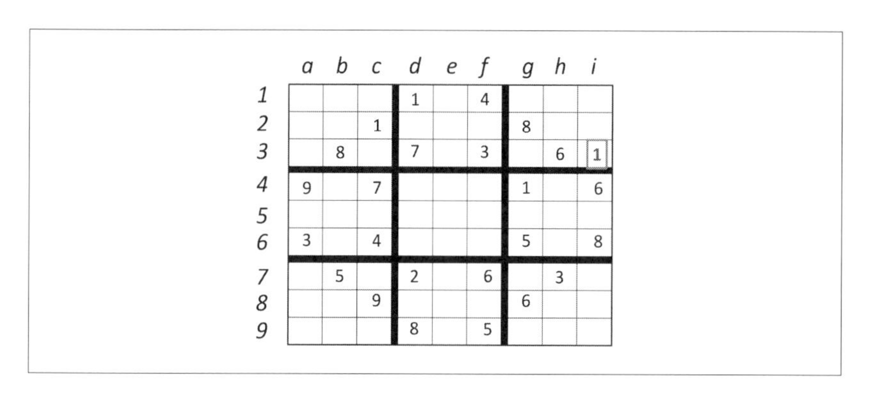

再帰数独ソルバーにこの種の推論機能を組み込むことができますか。

再帰探索における推論

上の例では、正方形内の数字の状態が1の位置を含意していたので、ソルバーが推論すると言えます。上の例で示したものと全く同じ方式ではありませんが、推論機能でどのようにソルバーを強化するか、ソルバーがどれだけ効率的になるかを示します。評価は、推論のあるなしでバックトラックの回数がどう変わるかで測ります。空いているマスへの数字が正しいかどうかが、推論によってより迅速に決定できます。

推論を正しく実装するには、ソルバーにいくつかの変更が必要です。あるマス目に値を置くとき、複数の推論ができます。最適ソルバーの再帰探索コードでは、推論を取り入れたため少しだけ違いが出ます。

```
1.  backtracks = 0
2.  def solveSudokuOpt(grid, i=0, j=0):
3.      global backtracks
4.      i, j = findNextCellToFill(grid)
5.      if i == -1:
6.          return True
7.      for e in range(1, 10):
8.          if isValid(grid, i, j, e):
9.              impl = makeImplications(grid, i, j, e)
10.             if solveSudoku(grid, i, j):
11.                 return True
12.             backtracks += 1
13.             undoImplications(grid, impl)
14.     return False
```

変更は、9行目と13行目だけです。9行目では、grid[i][j]にeを置くだけではなく、推論を働かして他のマスにも置きます。これらすべてはリストimplに「覚えておく」必要があります。13行目では、grid[i][j] = eという当てはめが不当だったので、行ったすべての変更を元に戻します。推論によって行った変更はforループの中でなので、この行もforループの中に置きます。

値の割り当てと推論とを覚えておき、割り当てがうまくいかなかったときには、すべてを元に戻すことは、正しい処理のために重要です。そうしないと、探索空間すべてを調べることができず、解を見つけ損ないます。これを理解するために、次の図を考えましょう。

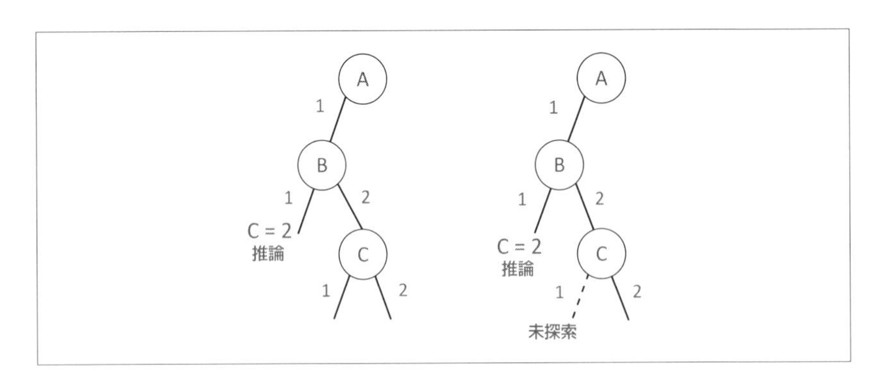

A、B、Cはマス目の位置とします。割り当てる値は1か2の2つと仮定します（説明のため単純化しました）。$A = 1$、$B = 1$と割り当て、$C = 2$と推論しました。$A = 1$、$B = 1$

の分岐を調べ尽くして、$A=1$、$B=2$にバックトラックしました。今度は、右の図のように$C=2$だけではなく、左の図にあるように、$C=1$と$C=2$の両方を調べる必要があります。右図で起こったのは、$B=2$分岐で、Cが2と設定されたままで、結果として$B=2$、$C=2$分岐しか調べないことです。したがって、割り当てに伴う推論結果をすべて元に戻す必要があります。

プロシージャ undoImplicationsは次に示すように簡単なものです。

```
1. def undoImplications(grid, impl):
2.     for i in range(len(impl)):
3.         grid[impl[i][0]][impl[i][1]] = 0
```

implは3要素タプルのリストで、3要素タプル(i, j, e)は、grid[i][j] = eを意味します。undoImplicationsでは、マスを空に戻すため、3番目の要素eを気にかける必要はありません。

makeImplicationsは、かなりの分析を行うのでもっと複雑です。makeImplicationsの擬似コードを次に示します。行番号は、この後に示すPythonコードの対応行です。

各ブロックに次を行う
ブロックの未知要素を探す(8-12行)
　ブロックの各空マスに未知要素集合を付加する(13-16行)
　ブロックの各空マスSについて次を行う(17-31行)
　　　未知要素集合からSの行の全既知要素を引く(19-22行)
　　　未知要素集合からSの列の全既知要素を引く(23-26行)
　　　未知要素集合が単一値なら(27行目)
　　　　　マスの値をその値と推論する(28-31行)

```
1. sectors = [[0, 3, 0, 3], [3, 6, 0, 3], [6, 9, 0, 3],
              [0, 3, 3, 6], [3, 6, 3, 6], [6, 9, 3, 6],
              [0, 3, 6, 9], [3, 6, 6, 9], [6, 9, 6, 9]]

2. def makeImplications(grid, i, j, e):
3.     global sectors
4.     grid[i][j] = e
5.     impl = [(i, j, e)]
6.     for k in range(len(sectors)):
7.         sectinfo = []
8.         vset = {1, 2, 3, 4, 5, 6, 7, 8, 9}
```

```
 9.         for x in range(sectors[k][0], sectors[k][1]):
10.             for y in range(sectors[k][2], sectors[k][3]):
11.                 if grid[x][y] != 0:
12.                     vset.remove(grid[x][y])
13.         for x in range(sectors[k][0], sectors[k][1]):
14.             for y in range(sectors[k][2], sectors[k][3]):
15.                 if grid[x][y] == 0:
16.                     sectinfo.append([x, y, vset.copy()])
17.         for m in range(len(sectinfo)):
18.             sin = sectinfo[m]
19.             rowv = set()
20.             for y in range(9):
21.                 rowv.add(grid[sin[0]][y])
22.             left = sin[2].difference(rowv)
23.             colv = set()
24.             for x in range(9):
25.                 colv.add(grid[x][sin[1]])
26.             left = left.difference(colv)
27.             if len(left) == 1:
28.                 val = left.pop()
29.                 if isValid(grid, sin[0], sin[1], val):
30.                     grid[sin[0]][sin[1]] = val
31.                     impl.append((sin[0], sin[1], val))
32.     return impl
```

1行目は、9つの各ブロックのインデックスを与える変数を宣言します。例えば、中心にあるブロック4は、x座標とy座標が3から5の範囲です。これはブロック内で位置決めに役立ちます。

このコードはPythonのデータ構造である集合setを活用します。空集合は、空リストの[]とは異なり、set()で宣言します。集合では、要素の重複はありません。例えば、数値1を集合で2度宣言しても、1つしか含まれません。V = {1, 1, 2}はV = {1, 2}と同じです。

8行目では数1から9を含む集合vsetを定義します。9-12行では、ブロック中の要素を調べて、remove関数を使いvsetから取り除きます。この未知要素の集合を空のマスそれぞれに付加したいので、3要素タプルsectinfoのリストを作ります。3要素タプルは、空マスのx座標、y座標、およびブロックの未知要素集合のコピーからなります。アルゴリズムでは後で要素を変更するのでコピーを作る必要があります。

ブロック中の各空マスについて、sectinfoの対応する3要素タプルを調べます。対応する行に含まれる要素を3要素タプルの第3要素sin[2]から、差集合関数differenceを使って取り除きます（22行目）。同様に、対応する列の要素も取り除きます。残った要素が集合leftに格納されます。

集合leftの数が1なら（27行目）、値の推論ができました。この推論は正しいとどうして保証できないのでしょうか。このコードでは、各ブロック中の未定要素を計算し、空マスごとに推論を試みます。最初の推論は正しいでしょうが、1つ推論を行うとブロックの状態が変わり、未定要素集合も変わります。その後の未定要素情報を使った推論結果は、不当なことがあり得ます。それが、推論結果をimplに含める前に、数独規則に違反していないかチェックする（29行目）理由です。

この最適化で、パズルinputのバックトラックは579回から10回に、パズルinp2のバックトラックは6,363回から33回へと減少します。実行の観点からすると、もちろん、両方とも1秒以下です。コードにバックトラック回数計算を含めた理由の1つはこのためです。回数から、最適化により当てはめ作業が減ったことがわかります。

数独パズルの難しさ

フィンランドの数学者アルト・インカラ（Arto Inkala）は、2006年世界で最も難しい数独パズルを作ったと発表し、2010年にはもっと難しいパズルを発表しました。最初のパズルは最適化していないソルバーで335,578回バックトラックして、第2のものは9,940回バックトラックします。ソルバーは数秒で答えを出します。インカラの名誉のために付け加えれば、彼は人間にとっての難しさを考えていました。次が、その2010年のパズルです。

	a	b	c	d	e	f	g	h	i
1			5	3					
2	8							2	
3		7			1		5		
4	4					5	3		
5		1			7				6
6			3	2				8	
7		6		5					9
8			4					3	
9						9	7		

ピーター・ノーヴィグ (Peter Norvig) は、ここで示した簡単な推論よりももっと高度な制約プログラミング技法を使った数独ソルバーを書きました (http://norvig.com/sudoku.html参照)。結果として、困難なパズルでもバックトラックが極めて少なくなりました。

読者のみなさんもさまざまなレベルの数独パズルを、やさしいものから非常に難しいものまで、基本ソルバーと最適化ソルバーとで、バックトラックの回数が難易度に応じてどのように変化するか調べてみてください。おそらく興味深いことがわかると思います。

練習問題

問題1： この問題では、(古典的な) 最適化数独ソルバーを改善します。推論して値を割り出すたびに、正方形の状態が変化し、別の推論が見つかるものです。実際、これが人間が数独パズルを解くやり方です。この最適化ソルバーでは、すべてのブロックを調べ、推論を行い、そして停止します。すべてのブロックを1通り全部見てブロックの推論ができたなら、推論成果が得られなくなるまで (すなわち、implにデータを追加できなくなるまで) 処理 (6-31行) を続けます。この改善した数独ソルバーをコード化してください。

数独パズルinp2に対しては、バックトラックが33から2まで削減されるはずです。

パズル問題2： 対角線上にも1から9の数字が1つずつ現れるという制約を追加した対角線数独を解くように基本数独ソルバーを修正してください。

次に対角線数独の問題例を示します。

	a	b	c	d	e	f	g	h	i
1	1		5	7		2	6	3	8
2	2					6			5
3		6	3	8	4		2	1	
4		5	9	2		1	3	8	
5			2		5	8			9
6	7	1			3		5		2
7			4	5	6		7	2	
8	5					4		6	3
9	3	2	6	1		7			4

答えは次の通りです。

	a	b	c	d	e	f	g	h	i
1	1	4	5	7	9	2	6	3	8
2	2	8	7	3	1	6	4	9	5
3	9	6	3	8	4	5	2	1	7
4	4	5	9	2	7	1	3	8	6
5	6	3	2	4	5	8	1	7	9
6	7	1	8	6	3	9	5	4	2
7	8	9	4	5	6	3	7	2	1
8	5	7	1	9	2	4	8	6	3
9	3	2	6	1	8	7	9	5	4

パズル問題3：特定のマスには偶数を置かないといけないという制約を追加した偶数指定数独を扱えるように基本数独ソルバーを修正してください。問題例を次に示します。

	a	b	c	d	e	f	g	h	i
1	8	4			5				
2	3			6		8		4	
3				4		9			
4		2	3				9	8	
5	1								4
6		9	8				1	6	
7				5		3			
8		3		1		6			7
9					2			1	3

灰色のマスには偶数を置かないといけません。他のマスには偶数でも奇数でもよい。2次元リストを使ったパズルの表現では、従来通り0を追加制約のない空マスとして、−2を偶数にしないといけない空マスとします。上の問題例の入力リストは次のようになります。

```
even = [[8, 4, 0, 0, 5, 0,-2, 0, 0],
        [3, 0, 0, 6, 0, 8, 0, 4, 0],
        [0, 0,-2, 4, 0, 9, 0, 0,-2],
        [0, 2, 3, 0,-2, 0, 9, 8, 0],
        [1, 0, 0,-2, 0,-2, 0, 0, 4],
        [0, 9, 8, 0,-2, 0, 1, 6, 0],
```

```
[-2,0, 0, 5, 0, 3,-2, 0, 0],
[0, 3, 0, 1, 0, 6, 0, 0, 7],
[0, 0,-2, 0, 2, 0, 0, 1, 3]]
```

解答は次の通りです。

	a	b	c	d	e	f	g	h	i
1	8	4	9	2	5	7	**6**	3	1
2	3	5	7	6	1	8	2	4	9
3	6	1	**2**	4	3	9	7	5	**8**
4	4	2	3	7	**6**	1	9	8	5
5	1	6	5	**8**	9	**2**	3	7	4
6	7	9	8	3	**4**	5	1	6	2
7	**2**	8	1	5	7	3	**4**	9	6
8	9	3	4	1	8	6	5	2	7
9	5	7	**6**	9	2	4	8	1	3

15章
両替する方法を数える

お金というものはあまりにも高くつくことが多い
── エマーソン(1805-1882 米国の思想家)

この章で学ぶプログラミング要素とアルゴリズム

- 組合せの再帰生成

あなたは、お札の束を持っています。つまり、これまで作られた米国のドル紙幣のほぼ全種類の札束が積まれています。これには、1ドル、2ドル、5ドル、10ドル、20ドル、50ドル、100ドルの紙幣が含まれています[*1]。

友人から6ドル借りています。友人はあなたが紙幣を溜め込んでいることを知っていて、紙幣の種類を変えて何通りの支払い方があるか知っているかと尋ねます。しばらく考え、さまざまな紙幣を手にとって、どうすれば6ドルになるか調べ、次の5通りだと答えます。

$1, $1, $1, $1, $1, $1
$1, $1, $1, $1, $2
$1, $1, $2, $2
$1, $5
$2, $2, $2

(紙幣ごとに通し番号が違いますが、金額が同じなら同じと考えます。)

突然、別の友人に16ドルの借りがあることを思い出しました。最近、一緒に20ドルの夕食を食べたのですが、財布を忘れたので自分の分を払えなかったのです。

友人に16ドル返す紙幣の組合せは何通りになりますか。

---

*1　原注:残念ながら、3ドル紙幣は1800年以降刷られていません。しかし、それがなくても十分幸せでしょう。

紙幣の再帰選択

紙幣選択の異なる方法を、選んだ紙幣の総額を記録しながら調べることにします。総額が目標額に満たないと紙幣を追加します。目標額を超えたら、現在の解を破棄します。目標額に合致したら、出力（または格納）し、さらに続けます。目標額になるすべての解を求めることを忘れないようにします。

このような探索を実装する一番簡単な方式は、再帰を使うことです。もう、ご存知ですね。次に、可能解の再帰数え上げコードを示します。

```
1.  def makeChange(bills, target, sol = []):
2.      if sum(sol) == target:
3.          print (sol)
4.          return
5.      if sum(sol) > target:
6.          return
7.      for bill in bills:
8.          newSol = sol[:]
9.          newSol.append(bill)
10.         makeChange(bills, target, newSol)
11.     return
```

この関数の第1引数は、例えば、[1, 2, 5]のような紙幣の金額のリストbillsです。第2引数は目標額、第3引数は選んだ紙幣のリストである解solです。2-4行は基底部で、解が見つかり出力します。この実装では、格納したり、可能解の個数を数えたりせずに見つかれば出力するだけです。

5-6行は別の基底部で、目標額を超えました。これは破棄します。友人に借りた金額以上を払う必要はありません。

7-10行は解空間の探索です。billsの金額紙幣ごとに、現在の解をnewSolにコピーし、現在の紙幣をそこに追加します。前より長くなったリストnewSolで、makeChangeを再帰呼び出しします。

異なる金額紙幣でイテレーションするので、solをnewSolにコピーする必要があります。なぜでしょうか。newSolにsolをコピーしないで、コード内でsolを使い回すと仮定します。bills = [1, 2, 5]とし、sol = [1]で解を探索したとします。solに1を追加してsol = [1, 1]になります。このsolで再帰呼び出しして、呼び出しごとにsolに紙幣を追加します。この呼び出しが戻ると、解が見つかり、目標額を超えたのは破棄された後で、次のループに行きます。solは[1]に戻っていて､2を追加してsol = [1, 2]

でさらに解を探索すると期待します。残念ながら、要素を取り除いていないため、sol はおそらく（目標額によるが）もっと長いリストになっているでしょう。紙幣の追加は目標額より超過を意味するはずです。sol を newSol にコピーすることで、全解空間を正しく探索できるのです。

次を実行します。

```
bills = [1, 2, 5]
makeChange(bills, 6)
```

出力は次のようになります。

```
[1, 1, 1, 1, 1, 1]
[1, 1, 1, 1, 2]
[1, 1, 1, 2, 1]
[1, 1, 2, 1, 1]
[1, 1, 2, 2]
[1, 2, 1, 1, 1]
[1, 2, 1, 2]
[1, 2, 2, 1]
[1, 5]
[2, 1, 1, 1, 1]
[2, 1, 1, 2]
[2, 1, 2, 1]
[2, 2, 1, 1]
[2, 2, 2]
[5, 1]
```

まずいところがあります。解が重複していて、出力が15行にもなっています。紙幣の順序が違うと違う解と考えるため、1ドル4枚と2ドル1枚という答えが1ドル3枚、2ドル1枚、そして1ドル1枚という答えと違うとして数えられています。同じ金額の紙幣は同一と考えているので、`[1, 1, 1, 1, 1, 1]`に対して$6! = 720$通りの解は生成していません。良かったですね。

重複の削除

重複解はどのようにしたら削除できるでしょうか。紙幣の金額の自然な順序を用いて、一定の形式の解を生成します。$a > b$または$b > c$または$a > c$の場合には、$[a, b]$または$[a, b, c]$という解は出しません。解は、常に金額の昇順（厳密には非減少順）になります。$a \leq b$または$b \leq c$または$a \leq b \leq c$の場合に$[a, b, c]$という解を与えます。昇順ではないため、[1, 1, 1, 2, 1]や[5, 1]という解は許しません。この2つで許される解は、[1, 1, 1, 1, 2]と[1, 5]です。

よって、makeChangeにちょっとした変更を加えます。これまでに使った紙幣の最高金額を引数に追加します。再帰探索では、この金額以上の紙幣しか追加しません。修正版の最初の呼び出しでは、この引数は最低金額紙幣、この例では1ドルになっています。2ドル紙幣を追加した後は、1ドル紙幣を追加できません。

このアルゴリズム変更を、次の関数makeSmartChangeに実装します。

```
 1. def makeSmartChange(bills, target, highest, sol = []):
 2.     if sum(sol) == target:
 3.         print (sol)
 4.         return
 5.     if sum(sol) > target:
 6.         return
 7.     for bill in bills:
 8.         if bill >= highest:
 9.             newSol = sol[:]
10.             newSol.append(bill)
11.             makeSmartChange(bills, target, bill, newSol)
12.     return
```

先ほど述べた追加引数highestに注意します。makeChangeに1行だけ（8行目）追加しています。次の解生成時に追加紙幣の金額がhighest以上であることを確認します。新たな引数が加わったので、11行目の再帰呼び出しも変更しました。引数には、forループ（7-11行）でbillがhighest以上なので、highestは使えずbillを使います。bill >= highestを第3引数にして呼び出した再帰呼び出しの中では、highestとbillは等しくなっています。

この修正でmakeChangeの問題点は解消されました。次を実行すると、

```
bills = [1, 2, 5]
makeSmartChange(bills, 6, 1)
```

プログラムの出力は次になります。

```
[1, 1, 1, 1, 1, 1]
[1, 1, 1, 1, 2]
[1, 1, 2, 2]
[1, 5]
[2, 2, 2]
```

この解集合はわかっていました。次を実行すると

```
bills2 = [1, 2, 5, 10]
makeSmartChange(bills2, 16, 1)
```

16ドルになる方法が25通り出てきます。

```
[1, 1, 1, 1, 1, 1, 1, 1, 1, 1, 1, 1, 1, 1, 1, 1]
[1, 1, 1, 1, 1, 1, 1, 1, 1, 1, 1, 1, 1, 1, 2]
[1, 1, 1, 1, 1, 1, 1, 1, 1, 1, 1, 1, 2, 2]
[1, 1, 1, 1, 1, 1, 1, 1, 1, 1, 1, 5]
[1, 1, 1, 1, 1, 1, 1, 1, 1, 1, 2, 2, 2]
[1, 1, 1, 1, 1, 1, 1, 1, 1, 2, 5]
[1, 1, 1, 1, 1, 1, 1, 1, 2, 2, 2, 2]
[1, 1, 1, 1, 1, 1, 1, 2, 2, 5]
[1, 1, 1, 1, 1, 1, 2, 2, 2, 2, 2]
[1, 1, 1, 1, 1, 1, 5, 5]
[1, 1, 1, 1, 1, 1, 10]
[1, 1, 1, 1, 1, 2, 2, 2, 5]
[1, 1, 1, 1, 2, 2, 2, 2, 2, 2]
[1, 1, 1, 1, 2, 5, 5]
[1, 1, 1, 1, 2, 10]
[1, 1, 1, 2, 2, 2, 2, 5]
[1, 1, 2, 2, 2, 2, 2, 2, 2]
[1, 1, 2, 2, 5, 5]
[1, 1, 2, 2, 10]
[1, 2, 2, 2, 2, 2, 5]
[1, 5, 5, 5]
[1, 5, 10]
[2, 2, 2, 2, 2, 2, 2, 2]
[2, 2, 2, 5, 5]
[2, 2, 2, 10]
```

素晴らしい。このコードを実行するときには、解の総数が、特に、低額紙幣について、目標額が大きくなるとともに爆発的に増えるので注意します。

最少枚数で両替

友人に支払う紙幣の枚数を最少にしたいとします。コードが生成した出力にはその情報が含まれています。例えば、16ドルの例では、1ドル、5ドル、10ドルの3枚で払います。

当然、まず、貪欲アルゴリズムを思い付くでしょう。借金の額より少ない、最高額の

紙幣から始めて、その処理を繰り返すものです。16ドルの場合にはうまくいきます。10ドルをまず選び、次に5ドル、それから1ドルです。しかし、8ドル紙幣のあるトンブクトゥ（マリ共和国にある都市）に住んでいたならどうでしょうか。最適解は2枚の8ドルですが、貪欲アルゴリズムでは、見逃してしまいます。もちろん、makeSmartChangeは2つの8ドル紙幣を解の1つとして出力します。

最少枚数の解を常に見つける1つの方法は、makeSmartChangeを実行して、最小数の解を選ぶことです。練習問題の**問題3**で扱います。

練習問題

問題1：makeSmartChangeを修正して、解を1つずつ出力する代わりに、異なる解の個数を数えて、その個数を返すようにしてください。個数を数えるには大域変数countが使えます。可能解の個数を数えるだけならより効率的な方式があります[*1]が、この問題では既存コードを修正します。

パズル問題2：あなたは、私たちが想定したほどには裕福ではなく、紙幣の枚数が限られていたとします。例えば、秘密の金庫を次のように表すとします。

```
yourMoney = [(1, 11), (2, 7), (5, 9), (10, 10), (20, 4)]
```

ここで、リストのタプルの先頭は紙幣の金額、2番目はその枚数です。上の例では、1ドルが11枚、20ドルが4枚です。プログラムを修正して、手持ちの金種で可能な解だけを出力するようにしてください。

簡単な方式は、前と同様にすべての解を生成してから、数値制約に違反する解を破棄して、出力しないことです。しかし、再帰探索の途中で不当な部分解を破棄するという、より洗練されて効率的な手法を使うことを勧めます。不当な部分解とは、目標額に達しないが、枚数の数値制約に違反するものです。

次を実行したとします。

```
money = [(1, 3), (2, 3), (5, 1)]
makeSmartChange(money, 6, 1)
```

次の3つの解を出力すべきです。

---

*1　原注：**パズル15**の題名は「両替方法の数え上げ」であるべきだったかもしれません。**パズル18**の問題5で本当の数え上げパズルを扱います。

```
[1, 1, 2, 2]
[1, 5]
[2, 2, 2]
```

1ドル紙幣が3枚しかないので、1ドル札6枚の解はできません。解は1ドルが1枚か2枚になっています。

問題3：貪欲アルゴリズムでは、目標額に達する最少枚数の解が得られないので、問題2のコードを変更して、最少枚数の解を1つ返すようにしてください。この場合も、すべての可能解を格納したり出力してはいけません。現在見つかっている最良解、最少枚数の解だけを格納しておき、再帰実行中に適宜更新します。目標額に達する最初の解を見つけてから、非自明な最良解が見つかることに注意します。

パズル18の問題4では、上の戦略を格段に効率化する方法を検討します。

16章
貪欲は良いことだ

貪欲は正しい、貪欲でうまくいく。
── ゴードン・ゲッコー（1987年の映画「ウォール街」の主人公）

この章で学ぶプログラミング要素とアルゴリズム

- 関数引数
- 貪欲アルゴリズム

貪欲アルゴリズムは、全体最適解が見つかる望みに賭けて、各段階で局所最適選択を行う問題解決ヒューリスティックを使います。

既に、夕食パズル（**パズル8**）、タレントパズル（**パズル9**）、最少枚数の両替問題（**パズル15**の練習問題3）で、貪欲方式では最適解に達しないことを見てきました。貪欲が、ほとんどの人間では自然なものだから、本節でも引き続き貪欲方式を検討して、このパズルではどうすればうまくいくかを述べます。

課題は、学期中に学生が受講する科目数を最大化することです。学生は、最短学期数で卒業したいのですから、できるだけ多くの科目を履修しようとします[*1]。出席が必須なので、講義の時間が重なった科目を履修することはできません。

学生には、全科目のスケジュールが区間のリストという形式で渡されます。区間の形式は$[a, b)$で、aとbは、1日の時刻を表示し$a < b$という条件を満たします。角括弧が端点を含んで閉じていること、丸括弧が端点を含まず開いていることを示します。これは、学生が$[a, b)$と$[b, c)$という2つの科目を取れることを意味します。例えば、MITの教授陣は、規定時間の5分前に授業を終えることになっているので、時間後5分後に始まる次の科目に間に合います。この区間概念は、パーティーパズル（**パズル2**）でも扱いました。

区間のリストから、非干渉区間の部分集合で最大サイズのものを選ぶことが課題です。区間にはきれいな図の表現があるので、例を図示します。

---

*1　原注：私たち教授陣は、こんなやり方を絶対に推奨しません。これはパズル用の仮定です。

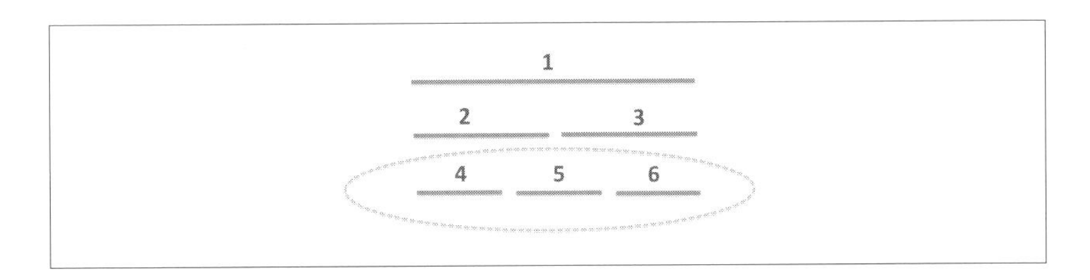

この例では、科目1を選ぶと、それしか取れません。科目2と3を選ぶこともできます。重なりなく選べる最大科目数は、4、5、6の3科目です。

貪欲方式

貪欲方式は次のステップになります。

1. 何らかの規則で科目cを選ぶ。
2. cに重なる全科目を除く。
3. 科目集合が空でなければ、ステップ1に戻る。

科目を科目番号の一番小さいもの（科目1）から選ぶと決めたら、この例の場合にうまくいかないのははっきりしています。

最短期間ルール

例えば、科目4のように最短期間科目を選ぶと、科目1や2が取れなくなります。残っているものから、最短科目を選ぶと、科目5になって、科目3が除かれます。残りは科目6で、最大科目数になります。

最短科目を選べば、どんな場合でもうまくいくでしょうか。そうでないなら、どのようなルールを使って、あらゆるスケジュールに対する最大科目数選択の保証ができるでしょうか。

最短期間ルールがどんな場合でも役立つと思っているなら、要注意です。次の簡単な例では、ステップ1で最短科目を選んではいけません。

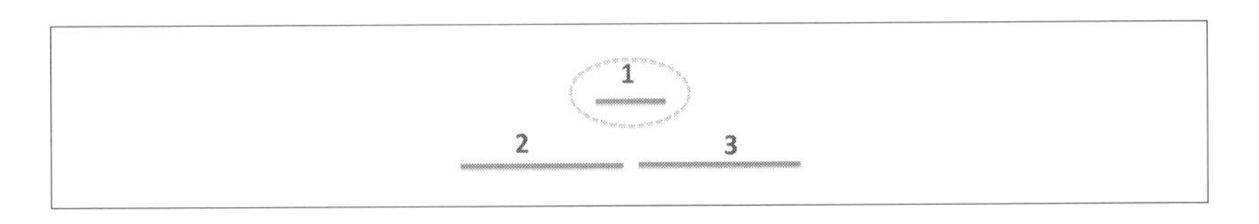

科目1は最短ですが、これを選ぶと学生は2科目（重なっていない科目2と3）のどちらも受けられません。

開始時刻順ルール

開始時刻が一番早い科目を選ぶというルールはどうでしょうか。そうすれば、学生は早起きしてその日の詰め込みスケジュールをこなすことができます。早い開始時間は、これまでの2例ではうまくいきます。最初の例では、科目4は（他もありますが）一番早く、これを選ぶと1と2が取り除かれ、科目5が一番早くなります。これにより最適選択ができます。2番目の例では、科目2が一番早く、その後の科目3で最適解となります。

残念ながら、開始時間順ルールも完全ではありません。次の例が常にうまくいくわけではないことを示します。

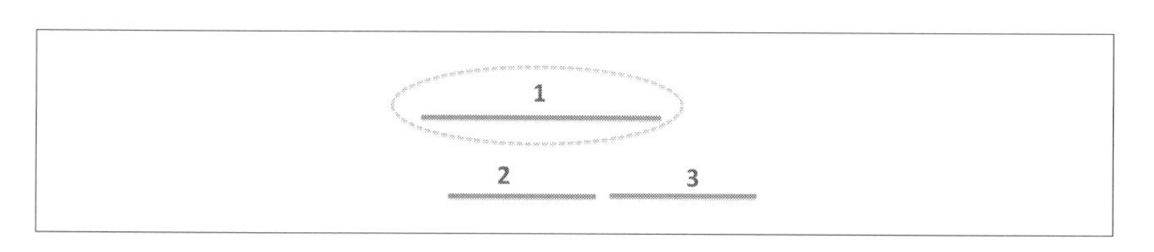

このルールだと科目1が選ばれ、2科目選択が可能なのに、この1科目で終わりです。

最少重複ルール

「なぜ開始時間や期間で頭を悩ますのだ、2つの科目が重ならないかどうか決定できるじゃないか」、と考えるかもしれません。各科目がいくつの科目と重なるか調べて、重なりが最も少ない科目を選ぶことにしたとします。これまでの例では使えます。最初の例では、科目4が重なりが最も少なく（2つ）、3科目選べます。第2例では、科目2と3が重なりが最も少なくて（それぞれ1つ）、どちらでも選べば、ステップ2で科目1を取り除き、最適な2科目選択になります。3番目の例でも同じです。これは、大丈夫に見えます。

残念ながら、次の例で望みが潰えます。この例は、複雑で、確かにわざとらしく、ほとんどの場合は最少重複ルールがうまくいくことを示唆します。

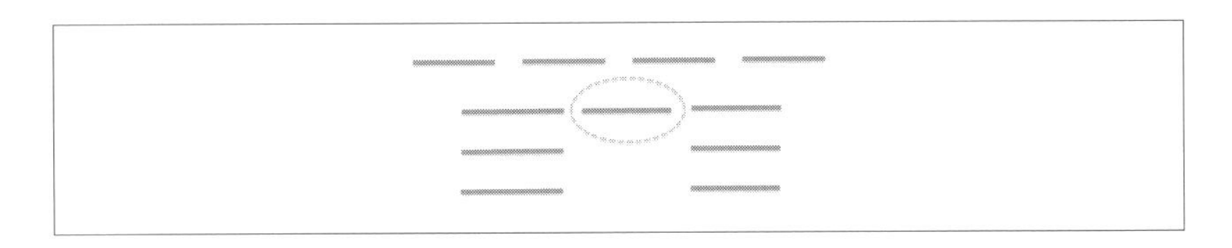

この例で○で囲んだ科目（番号は省略）が2つ重複しています。他の科目は少なくとも3つ重複があります。これは、丸で囲んだ科目を選ぶことを意味します。アルゴリズムのステップ2で、上の2つの科目を取り除きます。これは、最上位の最適な4科目選択を見逃すことを意味します。

こうなると、貪欲方式はこの問題ではうまくいかない、夕食パズル（**パズル8**）やタレントパズル（**パズル9**）で行ったように、何らかのしらみつぶし戦略が必要だと思うかもしれません。驚くべきことに、あらゆる場合に有効な簡単なルールがあります。

終了時間順ルール

終了時間が一番早い科目を選びます。このルールは、これまでのすべての例でうまくいきます。確かめてください。最少重複ルールが「ダメ」だった最後の例で、最上位の左端の科目を選択し、同じ行の次の科目というようにして、最適な4科目を選択します。もちろん、これだけではこのルールが常に最適解を探し出す証明にはなりません。例による証明は、正当な技法ではありません。

ここで複数の選択肢があります。

1. 頑張って終了時間順ルールがうまくいかない例を見つけ出すよう努力する。見つけ出せなければ、このルールはうまくいくと確信する。
2. （下の）証明を読む。これには帰納的証明を含めた証明技法をよく知っている必要がある。
3. この本を信じる。

最適解の帰納的証明

記法：$s(i)$ 開始時刻、$f(i)$ 終了時刻、$s(i) < f(i)$（科目の開始時刻は終了時刻より早い）。科目 i と科目 j が重複しない、すなわち $f(i) \leqq s(j)$ または $f(j) \leqq s(i)$ なら両立可能。

主張1：この貪欲方式は$s(i_1) < f(i_1) \leqq s(i_2) < f(i_2) \leqq \ldots \leqq s(i_k) < f(i_k)$が成り立つ区間のリスト$[s(i_1), f(i_1)], [s(i_2), f(i_2)], \ldots, [s(i_k), f(i_k)]$を出力する。

証明：背理法による。もしも$f(i_j) > s(i_{j+1})$なら、区間jと$j+1$が重なるが、これはステップ2に矛盾する。

主張2：区間のリストLに対して、終了時刻順の貪欲アルゴリズムは、k^*が最適となる、k^*個の区間を生成する。

証明：k^*に関する数学的帰納法による。

基底部：$k^* = 1$。区間の最適個数は1。すなわち、すべての区間が互いに重なる。それなら、どの区間を選んでも同じ。

帰納法：k^*で主張が成り立つと仮定して、そこに$k^* + 1$が最適となる区間リストLが与えられたとする。すなわち、最適なスケジュールが

$$S^*[1, 2, \ldots, k^* + 1] = [s(j_1), f(j_1)], \ldots, [s(j_{k^*+1}), f(j_{k^*+1})]$$

とする。

次に、貪欲アルゴリズムがLに対して次のリストを解として生成したとする（nの値はまだ$k^* + 1$かどうかわかっていない）。

$$S[1, 2, \ldots, n] = [s(i_1), f(i_1)], \ldots, [s(i_n), f(i_n)].$$

貪欲アルゴリズムの構成法では一番早い終了時刻を使うので、$f(i_1) \leqq f(j_1)$。そこで、区間$[s(i_1), f(i_1)]$が、区間$[s(j_2), f(j_2)]$やその後に来る区間と重ならないから、次のようなスケジュールを作ることができる。

$$S^{**} = [s(i_1), f(i_1)], [s(j_2), f(j_2)], \ldots, [s(j_{k^*+1}), f(j_{k^*+1})]$$

S^{**}の長さが$k^* + 1$なので、S^*と同様に、このスケジュールも最適。

次に、L'を$s(i) \geqq f(i_1)$となる区間の集合と定義する。S^{**}がLについて最適なので、$S^{**}[2, 3, \ldots, k^* + 1]$が$L'$に最適となり、$L'$の最適スケジュールのサイズが$k^*$となる。

最初の帰納法の仮定から、L'に貪欲アルゴリズムを実行するとサイズがk^*のスケジュールが得られる。すなわち、構成法から、L'に貪欲アルゴリズムを実行すると、$S[2, \ldots, n]$となる。

これは、$n - 1 = k^*$すなわち$n = k^* + 1$を意味し、$S[1, \ldots, n]$が最適なことが導かれる。証明終わり。

終了時間順ルールが使えるので、貪欲アルゴリズムのコーディングを始める用意ができました。本書はプログラミングの本なので、終了時間順ルールだけでなく、他のルール2つもコーディングします。新たなプログラミング技法を学びます。

次のコードは、最初に示したアルゴリズムの構造に則ったものです。さまざまなルールに対応する関数、重複科目を削除する関数、および、最初の2関数を繰り返し呼び出して選択科目を求めるメインの関数があります。

最初に、メイン関数を示します。

```
1. def executeSchedule(courses, selectionRule):
2.     selectedCourses = []
3.     while len(courses) > 0:
4.         selCourse = selectionRule(courses)
5.         selectedCourses.append(selCourse)
6.         courses = removeConflictingCourses(selCourse, courses)
7.     return selectedCourses
```

選択した科目のリストを空に初期化して始めます（2行目）。whileルールで貪欲アルゴリズムを実行します。4行目には、初めてのプログラミング要素が出てきます。関数executeScheduleの引数selectionRuleは関数そのものです。異なるルールを使うためにexecuteScheduleのプログラムを一切変更する必要がないので、これは非常に便利です（それぞれのルールは別々の名前の関数としてコーディングする必要があり、それについては後で述べます）。

selectionRuleにしたがって科目を選んだら（4行目）、選択科目リストに追加し（5行目）、重複する科目と選択した科目をリストcoursesから取り除きます。科目のリストが空になったら、whileループは停止します。

重なりをどう検出して、科目を取り除くか、関数removeConflictingCoursesのコードを調べましょう。

```
1. def removeConflictingCourses(selCourse, courses):
2.     nonConflictingCourses = []
3.     for s in courses:
4.         if s[1] <= selCourse[0] or s[0] >= selCourse[1]:
5.             nonConflictingCourses.append(s)
6.     return nonConflictingCourses
```

この関数は、引数selCourseと重ならない科目のリストnonConflictingCoursesを返します。selCourseは、呼び出された時のリストcoursesに含まれていますが、自分自身と重なるために、nonConflictingCoursesには含まれません。

4行目が最も興味深いところで、科目sがselCourseと重ならないかどうか調べます。各科目が既に述べたように区間$[a, b)$で表示されます。科目sは[s[0], s[1]]です。sの終了時間がselCourseの開始時刻以下か、sの開始時刻がselCourseの終了時間以上なら、2つの科目は重ならず、nonConflictingCoursesに追加されます（5行目）。そうでないと、重なっているので追加しません。

ルールの実装を調べましょう。

```
1. def shortDuration(courses):
2.     shortDuration = courses[0]
3.     for s in courses:
4.         if s[1] - s[0] < shortDuration[1] - shortDuration[0]:
5.             shortDuration = s
6.     return shortDuration
```

関数shortDurationは、引数coursesが空でないと想定します。これは、関数executeScheduleの（3行目の）whileループで保証されています。もしも空リストが渡されたなら、関数shortDurationは2行目でクラッシュします[*1]。科目リストの中から、最短期間のものを選びます。

今度は最少重複ルールの実装です。少し複雑になります。

```
1. def leastConflicts(courses):
2.     conflictTotal = []
3.     for i in courses:
4.         conflictList = []
5.         for j in courses:
6.             if i == j or i[1] <= j[0] or i[0] <= j[1]:
7.                 continue
8.             conflictList.append(courses.index(j)
9.         conflictTotal.append(conflictList)
10.    leastConflict = min(conflictTotal, key=len)
11.    leastConflictCourse = courses[conflictTotal.index(leastConflict)]
12.    return leastConflictCourse
```

この関数はリストconflictTotalを作り、conflictTotal[i]が科目iと重なる科目のリストに対応します。conflictTotal[i]は、リストconflictListを使って作り

---

*1　原注：正確には、要素がないので「list index out of range」（リストのインデックスが範囲外）という例外を投げます。例外については、**パズル18**で扱います。

ます。二重入れ子forループ構造を使います（3-9行）。6行目の重なりチェックは、RemoveConflictingCoursesでの4行目と同じようなものです。科目iの重なる科目リストには科目iを含みません。forループは、リストcoursesのiとjでイテレーションして、8行目で科目jがiに重なることを見つけて、そのインデックスをconflictListに追加します。内側のforループのイテレーションが終わると、現在のconflictListをconflictTotalに追加します（9行目）。

10行目で組み込み関数minを使って、conflictTotalから最小長の、重複する科目のインデックスの個数が最も少ない科目リストであるleastConflictを求めます。呼び出しconflictTotal.index(leastConflict)は、leastConflictのインデックスを返すので、そのインデックスを使ってリストcoursesから目的の科目が得られます。

最後は、実際に使う終了時間順規則です。

```
1.  def earliestFinishTime(courses):
2.      earliestFinishTime = courses[0]
3.      for i in courses:
4.          if i[1] < earliestFinishTime[1]:
5.              earliestFinishTime = i
6.      return earliestFinishTime
```

このコードは、最短期間のコードと同じようなもので、引数リストが空でないことも想定しています。4-5行で、科目の期間の終端（すなわち終了時間）を使い、終了時間が最も早い科目を見つけます。

ルールを使ってアルゴリズムを実行するには、科目リストが必要ですが、次のように、引数をセットしてexecuteScheduleを呼び出せば良いのです。

```
mycourses = [[8,9], [8,10], [12,13], [16,17], [18,19], [19,20],
             [18,20], [17,19], [13,20], [9,11], [11,12], [15,17]]

print ('Shortest duration:', executeSchedule(mycourses, shortDuration))
print ('Earliest finish time:', executeSchedule(mycourses, earliestFinishTime))
```

次の結果になります。

```
Shortest duration: [[8, 9], [12, 13], [16, 17], [18, 19],
[19, 20], [11, 12], [9, 11]]
Earliest finish time: [[8, 9], [9, 11], [11, 12], [12, 13],
[16, 17], [18, 19], [19, 20]]
```

この例では、2つのルールは同じ科目集合になりますが、選択の順序は異なります。

貪欲法が有効な場合

期間の集合からグラフを作るとします。科目が節点に対応し、期間が重なる科目対には辺があります。次のように、スケジュールとグラフが対応します。

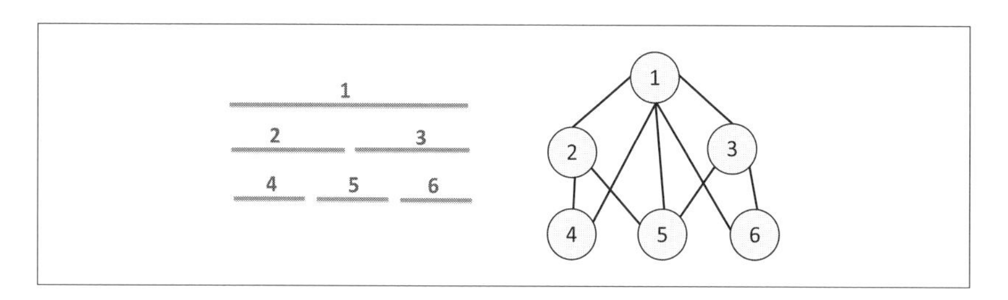

このパズルでの課題は、互いの間に辺を持たない節点（すなわち、重ならない科目）の最大集合を求めることです。これは、夕食問題（**パズル8**）と全く同じ最大独立集合問題です。あらゆる場合に貪欲アルゴリズムが最適解を与える（最多科目を選択する）ことを証明しました。ミレニアム問題を解いたと宣言しても良いのでしょうか。

NO。この問題は最大独立集合問題と全く等価ではありません。科目の区間の集合で作られたグラフは、**区間グラフ**と呼ばれる特殊なグラフです。例えば、**パズル8**で示した下のグラフは区間グラフではありません。言い換えると、これは区間のリストでは生成できません。

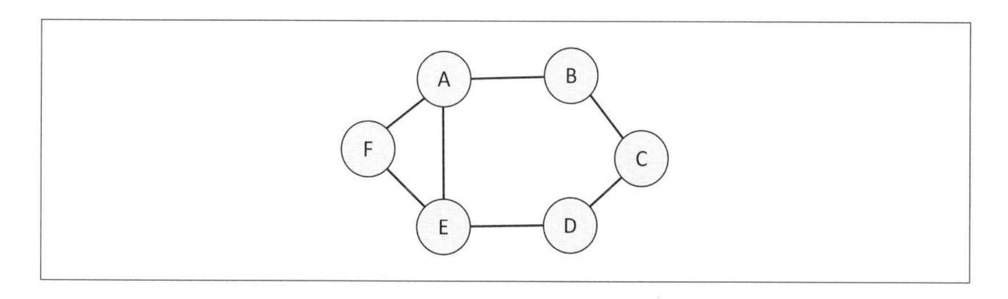

上のグラフは、人間の気分による嫌い関係に対応します。これが区間グラフでないのは、「近道」を持たない4以上の長さのサイクル、A—B—C—D—E—Aがあるからです。サイクルとは、グラフで先頭と終端が同じになる経路です。この例では節点Aです。**パズル8**では、最少辺を持つ節点を選ぶ貪欲方式が失敗でした。任意のグラフで最適解を生成する選択ルールを使った貪欲方式は、まだ誰も発見していません。夕食パズルに対するしらみつぶし解はまだ有効です。

パズル9と最少枚数の両替問題（**パズル15**の練習問題3）で、貪欲アルゴリズムが失敗するのを学びました。あらゆる問題例に対して貪欲アルゴリズムが最適解を与える最も有名な問題は、辺の重みが非負整数で与えられるグラフの最短経路問題です。この貪欲アルゴリズムは、発明者のエドガー・ダイクストラ（Edsger Dijkstra）の名前を取ってダイクストラのアルゴリズムと呼ばれます。最短経路問題は、**パズル20**「6次の隔たり」に関係します。

練習問題

問題1：ある学生ができるだけ多くの科目を履修しようとしてかわいそうに困ってしまいました。ソーシャルライフを楽しむための時間を確保しようと、受講時間を最短にしようとしているからです。終了時間順選択関数を修正して、複数候補がある場合には、受講時間数が最短の候補を選ぶようにしてください。次の科目集合

```
scourses = [ [8, 10], [9, 10], [10, 12], [11, 12], [12, 14], [13, 14] ]
```

に対して、新しいルールを使うと、executeSchedule(scourses, NewRule)は次を返します。

```
[[9, 10], [11, 12], [13, 14]]
```

元のルールを使うexecuteSchedule(scourses, EarliestFinishTime)は、次を返します。

```
[[8, 10], [10, 12], [12, 14]]
```

この学生は、あなたに感謝するでしょう。

パズル問題2：科目に重みがあるとします。学生の目標は、重ならない科目数を最大にすることではなく、重ならない科目で重みを最大にすることになります。終了時間順ルールは、あらゆる場合に最大重み選択になるでしょうか。残念ながら、次の簡単な例が示すように、そうはなりません。

この場合、終了時間順ルールは科目2と3を選び、重みが9になりますが、最大重み選択は、科目1だけを選んだ場合で重み10です。

重なり合わない科目で最大重みの集合選択はもっと高度なアルゴリズムが必要です。1つの方法は、(**パズル8**でのように) あらゆる組合せを生成して、重なる科目対を持つ組合せを取り除き、残りの「良い」組合せから最大重みのを選択することです。科目数がnだと、これは2^nの組合せを生成します。より良い方法は、次の擬似コードで示す戦略に従うものです。

> recursiveSelect($courses$)
>   基底部：$courses$が空なら何もしない
> $courses$の各科目cについて、
>   後の科目集合 = cの終了後に始まる科目の集合
>   選択 = c + recursiveSelect（後の科目集合）
>   ここまでの最大重み選択を記憶する
>   最大重み選択を返す

この擬似コードに基づいた解をコーディングしてください。リスト要素の3番目の数が重みを表す次のような例

```
wcourses = [[8, 10, 1], [9, 12, 3], [11, 12, 1],
            [12, 13, 1], [15, 16, 1], [16, 17, 1],
            [18, 20, 2], [17, 19, 2], [13, 20, 7]]
```

を使うと、最大可能重み11の次の科目集合が選択されます。

```
[[9, 12, 3], [12, 13, 1], [13, 20, 7]]
```

選択した科目に重ならないすべての科目ではなく、終了時間後の科目だけ考えるだけでなぜ良いのか疑問を持つかもしれません。forループで可能な「開始」科目すべてを調べます。これは、科目1の後に科目2という解を生成した後で、科目2の後に科目1という重複解を生成するのを防ぐことによって、重複を防止しています。これは、あらゆる重ならない科目を調べるアルゴリズムよりはるかに効率的です。関連した最適化が、両替方法の重複解を避けるために**パズル15**で用いられました。

パズル問題3：ある学生は、重ならない履修科目数を最大化しないで、履修時間数を

最大にしたいと考えています[*1]。ルール：学生はスケジュールが重ならない科目だけ履修登録でき、履修登録した科目だけ受講でき、履修登録した科目では講義全部を受けなければなりません。誰もいない教室に座っていても計算に入れない。
あらゆる科目スケジュールに対して、この最大受講時間問題を最適に解くコードを書いてください。

[ヒント]
各科目の重みが何に対応するか考えてください。

*1　原注：この学生は、問題1の学生と反対の考えを持っています。

17章
アナグラム狂

「the best things in life are free」→「nail biting refreshes the feet」

—— ドナルド・ホームズ

(「Anagram Genius: An Incredible Collection of Weird, Wonderful and Wacky Anagrams」(New English Library Ltd, 1995) の共著者)

この章で学ぶプログラミング要素とアルゴリズム
- 辞書の基本
- ハッシング

アナグラムとは、例えば、icemanからcinemaを作るように、ある単語、句、名前から文字を入れ替えて別の単語、句、名前を作るものです。さて、単語の大規模コーパスについて、アナグラム全部でグループ分けする課題を考えましょう。すなわち、属する単語同士が互いにアナグラムになるようにグループ分けします。1つの方法は、コーパスをソートして、アナグラム同士が隣に来るようにすることです。次の例

```
ate    but    eat    tub    tea
```

からは

```
ate    eat    tea    but    tub
```

を生成します。

それでは、次のような例の場合、どうすればよいでしょうか。

```
abed abet abets abut acme acre acres actors actress airmen alert
alerted ales aligned allergy alter altered amen anew angel angle
antler apt bade baste bead beast beat beats beta betas came care
cares casters castor costar dealing gallery glean largely later
leading learnt leas mace mane marine mean name pat race races
recasts regally related remain rental sale scare seal tabu tap
treadle tuba wane wean
```

アナグラムグループを1つずつ探し出す

次の戦略を使います。

> $list$の各単語vについて、
> 　$list$の各単語$w \neq v$について
> 　　vとwがアナグラムかどうか調べる。
> 　　アナグラムなら、wをvの次に置く。

このコードを次に示します。一応動きますが、チェックが二重入れ子ループになっていて極めて効率が悪いものです。チェックそのものがソートプロシージャを呼び出しています。

```
1.  def anagramGrouping(input):
2.      output = []
3.      seen = [False] * len(input)
4.      for i in range(len(input)):
5.          if seen[i]:
6.              continue
7.          output.append(input[i])
8.          seen[i] = True
9.          for j in range(i + 1, len(input)):
10.             if not seen[j] and anagram(input[i], input[j]):
11.                 output.append(input[j])
12.                 seen[j] = True
13.     return output
```

このコードは擬似コードにほぼ従います。例えば、['ate', 'but', 'eat', 'tub', 'tea']のような文字列のリストを入力に取り、['ate', 'eat', 'tea', 'but', 'tub']のようなリストを出力します。3行目でリスト変数seenを宣言しますが、これは入力コーパスと同じ長さで、全要素がFalseに初期化されます。この変数seenは、出力リストoutputに既に出された単語を記録します。外側のforループでは、outputにまだ置かれていない単語を取り出し、outputに置いて、この単語のアナグラムを探します。グループの先頭がこの単語です。アナグラムのグループ化には、9-12行の内側のforループが必要です。10行目では、調べる単語がoutputにまだ存在せず（seen[j]がFalse）、アナグラムになっているかチェックします。確認できれば、アナグラムグループに追加します。内側のforループでアナグラムグループが1つできます。

10行目のnot seen[j]というチェックは、実は必要ありません。vをoutputに置いてそのアナグラムを探すとします。入力リストでvの後ろの単語wがoutputにあるとすれば、これはvより前の単語のアナグラムということになります。それはwがvのアナグラムではありえず、anagram(v, w)がFalseを返すことを意味します。

それでは、なぜnot seen[j]があるのでしょうか。これは最適化のためです。seen[j]がTrueなら、if文がFalseをすぐ返すので、anagramを呼び出す必要がありません。後で示すように、anagram呼び出しは変数がTrueかチェックするよりはるかに高コストです。

2つの単語（文字列）がアナグラムになっているかチェックするコードは次のようになります。

```
1.  def anagram(str1, str2):
2.      return sorted(str1) == sorted(str2)
```

2行目は、文字列の文字をアルファベット順にソートしたリストを返すPythonの組み込みソート関数を呼び出すだけです。つまり、sorted('actress')が['a', 'c', 'e', 'r', 's', 's', 't']を返し、sorted('casters')も['a', 'c', 'e', 'r', 's', 's', 't']を返すので、'actress'と'casters'はアナグラムです。アナグラムにならない単語は、文字の（ソート）リストが同じでないため、このテストが通りません。

アナグラムグループは、グループ構成が壊れない限り出力の順序はどうでも構いません。グループ内の単語の出力順序も問いません。次の出力はいずれも正しいです。

```
ate  eat  tea  but  tub
ate  tea  eat  but  tub
but  tub  ate  eat  tea
tub  but  eat  ate  tea
```

単語n個のリスト、単語が平均m文字とすると、アナグラムのチェックは$n^2/2$回です。係数1/2は、wをvについて比較したらvをwについて比較したりせず、異なる対だけ比較するからです。単語の比較ではm文字をソートするので、$2m \log m$回の文字比較になります。全体で$n^2 m \log m$比較です。

任意の単語のリストに対してアナグラムのグループ分けをもっと効率的に行う方法を思い付きますか。

ソートによるアナグラムのグループ分け

アナグラムをすべて同じ表現にするという意味で、sorted(s)を使って単語sの正則表現を与えました。しかし、アナグラムのグループ分けでは、二重の入れ子ループでanagramGroupingは非効率でした。各単語にその正則表現を対応させるとしましょう。すなわち、(sorted(s), s)という形式の2要素タプルを作ります。先頭要素は文字リストで、第2要素は文字列です。この小さなコーパス['ate', 'but', 'eat', 'tub', 'tea']では、次の5タプルが得られます。

```
(['a', 'e', 't'], 'ate')
(['b', 't', 'u'], 'but')
(['a', 'e', 't'], 'eat')
(['b', 't', 'u'], 'tub')
(['a', 'e', 't'], 'tea')
```

さて、昇順でソートしたらどうなるでしょうか。Pythonの組み込みソート関数のデフォルトの比較は、辞書順を用い、タプルでは左から右へと進めます。昇順ソートの結果は次になります。

```
(['a', 'e', 't'], 'ate')
(['a', 'e', 't'], 'eat')
(['a', 'e', 't'], 'tea')
(['b', 't', 'u'], 'but')
(['b', 't', 'u'], 'tub')
```

最初に、文字のリストが辞書順にソートされ、同じ文字リストのアナグラムがグループになります。次に、'a'で始まるリストが'b'で始まるリストの前に来ます。最後に、同じアナグラムグループの単語を辞書順にソートします。

このアナグラムを実装するコードです。

```
1. def anagramSortChar(input):
2.     canonical = []
3.     for i in range(len(input)):
4.         canonical.append((sorted(input[i]), input[i]))
5.     canonical.sort()
6.     output = []
7.     for t in canonical:
8.         output.append(t[1])
9.     return output
```

2-4行で、2要素タプルのリストを作ります。このアルゴリズムのためには、各タプルの先頭項がsorted(input[i])でなければなりません（なぜかわからなければ、順序を入れ替えてみましょう）。

5行目は、リストcanonicalをインプレースでソートし、リストの内容が変更されます。未ソートリストのコピーを取っておく必要はありません。6-8行は、canonicalの各タプルから先頭要素を取り除きます。先頭要素は、ソートによってアナグラムのグループ分けをするという役目を果たしました。

再度、長さnの単語のリストがあり、各単語は平均してm文字からなると仮定しましょう。各単語にある文字をソートすると、全部で$nm \log m$回の比較になります。次にn個のタプルをソートしますが、$n \log n$回の比較になります。もしタプルの比較で、文字比較がほぼm回必要だと仮定すると、この第2ステップでの文字の比較回数は$mn \log n$となります。すると、全体の比較回数は$nm(\log m + \log n)$です。これは、anagramGroupingでの$n^2m \log m$回の比較よりはずっとよいものです。ただし、anagramSortCharの欠点は、長さnの2要素タプルのリストを格納しないといけないことです。しかも、2要素タプルの最初の項が文字のリストです。anagramGroupingでは、これらの文字リストを格納する必要がありません。

ハッシングによるアナグラムのグループ分け

はるかに効率が良い戦略があります。この戦略なら、単語の全リストをソートする前に、各単語の文字をソートし、このソートした文字表現を格納する必要がありません。これはハッシングという概念を使います（ついでですが、Pythonの辞書データ構造ではハッシングが中心です）。

文字列のハッシュ値は、各文字に一意の数値を割り当て、これらの数値に対して、ある関数を計算して求めます。普通、その関数は乗算です。

```
hash('ate') = h('a') * h('t') * h('e') = 2 * 71 * 11 = 1562
hash('eat') = 1562
hash('tea') = 1562
```

このハッシュ関数だと、アナグラムの全単語は同じハッシュ値を持ちます。そこで、コーパスの単語をハッシュ値に基づいてソートすると、アナグラムの全単語は同じグループになります。ただし、まだ1つ問題があります。アナグラムになっていない2つの単語が同じハッシュ値を持つかもしれないのです。例えば、h('m')が781だとすると、単語'am'も1562というハッシュ値を持ちます。そこで、単語'am'が、ソートしたコーパスで'ate'と'eat'の間に位置するかもしれません。

もう少し検討してみましょう。素因数分解の一意性の定理を思い出すと、1より大きいあらゆる整数は、それ自体が素数であるか、素数の積であるかのどちらかで、積の場合には、順序を除けば一意となることになっています。アルファベットの各文字(小文字で表す)に、一意な素数(大文字で素数を表す記号とする)を割り当てると、'altered'が数A・L・T・E^2・R・Dで表現されます。単語'alerted'はA・L・E^2・R・T・Dで表され、同じ数になります。素因数分解の一意性の定理により、この数は、1つのa, l, 2つのe, 1つのr, t, dからなる単語でしか得られません。これは、'altered'と'alerted'がアナグラムだという意味です。

まとめると、アナグラムパズルを解く効率的戦略は、アルファベットの各文字に一意な素数を割り当て、各単語のハッシュをその積で求めることです。このハッシュ値に基づいて単語をソートすれば、ソートした出力では全アナグラムがグループ分けされます。Pythonの辞書について簡単に説明した後で、問題を解く簡潔なコードを扱います。

辞書

リストのインデックスには非負整数を使わねばなりません。一方、Pythonの辞書は、リストの一般化で、インデックス[*1]に文字列、整数、浮動小数点数(float)、タプルを使うことができます。このパズルやこの後のパズルで、辞書の強力さがわかると思います。

次の簡単な辞書は、名前にIDをマップします。辞書を宣言していることを示す波括弧に注意してください。

```
NameToID = {'Alice': 23, 'Bob': 31, 'Dave': 5, 'John': 7}
```

NameToID['Alice']は23を、NameToID['Dave']は5を返します。NameToID['David']はエラーを投げます。辞書のインデックスはキーと呼ばれ、上の辞書には4つのキーがあります。辞書の各キーは値を指しており、辞書はキーと値のペアからなります。

NameToID['David']はエラーを投げますが、次のように書いて辞書にキーがあるかどうか調べることができます。

```
'David' in NameToID
'David' not in NameToID
```

*1 訳注:辞書のキーにできるのはHashable(https://docs.python.jp/3/glossary.html#term-hashable)

この辞書では、これはそれぞれFalseとTrueを返します。一方で、

```
NameToID['David'] = 24
print(NameToID)
```

のように書くと、出力は、

```
{'John': 7, 'Bob': 31, 'David': 24, 'Alice': 23, 'Dave': 5}
```

となり、5つのキーと値のペアが作られます。

```
'David' in NameToID
```

と書くと、NameToIDにキー'David'が追加されているので、Trueが返ります。

キーの順序が今回は違っていることに注意してください。Pythonの辞書はキーと値のペアの特定の順序を保証しません[*1]。インデックスが非負整数で要素の順序を保持するリストとは異なり、辞書では、キーが整数でも文字列でもタプルでもよく、要素の順序がありません。もっと面白い辞書の例を示します。

```
crazyPairs = {-1: 'Bob', 'Bob': -1, 'Alice': (23, 11), (23, 11): 'Alice'}
```

数、タプル、人名といった「オブジェクト」を対にして奇妙な辞書を作りました。例えば、crazyPairs['David'] = 24のようにして新たなマッピングを追加したり、crazyPairs['Alice'] = (23, 12)と書いてマッピングを変更できます。これらの後で、print(crazyPairs)を実行すると、次の結果になります。

```
{(23, 11): 'Alice', 'Bob': -1, 'David': 24,
'Alice': (23, 12), -1: 'Bob'}
```

他のキーの値を変更しただけなので、キーと値のペア(23, 11): 'Alice'が変わっていないことに注意してください。

この例では、注意して、変更不能なタプルを使いました。リストは、Pythonの辞書のキーには許されていません。理由は、リストが変更可能なためで、もしも辞書にリストをキーとして挿入して、リストを変更すると、あらゆる変なバグが生じるからです。ただし、リストは辞書の値としては使えて、辞書に挿入した後でも変更できます。

最後に、辞書からキーを削除するには、次のように書きます。

```
if 'Alice' in NameToID:
    del NameToID['Alice']
```

*1　訳注：Python 3.6では実装の効率化の副作用で順序が保持され、Python 3.7では仕様となりました。

これは、もしもNameToIDに'Alice'があるなら削除します。

辞書dに対して、辞書のキー、値、キーと値のペアを得るには、d.keys(), d.values(), d.items()をそれぞれ呼び出せばよいのです。

Pythonの辞書の基本と使用法を学びました。後のパズルでは、辞書の別の使い方を紹介します。数独パズル（**パズル14**）では集合を使いました。集合は値を持たない辞書と考えることができます。

アナグラムのグループ分けに辞書を使う

```
1. chToPrime = {'a': 2, 'b': 3, 'c': 5, 'd': 7,
                'e': 11, 'f': 13, 'g': 17, 'h': 19,
                'i': 23, 'j': 29, 'k': 31, 'l': 37,
                'm': 41, 'n': 43, 'o': 47, 'p': 53,
                'q': 59, 'r': 61, 's': 67, 't': 71,
                'u': 73, 'v': 79, 'w': 83, 'x': 89,
                'y': 97, 'z': 101 }

2. def primeHash(str):
3.     if len(str) == 0:
4.         return 1
5.     else:
6.         return chToPrime[str[0]] * primeHash(str[1:])

7. sorted(corpus, key=primeHash)
```

1行目は各文字に素数を割り当てます。最初の26個の素数をアルファベット26文字に割り当てます。データ構造は辞書です。chToPrime['a']と書けば、辞書chToPrimeから2が返ります。chToPrime['z']と書けば、101が返ります。

関数primeHashでは、再帰とリストスライスを使って簡単に単語/文字列のハッシュが求まります。基底部は空文字列で、ハッシュ値は1です。6行目が肝心の部分で、単語の先頭文字を素数に変換して、この素数を1文字目を除いた単語のハッシュ値に掛けます。

次のコードを実行します。

```
corpus = ['abed', 'abet', 'abets', 'abut', 'acme', 'acre',
          'acres', 'actors', 'actress', 'airmen', 'alert',
          'alerted', 'ales', 'aligned', 'allergy', 'alter',
          'altered', 'amen', 'anew', 'angel', 'angle',
```

```
         'antler', 'apt', 'bade', 'baste', 'bead',
         'beast', 'beat', 'beats', 'beta', 'betas',
         'came', 'care', 'cares', 'casters', 'castor',
         'costar', 'dealing', 'gallery', 'glean',
         'largely', 'later', 'leading', 'learnt', 'leas',
         'mace', 'mane', 'marine', 'mean', 'name', 'pat',
         'race', 'races', 'recasts', 'regally', 'related',
         'remain', 'rental', 'sale', 'scare', 'seal',
         'tabu', 'tap', 'treadle', 'tuba', 'wane', 'wean']
print(sorted(corpus, key=primeHash))
```

結果は次のようになります。

```
['abed, 'bade', 'bead', 'acme', 'came',
'mace', 'abet', 'beat', 'beta',
'acre', 'care', 'race', 'apt', 'pat', 'tap',
'abut', 'tabu', 'tuba', 'amen', 'mane',
'mean', 'name', 'ales', 'leas', 'sale',
'seal', 'anew', 'wane', 'wean', 'abets',
'baste', 'beast', 'beats', 'betas', 'acres',
'cares', 'races', 'scare', 'angel', 'angle',
'glean', 'alert', 'alter', 'later',
'airmen', 'marine', 'remain', 'aligned',
'dealing', 'leading', 'actors', 'castor',
'costar', 'antler', 'learnt', 'rental',
'alerted', 'altered', 'related', 'treadle',
'actress', 'casters', 'recasts', 'allergy',
'gallery', 'largely', 'regally']
```

全アナグラムのグループ化がうまくできました。

通常のリストを使うこともできます。その場合は、タイル敷き詰めパズル（**パズル11**）に出てきたord関数を使えます。ordを使った別解を次に示します。

```
1. primes = [2, 3, 5, 7, 11, 13, 17, 19, 23,
             29, 31, 37, 41, 43, 47, 53, 59,
             61, 67, 71, 73, 79, 83, 89, 97, 101]

2. def chToprimef(ch):
3.     return primes[ord(ch) - 97]

4. def primeHashf(str):
5.     if len(str) == 0:
6.         return 1
```

```
7.        else:
8.            return chToprimef(str[0]) * primeHashf(str[1:])

9.  sorted(corpus, key=primeHashf)
```

1行目は最初の26個の素数のリストを作ります。各文字の適切な整数のインデックスを計算する関数chToprimefを作ります。ord('a')は97で、文字'a'に対しては、primes[0]をアクセスします。ord('z')は122で、文字'z'に対してはprimes[25]をアクセスします。

以前のprimeHash関数に変更を加えているのは8行目だけで、元の6行目のchToPrime辞書にアクセスするところです。

コード実行の速度はどれぐらいでしょうか。リストに要素がnあれば、ソートには$n \log n$回の比較が必要です。各単語が平均してm文字からなるとすれば、単語のハッシュ値を計算するのにm個の乗算で済みます。比較する2つの単語のハッシュ値を動的に計算すると仮定しましょう。演算数は、anagramGroupingでの$2n^2 m \log m$に比較すれば、$2mn \log n$で効率的です。例えば、$m = 10$と$n = 10{,}000$とすれば、違いは大きくなります。

anagramSortCharに比較すると、性能改善は大したことはありません。しかし、anagramSortCharではprimeHashと比べて使用するメモリ容量が非常に大きなものでした。

ソートの前に、各単語のハッシュを計算することもできます。そのハッシュ計算は、n個の単語でnm演算になりますから、全演算数は$nm + n \log n$です。先ほどの例だと、現在のコンピュータの演算速度では、ハッシュを前もって計算しても違いは気付かれません。

ハッシュ表

辞書では、リストや配列のようにインデックスが非負整数でなくても値を引くことができます。実際には辞書はどう実装されているのでしょうか。最近のコンピュータでは、メモリを連続した位置にある有限配列で実装し、これらの位置を非負整数のインデックスのインデックスで参照します。そこで、非負整数または整数キーを非負整数のインデックスにハッシュします。これは、キーが有理数、文字列、または文字列と数のタプルでよいというキーの範囲とインデックスサイズの上限を考えれば、挑戦的な課題です。

辞書の内部では次のようになります。キーに対して、ハッシュ関数hashが使われます。hashは、キーを巨大整数に変換します。Pythonでhash('a')を実行すると、-247076616977316O532になり、hash('alice')は4618924028089005378になります[*1]。これらの数が負数であり得ることを除いても、これだけ離れたメモリ位置を使うことはおそらく不可能でしょう。よく使われる戦略は、辞書を$N = 2^p$というずっと少ない位置数に割り当てて、計算したハッシュ値の末尾pビットを使って、0から$N-1$の範囲のインデックスを計算することです。キーの辞書値は決定したインデックス位置に格納されます。

可能なキーの範囲が膨大なので、衝突、すなわち、2つのキーが同じインデックスを持つことは避けがたい事態です。例えば、hash('k') = 3683534172248121396なので、小さなpでは'k'が'a'と衝突します。どちらのハッシュ値も末尾の数ビットが0だからです。衝突はさまざまな方法で解決できます。よく使われるのは連鎖法です。

連鎖法では、インデックスの位置が位置の連鎖のリストです。辞書を実装する連鎖ハッシュ表は次の図のようになります。

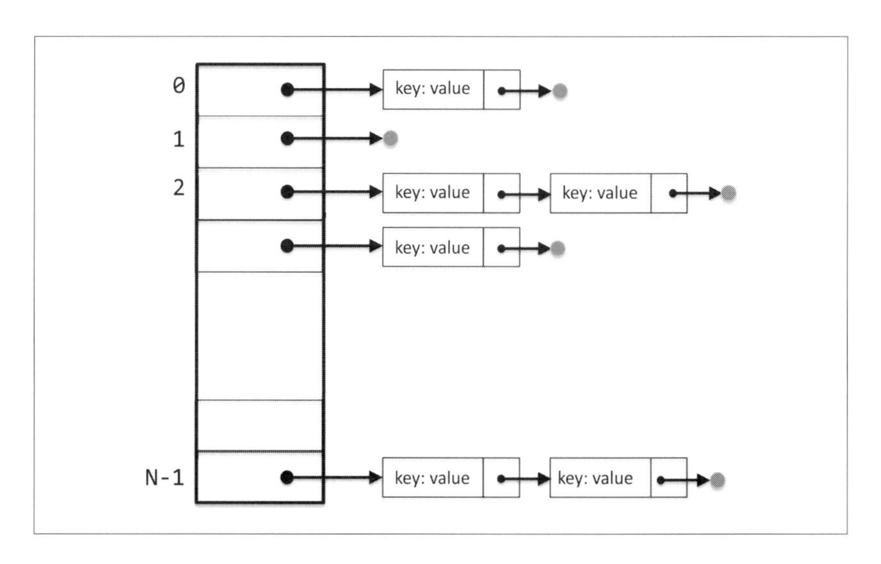

このハッシュ表では、N個のインデックスがあります。これまでキーがなかった空のインデックス位置(例:インデックス1)があります。キーが1つのところ(例:インデッ

*1　原注:正確な値は重要ではないし、Pythonのバージョンによって異なります。

クス0）も衝突があって複数のキー値対が連鎖しているところ（例：インデックス2）もあります。キーを探すとき、関数hashを使ってインデックスの位置を求め、ハッシュ表にキーがあるかどうか、その連鎖を調べる必要があります。キーと値が連鎖の要素に格納されています。格納されているキーが探索キーにマッチすると値が返されます。連鎖が長ければ、長い時間がかかります。

ハッシュ表の目標は、どのインデックスの位置にも均等にキーがばらまかれることです。平均すれば、各インデックスの位置に1つのキーと値のペアが理想です。探索効率は一様分布が優れます。アナグラムグループ分けに関して、練習問題の**問題2**と**問題3**でキー分布を扱います。

練習問題

問題1：コーパスのソートに組み込みソート関数を使いました。ソートアルゴリズムは、既に2つ学んでいます。組み込みソート関数を使わず、chToprimefを用いて得たハッシュ値に基づきソートするようquicksort関数を修正して、組み込みソート関数を使わずコーパスをソートしてください。

問題2：ハッシングという概念を検討して、アナグラムをグループ分けする別の方法を考えます。ただし、この方法は全く確実というわけではないということに注意します。長さ$n = 30$のリストLを考えます。Lの要素は文字列のリストです。次のように空リストのリストを作ることができます。

```
L = [ [] for x in range(30) ]
```

各L[i]は空リストで、そこに追加していきます。corpusの文字列をすべてLの要素に加えます。文字列は関数primeHashを使って数値に変換します。ハッシュ値がリストの長さより大きいことがあるので、corpusの各文字列sをリストL[primeHash(s) % p]に追加します。ここで$p = 29$は、30より小さい最大の素数です。
ここで述べたことを行うコードを書いてください。リストLを出力しなさい。Lでは多くの要素が空リストで、いくつかの文字列を含むリストの要素が複数あることに気付くでしょう。corpusの単語がL[i]リストにあれば、そのアナグラムはすべてL[i]にあるはずです。
リスト要素L[i]に非アナグラムの衝突があるでしょうか。なぜそんなことが起こったのでしょうか。リストの長さを100に増やし、より大きな素数$p = 97$を使って、衝突を減らすかなくせるか調べてください。もちろん、コーパスの単語数を増やせば、同じpでの衝突数が増えます。
この問題を済ませたら、基本的なPythonの辞書（ハッシュ表）を実装したことになります。

問題3：この問題では、問題2のアイデアを拡張して、アナグラムパズルをPythonの辞書を使って解きます。`sorted(s)`がsの文字のソート済みリストを返し、sのアナグラムが同じリストを返すという意味で、正則表現とみなすことができることを思い出しましょう。リストは辞書のキーに使えず、`tuple(sorted(s))`を使って、この変更不能なタプルを辞書キーに使うことができます。
次を行うコードを書いてください。コーパスから単語を取り出し、辞書`anagramDict`に単語の正則タプル表現をキーとして使います。キーに付随する値は、コーパスの単語/文字列のリストです。単語は正則タプル表現に対応します。辞書を作ったら、`print(anagramDict.values())`を実行するだけで、アナグラムが互いに隣り合うコーパスになります。

18章
メモリは役に立つ

忘れやすいことの利点は、素晴らしいことを何度も初めてのことだと楽しめることだ。
— フリードリッヒ・ニーチェ

この章で学ぶプログラミング要素とアルゴリズム

- 辞書の作成と検索
- 例外
- 再帰探索でのメモ化

最適化問題に対応する硬貨並べのよくできたゲームがあります。一列に並んだ、正の値の硬貨を考えます。この集合の中から、和が最大になる部分集合を選ぶのですが、隣り合った硬貨を選んではいけないというものです。

```
14 3 27 4 5 15 1
```

この場合、選択14、スキップ3、選択27、スキップ4と5、選択15、スキップ1とすべきです。これで総和が56となり、最適解です。交互に選択とスキップするのはこの場合（一般的にも）うまくいかないことに注意します。14, 27, 5, 1を選択すれば、47にしかなりません。3, 4, 15を選んだら、かわいそうに22です。

次の硬貨列問題の最大値がわかりますか。

```
3 15 17 23 11 3 4 5 17 23 34 17 18 14 12 15
```

目標は、コード化して実行できる、最適な選択を求める一般的なアルゴリズムです。最初に、再帰探索を用いてこの問題を解きます。硬貨を選択するかスキップするか異なる選択肢を再帰して試します。ある硬貨をスキップしたら、次の硬貨には選択かスキップかどちらか選べます。一方、硬貨を選択したら、次の硬貨はスキップしなければなりません。さまざまな選択に対応した再帰呼び出しで返される値の中から最大値を返します。

再帰解

硬貨の列問題を再帰的に解くコードを次に示します。

```
1.  def coins(row, table):
2.      if len(row) == 0:
3.          table[0] = 0
4.          return 0, table
5.      elif len(row) == 1:
6.          table[1] = row[0]
7.          return row[0], table
8.      pick = coins(row[2:], table)[0] + row[0]
9.      skip = coins(row[1:], table)[0]
10.     result = max(pick, skip)
11.     table[len(row)] = result
12.     return result, table
```

このプロシージャは、入力に硬貨の列をリストで受け取ります。辞書tableも入力します。辞書には、元の問題とその部分問題の最適値情報が含まれています。最初の呼び出しでは辞書は空です。再帰探索の過程で辞書に情報が蓄えられます。再帰呼び出しにおいて辞書を渡す必要があります[*1]。

2-7行に2つの基底部があります。最初の基底部は硬貨列が空の場合で、最大値として0を返し、辞書を更新します。辞書tableはキー0の値を0として更新されます（3行目）。次の基底部は硬貨列の長さが1の場合で、硬貨の値を最大値として返します。硬貨1つの場合、辞書のキー1を硬貨の値で更新します（6行目）。

8行目と9行目は硬貨列の最初の硬貨を選択するかスキップするかに応じた再帰呼び出しです。値row[0]を追加する場合は、row[1]をスキップして8行目の再帰呼び出しはrow[2:]を引数に取ります。これは先頭の2枚の硬貨が、1枚目は選択し、2枚目はスキップされたために、落とされたことを意味します。9行目では、row[1:]で再帰呼び出しをして、row[0]の値を追加しません。row[0]を選択しなかったので、必要ならrow[1]を選択できます。12行目でcoinsが値resultと辞書tableを返すので、8-9行の呼び出しの後に[0]を追加しないとresultにアクセスできません。10行目では、呼び出し結果の大きかった方を結果の値とします。11行目では辞書の項目を更新します。

*1　原注：tableをリストで表現してもよかったのですが、その場合には、前もってlen[row] + 1個の要素をtableに与えておく必要があります。coinsや本書の後で扱うその他の再帰プロシージャをメモするには辞書が便利です。

一般に、この辞書のキー/インデックスが最適値を計算した硬貨列の長さで、そのキー/インデックスに格納された値が最適値です。

再帰計算がどのように行われるかについて説明を付け加えておきます。硬貨を選択するかスキップするかは、リストの先頭から行います。より短い硬貨列の部分問題に対応するのは、リストの先頭から要素を削除することで、左の硬貨を落とすことです。先ほどの例

```
14 3 27 4 5 15 1
```

で、coinsが扱う部分問題(長さ5)は、次のような部分リストです。

```
27 4 5 15 1
```

もし、硬貨列問題で最大値だけが欲しいなら、単にresultを返すだけでよく、tableも必要ありません。しかし、どの硬貨が選択されたかは知りたいのです。誰かが長い硬貨列問題(例えば、2番目の例)を解いて、最適値が126だと告げたとします。それが正しいか検証するには多大の作業が必要です。自分でこの硬貨列問題を解かねばなりません。返された辞書には、どの硬貨を選択したか効率的に確認するのに必要な情報があり、すぐ後で説明するトレースバックプロシージャを用いれば、必要な演算が示されます。

次を実行します[*1]。

```
coins([14, 3, 27, 4, 5, 15, 1], table={})
```

からは、次の結果が返されます。

```
(56, {0: 0, 1: 1, 2: 15, 3: 15, 4: 19, 5: 42, 6: 42, 7: 56})
```

最初の値が最適値で、波括弧に囲まれているのがキーと値のペアのリストという形式の辞書の内容です。例えば、table[0] = 0, table[4] = 19, table[7] = 56です。辞書は、長さ7の元の硬貨列に対する最適値だけでなく、長さが短い部分問題の最適値も保持しており、硬貨選択をトレースバックできます。例えば、table[4]は、4, 5, 15, 1という最後の4要素に対する部分問題の最適値が19だということを示します。これは、

*1 原注：coinsで辞書tableのデフォルト値を{}に設定しておき、呼び出し時に第2引数を取らないのが便利だと考えるかもしれません。しかし、Pythonでは、1つの関数に1つのデフォルト値のコピーしか保持しません。結果として、複数の硬貨列問題にデフォルト値を使うと、前のインスタンスの値が用いられるあふれ現象が起こることになります。変更可能なデフォルト引数は注意して使わねばなりません。

4と15を選択して得られます。

tableの値を用いてどの硬貨が選ばれたかトレースバックする方法を次に示します。

硬貨選択のトレースバック

```
1.  def traceback(row, table):
2.      select = []
3.      i = 0
4.      while i < len(row):
5.          if (table[len(row)-i] == row[i]) or \
5a.            (table[len(row)-i] == table[len(row)-i-2] + row[i]):
6.              select.append(row[i])
7.              i += 2
8.          else:
9.              i += 1
10.     print ('Input row = ', row)
11.     print ('Table = ', table)
12.     print ('Selected coins are', select, 'and sum up to', table[len(row)])
```

プロシージャtracebackは、硬貨列と辞書とを入力に取ります。tableのキーは0からlen(row)の範囲ですが、rowのインデックスの範囲は0からlen(row)-1であることに注意します。

このプロシージャは、辞書のキーを後ろから、すなわち、最長の硬貨列問題について格納された情報から調べていきます。5行目がこのプロシージャの中心です。最初に5行目の2番目の部分（'\'の後）に注目します。リストの末尾から調べて、table[len(row)-i]とtable[len(row)-i-2]について、後者が前者よりrow[i]だけ小さいということは、row[i]の硬貨（i+1番目の硬貨）を選択したということを意味します。例えば、i = 0として、辞書tableの最後と最後から3番目の要素が比較されます。これらは、元の問題に関する2つの最適解です。最後の要素、table[len(row)]は元の問題の最適解、最後から3番目、table[len(row)-2]は、元の問題から最初の2要素を取り除いたものに対する最適解です。最後の要素の方が、最後から3番目の要素よりrow[0]だけ大きいなら、最適解が先頭要素row[0]を選択したと考えられます。先頭要素を選んだら、第2要素はスキップしなければなりません。row[0]がrow[1]と異なるなら[*1]、元の問題の最適解が、row[0]と元の問題から先頭2要素を削除したものの最適

*1　原注：もし、row[0]がrow[1]と同じ値なら、row[1]を選んでも同じ最大値になる可能性があります。いずれにせよ、元の問題の最適解にrow[0]の値が選択されたことは保証できます。

解との和に等しくなるのは、最初の要素を選択した場合です。

なぜ、5行目の前半に条件table[len(row)-i] == row[i]があるのでしょうか。これは、i = len(row)-1の特別な場合を扱うためです。この場合、len(row)-i-2 < 0なので、5行目の後半がエラーを起こします。前半部のこの条件とPythonのorの選択実行処理のおかげで、後半部は決して実行されません[*1]。table[1]は常にrow[len(row)-1]なので、前半部はTrueになります。

一般に、row[i]を選択すれば、row[i+1]を選択できないので、iを2増やして進めていきます（7行目）。row[i]を選択しなければ、iを1増やして進めていきます（9行目）。

私たちの例ではどのようになるでしょうか。次を実行してみます。

```
row = [14, 3, 27, 4, 5, 15, 1]
result, table = coins(row, {})
traceback(row, table)
```

結果は次になります。

```
Input row = [14, 3, 27, 4, 5, 15, 1]
Table = {0: 0, 1: 1, 2: 15, 3: 15, 4: 19, 5: 42, 6: 42, 7: 56}
Selected coins are [14, 27, 15] and sum up to 56
```

table[7]がtable[5] + row[0]と等しいので（すなわち、56 = 42 + 14）、row[0] = 14を選び、カウンタiを2増やします。table[5]がtable[3] + row[2]と等しいので（すなわち、42 = 15 + 27）、row[2] = 27を選び、カウンタiを2増やします。次にtable[3]をチェックしますが、table[1] + row[4]に等しくないので（すなわち15 ≠ 1 + 5）、iを1増やします。table[2]がtable[0] + row[5]と等しいので（すなわち15 = 0 + 15）、row[5] = 15を含めます。

2番目の硬貨列の問題を思い出しましょう。

```
3 15 17 23 11 3 4 5 17 23 34 17 18 14 12 15
```

この問題の最適解は126で、硬貨15, 23, 4, 17, 34, 18, 15を選んでいます。

今度は、任意のサイズのリストに対して最適解を見つける自動化方式を考えましょう。これには、ちょっとした課題があります。多数の再帰呼び出しを、フィボナッチ数やNクイーンパズル（**パズル10**）と同様に行います。実際、再帰呼び出しの回数は全く同じです。リストのサイズがnなら、サイズ$n-1$とサイズ$n-2$のリストを再帰的に

---

*1　訳注：orの短絡評価によるものです（https://docs.python.jp/3/library/stdtypes.html#boolean-operations-and-or-not）。

呼び出します。したがって、サイズnのリストの再帰呼び出し回数は次の式で与えられます。

$$A_n = A_{n-1} + A_{n-2}$$

もし、$n = 40$なら、$A_n = F_n = 102{,}334{,}155$です。これは良くありません。

これらの呼び出しの理由は、再帰フィボナッチや再帰硬貨列関数が冗長な作業をしているためです。次では、coinsが長さ5のリストでの再帰呼び出しをグラフで示しています。フィボナッチの呼び出しと全く同じなのは当然です。再帰呼び出しのグラフを描くのに、リスト要素は何でも構わないので、リストの長さしか示していません。

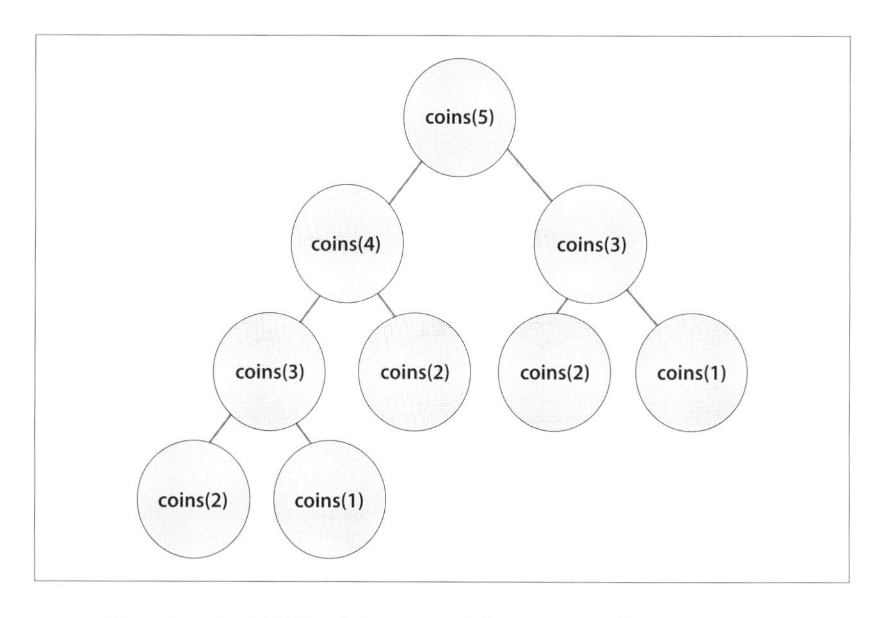

フィボナッチでは、反復解があり、F_{40}の計算に40回の加算しか必要としませんでした。しかし、再帰が好きで、どれに対しても再帰を使いたいとしたら、再帰フィボナッチの計算やこのパズルの最適解をもっと効率的にできないものでしょうか。理想的には、反復解と同じ効率を達成できないものでしょうか。

メモ化

冗長な呼び出しを削除するメモ化と呼ばれる技法によって、それができます。硬貨列問題には既に辞書があり、辞書tableを見てその問題の解を既に計算していないかどうかチェックするだけでよいのです。

硬貨列問題の再帰解にメモ化がどのように役立つかを次に示します。

```
1.  def coinsMemoize(row, memo):
2.      if len(row) == 0:
3.          memo[0] = 0
4.          return (0, memo)
5.      elif len(row) == 1:
6.          memo[1] = row[0]
7.          return (row[0], memo)
8.      try:
9.          return (memo[len(row)], memo)
10.     except KeyError:
11.         pick = coinsMemoize(row[2:], memo)[0] + row[0]
12.         skip = coinsMemoize(row[1:], memo)[0]
13.         result = max(pick, skip)
14.         memo[len(row)] = result
15.         return (result, memo)
```

coinsのコードに対してわずかですが重要な変更を加えました。先頭の7行は、tableをmemoと名前を変えたことを除けば全く同じです。8行目で、Pythonのtry-exceptブロックを初めて使います。

範囲外のリストのインデックスや存在しない辞書のキー/インデックスを使った探索の問題点は、例外を投げることです。存在しないのですから、例外を投げるのは当然です。しかし、場合によると、アクセスして値が返ってくるならその値についての処理を、範囲外なら別の処理をするのが適切な場合もあります。それがtry-exceptブロックでできるのです。

9行目では、問題の最適値を計算したかどうか確認します。最適値は、memo[len(row)]に、キーがlen(row)である辞書要素として格納されています。キーと値のペアが辞書にあれば、それを返すだけでいいのですが、キーが存在しないと、KeyErrorという例外が投げられます。tryブロックがないと、プログラムはそこでエラーになります。tryブロックのおかげで、プログラムの制御は10行目に来ます。exceptブロックでは、この硬貨列問題がこれまでに存在しなかった最初のものだとわかっています。元のcoinsのコードと同じように、再帰呼び出しを使ってこの問題を解きます。以前と同様に、memoに計算した解を格納します（14行目）。これによって、次に同じ問題を解くときには、再帰呼び出しせずに済みます。

驚異的なのは、コードに3行追加しただけで、指数的な計算時間の改善ができることです。メモ機能を使った関数では、問題を一度しか解かず、解を辞書memoに格納します。memoには、len(row) + 1個の要素しかありません。それぞれ1度だけ計算され、何度も参照されます。

coinsMemoizeでは、coinsの変数tableをmemoと名前を変えることによって、この変数の機能の違いを反映させました。coinsMemoizeでは、再帰呼び出しでmemoを参照して計算を効率化しましたが、coinsでは変数tableに書き込むだけで参照利用しませんでした。

例外をなくす

メモ化にはtry-exceptブロックが必要だという誤った考えにはまってはなりません。実際、プログラマは、例外が通常の演算よりも大幅に時間を食うので、できるだけ例外を投げないようにしようと苦心するものです。次に示すのは、例外をなくすようにちょっとした修正を施したものです。

```
1.  def coinsMemoizeNoEx(row, memo):
2.      if len(row) == 0:
3.          memo[0] = 0
4.          return (0, memo)
5.      elif len(row) == 1:
6.          memo[1] = row[0]
7.          return (row[0], memo)
8.      if len(row) in memo:
9.          return (memo[len(row)], memo)
10.     else:
11.         pick = coinsMemoizeNoEx(row[2:], memo)[0] + row[0]
12.         skip = coinsMemoizeNoEx(row[1:], memo)[0]
13.         result = max(pick, skip)
14.         memo[len(row)] = result
15.         return (result, memo)
```

このコードでは、例外チェックのコードと同じチェックをしています。このようにできるということから、例外処理をさらに理解できます。例外は、ゼロ除算のようなエラー条件を処理するのにも使えます。各文を実行する前に、いちいち実行条件をチェックするよりは、多数の文をまとめてtryブロックで処理する方が、便利なこともあります。

動的プログラミング

動的プログラミングは、問題解決をより単純な部分問題に分割して処理します。部分問題は、繰り返しがあったり、重複したりする可能性があります。動的プログラミングは、分割統治法とは異なります。後者では、部分問題は互いに素で、重複しません。例えば、マージソートやクイックソートでは、分割した2つの配列が互いに素です。同様に、硬貨の重さを量る場合には、硬貨が互いに素なグループに分割されました。しかし、この硬貨選択例では、2つの部分問題で、硬貨が共通する可能性があるので、重複があります。

部分問題の重複は、部分問題を繰り返し解いている可能性を示します。動的プログラミングでは、部分問題は一度だけ解かれ、その解が格納されます。同じ部分問題を扱うときには、解を再度計算するのではなく、既に計算した解を参照するだけで、計算時間を節約します。部分問題の解には、普通は部分問題の入力引数値のような何らかのインデックスが付随しており、効率的な参照ができます。部分問題を再計算しないで、解を格納する技法は、「メモ化」と呼ばれます。

硬貨列選択問題では、動的プログラミングとメモ化を使って、効率的に解きました。練習問題をすればわかりますが、硬貨選択問題が動的プログラミングやメモ化に適した最初の問題というわけではありません。

練習問題

問題1：パズル10のフィボナッチのコードを、特に、rFib関数を見直してください。メモ化を使ってrFibの冗長な呼び出しを削減して反復版のiFibと同じだけ効率的にすること。

硬貨列問題をフィボナッチで行ったように反復的に解けるかどうかという質問も考えてみましょう。これは確かに可能であり、反復的コードは既に説明したように類似性があります。

```
1.  def coinsIterative(row):
2.      table = {}
3.      table[0] = 0
4.      table[1] = row[-1]
5.      for i in range(2, len(row) + 1):
6.          skip = table[i-1][0]
7.          pick = table[i-2][0] + row[-i]
```

```
 8.          result = max(pick, skip)
 9.          table[i] = result
10.      return table[len(row)], table
```

3-4行は、長さ0と長さ1の単純な行の場合を扱う。これは硬貨がリストの末尾にある場合に対応します。それがtable[1]にrow[-1]が代入されることで示されている末尾の硬貨で、row[len(row)-1]と書くのと同じです。関数coinsIterativeは、トレースバックプロシージャに対応した結果を返し、coinsやcoinsMemoizeの代わりに使うことができます。

そもそもこのコードを示して、説明し、そのままにすることもできるのですが、その場合には、メモ化やtry-exceptブロックについて学ぶ機会が失われます。これらの概念や要素は、広く使えるもので道具として備えておく価値があります。さらに、多くの場合、問題を解くには再帰関数を書くのが自然です。また、いくつかの場合にメモ化で効率性が達成できます。例えば、**パズル16**の問題2の最大重み科目選択の効率化ができます。

パズル問題2：次のような硬貨列問題の変形を解いてください。硬貨選択で次も選ぶことができますが、2つ続けて選択したら硬貨を2つスキップしなければなりません。再帰、メモ化再帰、反復の3つの版のコードを書いてください。前の問題と同様、目標は選択した硬貨の値を最大化することです。選択した硬貨について、トレースバックするコードも書いてください。

次の簡単な例

```
[14, 3, 27, 4, 5, 15, 1]
```

では、コードの結果は次のようになるはずです。

```
(61, {0: (0, 1), 1: (1, 2), 2: (16, 3), 3: (20, 3),
4: (20, 1), 5: (47, 2), 6: (47, 1), 7: (61, 2)})
```

最大値が61で、14, 27, 5, 15の選択に対応します。

[ヒント]

この新たな隣接制約に従って最大値を求めるには、元の問題での（硬貨選択と硬貨スキップ）の2つの呼び出しではなく、3つの再帰呼び出しが必要となるでしょう。それは、硬貨スキップ、硬貨選択と次の硬貨スキップ、2つの硬貨選択です。反復解よりも再帰解を書く方がやさしいはずです。

問題3：パズル16の問題2の最大重み科目選択をメモ化を使って効率化してください。どうすればよいか、擬似コードを次に示します。

```
recursiveSelectMemoized(courses)
  基底部：coursesが空なら何もしない
  各 c in coursesについて次を行う：
    Later courses = c終了時またはその後に開始する科目
    Selection = c + later coursesからの再帰選択。
    {再帰選択呼び出しの前に、later coursesの問題が既に
    解かれているかメモ表をチェックする}
    これまでの最大重み選択を保持する
  メモ表に格納した後で最大重み選択を返す
```

メモ表は、キーと値のペアからなり、キーが科目のリスト、値が最大重みの重複しない科目となります。Python辞書は、キーとして変更可能なリストを使うことはできません。そこで、次に示すように、reprを使ってリストを変更不能な文字列に変換します。

```
repr([[8, 12], [13, 17]]) = '[[8, 12], [13, 17]]'
```

次のように辞書への追加や検索を行います。

```
memo[repr(courses)] = bestCourses
result = memo[repr(laterCourses)]
```

問題4：両替方法を数えるパズル（**パズル15**）を再度考えます。友達は紙幣の枚数をできるだけ少なくして欲しい。金額には多数の種類があり、枚数に制限がありません。**パズル15**の問題3で、この問題を扱いました。

すべての解を数え上げるコードと、最少枚数の解を求めるコードは、目標値が大きいと実行時間がかかります。メモ化を使えばもっと効率的になります。現在の目標値をキーにしたメモ表を使ったコードをメモ化します。例えば、目標値10について、合計が10になる最少枚数に対応する解をメモ表に格納します。

makeSmartChangeを書き変えて紙幣の選択をしてmakeSmartChangeを再帰呼び出しするときに、目標値を選択した紙幣の金額だけ減らします。そうすると、その目標値の最小解が返されるので、再帰呼び出しごとに目標値に基づいたメモ化が容易になります。

メモ化によって、大きな問題をより迅速に解いて必要な最少枚数の紙幣を返すことができるようになるはずです。例えば、目標の1,305ドルに対して、7、59、71、97ドルの

紙幣を使う場合、答えは4枚の7ドル札、4枚の59ドル札、1枚の71ドル札、10枚の97ドル札で、総計19枚になります。

パズル問題5：パズル15の問題1では、大域変数を使ってコードを変更することによって、両替の紙幣枚数を数える問題を解きました。明らかに、この手法は、すべての異なる解を数え上げるのと同じ効率性となります。異なる解の個数を数えるのに、数え上げをせずに済ます、はるかに効率的な方法が存在することは驚くべきことではないでしょう。
紙幣を$B = b_1, b_2, \ldots, b_m$、目標値を$n$とします。解は2つの集合に分かれます。第1の集合の解には紙幣b_mが含まれません。第2の集合の解には、紙幣b_mが少なくとも1枚含まれます。次の再帰式が成り立ちます。

$$\text{count}(B, m, n) = \text{count}(B, m-1, n) + \text{count}(B, m, n-b_m)$$

countの第1引数は紙幣の金額のリストです。第2引数は問題のサイズ（すなわち、検討する紙幣の種類の個数）です。すなわち、$b_1, b_2, \ldots, b_{m-1}$だけを考えることを意味します。第3引数は問題の目標値です。
まず、この再帰式の基底部を複数定義する必要があります。上の再帰式に基づいた、この実際の「両替の方法を数える」問題に対する再帰的および再帰的メモ化のコードを書いてください。解が正しいことを、効率の良くない**パズル15**の問題1の解を使って確認してください。

19章
忘れられない週末

全く無意味なことを何かするのでないと、せっかくの週末なのに意味がない。
——ビル・ワターソン（米国の漫画家、1958－）

この章で学ぶプログラミング要素とアルゴリズム

- 辞書を使ったグラフの表現
- 例外
- 深さ優先のグラフの再帰横断

扱いに困る友人が、あなたの家でのパーティーに招かれなかったことを知ってしまったので、面倒なことになりました。そこで、金曜と土曜と2晩続けて夕食会を催し、友人をすべてどちらかに招くことにしました。互いにひどく嫌っている友人たちのことが心配なので、同じ日には招待しないことにしたいと思います。

まとめると、

1. どの友人もどちらかの夕食に参加します。
2. AがBを嫌うか、BがAを嫌うと、AとBは同じ日の夕食には参加しません。

このようにうまく調整できるかどうか心配です。次の例のように友人の数が少なければ、簡単です。このグラフでは、節点は友人、節点間の辺は、2人が互いに嫌っていて、同じパーティーには招けないことを意味します。

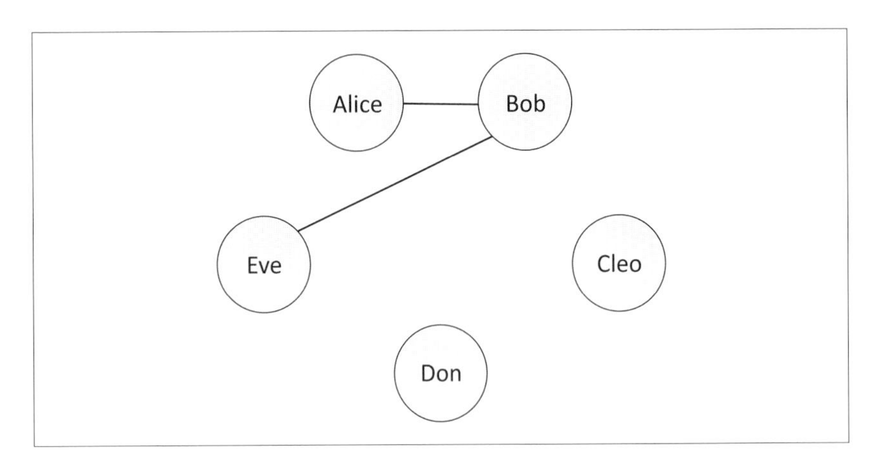

夕食1にBob、Don、Cleoを、夕食2にAliceとEveを招くことができます。別の分け方もできます。残念ながら、これは何か月も前の状態でした。現在、友人の輪は次のようになっています。

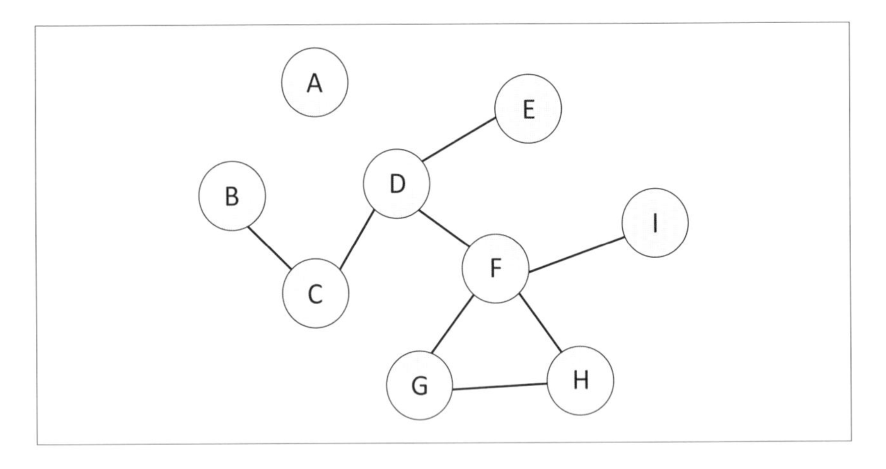

自分の定めたルールに従って、AからIまでのすべての友人を招くことができるでしょうか。あるいは、前言を翻して誰かを招かないことにしますか。

まずい状況です。グラフを注視すれば、F, G, Hの3人については、他の2人とは別に招くしかありません。全員を招くには、3回夕食会を開く必要があります。

何とかなりました。GとHがたとえ顔を合わしてもゴタゴタを起こさないと承諾してくれました。友人のグラフは次のようになります。

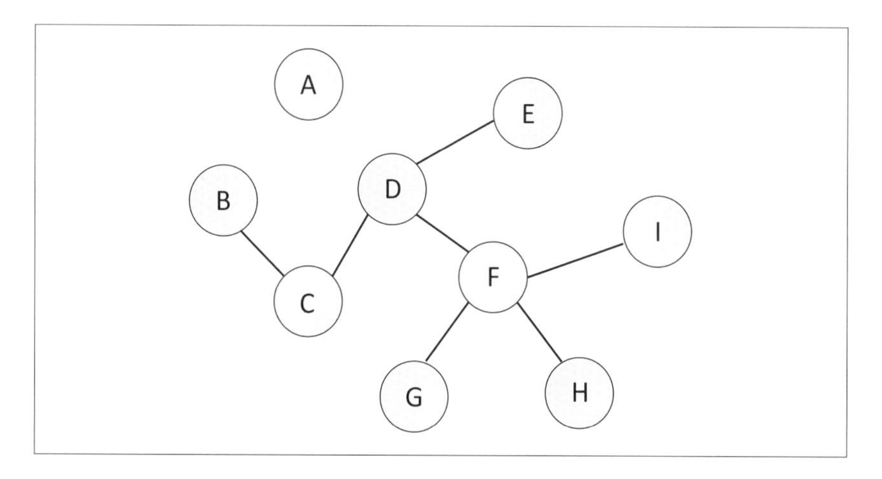

これならどうでしょうか。

分割を見つける

努力した結果、夕食1にB, D, G, H, Iを、夕食2にA, C, E, Fを招くことができます。やれやれ。

友人関係は移ろいやすいものですから、毎週、この分析が必要です。ある週のうちに、ちょっと羽目を外すことがあっても楽しい週末を過ごせると安心して「土日の両晩にパーティーを開きますので、みなさんどちらかにご参加ください」という告知を出せるかどうか、結果をすぐに知りたいと思います。そこで、友人を2晩の夕食会に「分割」でき、友人のグラフを見れば、すべての「嫌い辺」が分割をまたがっていて、「嫌い辺」がどちらの側にも含まれていないことがわかるプログラムを書きたいと思います。

分割の解は次のようになります。

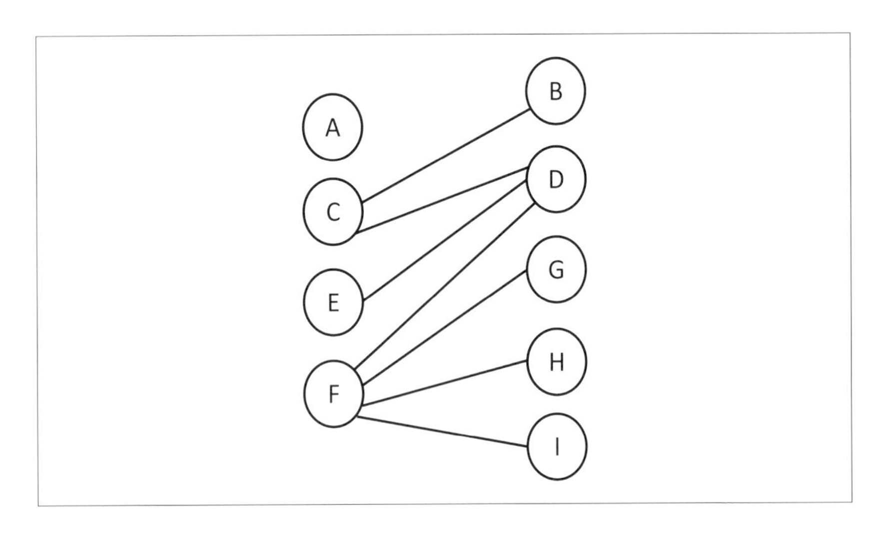

これは、友人関係グラフを描き直したにすぎません。このグラフには特別な名前があり、**2部グラフ**と呼ばれます。2部グラフは、節点が2つの独立集合UとVに分けられ、あらゆる辺(u, v)がUからV、もしくはVからUの節点を結ぶものです。さらに、同じ集合内の節点を結ぶ辺がありません。上の例では、$U = \{A, C, E, F\}$かつ$V = \{B, D, G, H, I\}$です。

グラフが2部グラフである条件は、節点が2色で塗り分けられて、どの隣接節点（辺を共有する節点）も色が異なることです。これは、もともとの問題の夕食会を色で置き換えたものです。この塗り分けの制約を**隣接制約**と呼ぶこともあります。

2部グラフには閉路（サイクル）がないのではと考えるかもしれません。偶数個の節点からなる閉路を、2色で塗り分けることは可能です。例を次の図に示します。

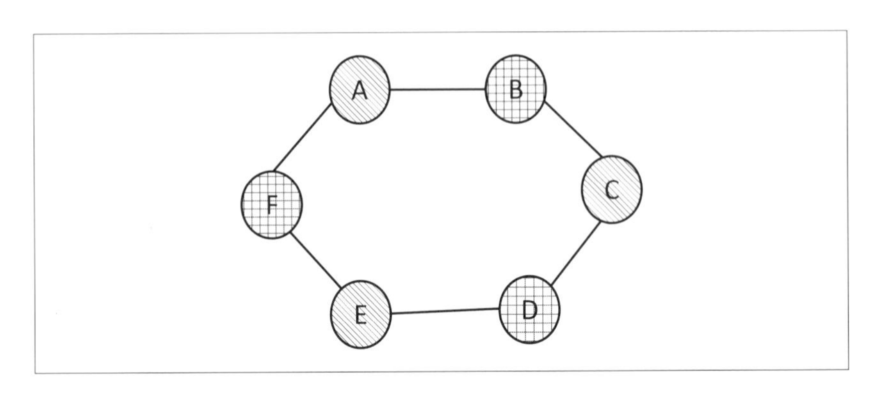

$U = \{A, C, E\}$と$V = \{B, D, F\}$で、Uのメンバーを1日目、Vのメンバーを2日目に招くことができます。しかし、奇数個の節点の閉路を2色で塗り分けることはできません。9個の節点からなっていた以前の第2の例では、F, G, Hでした。F, G, Hは、3節点閉路なので、2部グラフにはなりません。次の5節点閉路も2部グラフになりません。

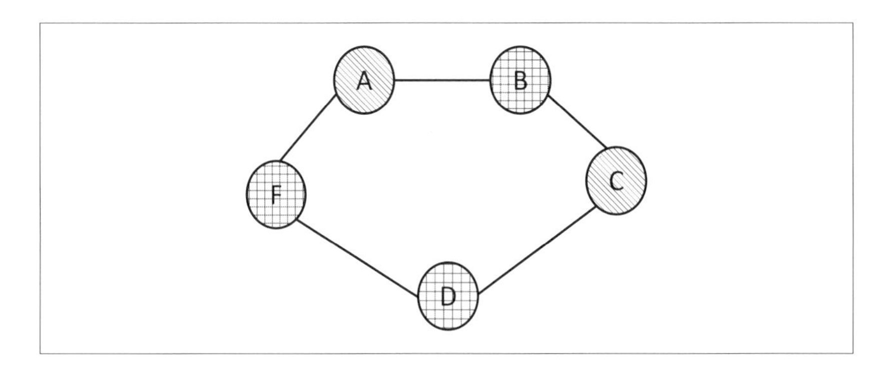

Aの色を変えてもダメです。BとFは灰色にしなければならず、CとDは網掛けになりますが、それでは隣接制約に反します。

グラフが2部グラフかどうかチェックする

グラフが2部グラフなら隣接制約に従ってグラフを2色で塗り分け、そうでないと2部グラフでないと示すアルゴリズムが必要です。1つの色が集合Uに、別の色が集合Vに対応します。**深さ優先探索**という技法を用いたアルゴリズムを次に示します。

1. $color$ = Shaded, 節点wで始める。
2. wに色が塗られていなければ、$color$で色を塗る。
3. wに$color$でない色が塗られていると、グラフは2部グラフではない。Falseを返す。
4. wに正しい色が塗られていれば、その色のままTrueを返す。
5. $color$を入れ替える。
6. wの隣接節点vのそれぞれについて、vとcolorで再帰的にプロシージャを呼び出す（すなわち、$w = v$でステップ2に行く）。再帰呼び出しのいずれかがFalseを返せば、Falseを返す。
7. グラフは2部グラフ。Trueを色の結果とともに返す。

このアルゴリズムを（下に示す）例で、節点Bを灰色に塗るところから始めましょう。Bに連結しているのは節点Cだけなので、次に色を塗ります。Cからは、Bが既に色が塗られているので、Dに行きます。Dを塗った後、Cは色が塗られているので、EまたはFという選択肢があります。まずEを塗ります。

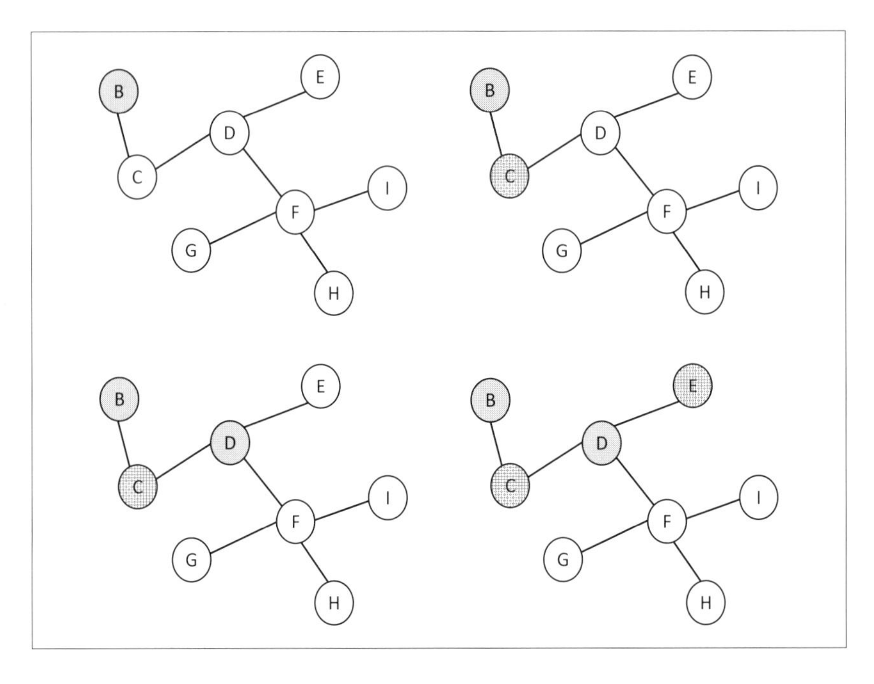

EにはDの他に隣接点がないので、次はFに行きます。これはDの隣です。G, H, Iの順にFの隣接点の色を塗ります（次のグラフ参照）。

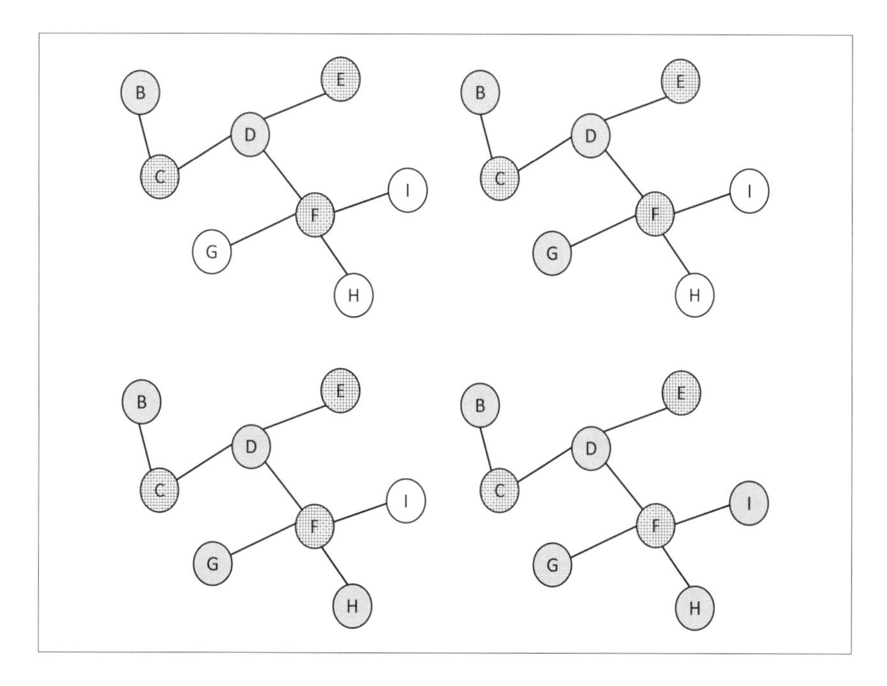

この例では、以前の友人グラフで示していた節点Aを抜かしているのに気付いたでしょう。これは、Aが他の節点とはつながっていないからです。もちろん、Aはどちらの色にも塗ることができます。

入力グラフでは、指定した開始節点からすべての節点が到達可能と想定します。この章の問題では、入力グラフに非連結成分のある一般例を扱います。

グラフ表現

アルゴリズムをコーディングする前に、グラフのデータ構造を選ばねばなりません。データ構造では、アルゴリズムに必要な演算、節点にアクセス、隣接点を取り出す、隣接点の隣接点を取り出すなどが実行できねばなりません。次に、Pythonの辞書に基づいた、目的にかなうグラフ表現を示します。先ほどの例に挙げたグラフを次のように表します。

```
dgraph = {'B': ['C'],
          'C': ['B', 'D'],
          'D': ['C', 'E', 'F'],
          'E': ['D'],
```

```
            'F': ['D', 'G', 'H', 'I'],
            'G': ['F'],
            'H': ['F'],
            'I': ['F'],}
```

辞書項目でグラフの節点と辺を表します。文字列がグラフ節点を表します。図の節点Bは'B'です。各節点は、辞書graphのキーになります。各行がキーと値のペアに対応し、値はキーの節点からの辺のリストです。辺は、辺の目的地節点で表します。この例では、BからCに辺があるだけなので、キー'B'の値は、単一要素リストです。他方、キー'F'では、4つの辺に対応する4要素リストが値になります。

このパズルは無向グラフで、各辺に方向がありません。これは、節点Bから節点Cに横断するときに、節点Cから節点Bへと逆方向にも横断できるということを意味します。この辞書表現では、節点キーXの値リストに節点Yがあれば、節点キーYの値リストにXがあることを意味します。この対称条件が成り立っているかどうか、この辞書グラフをチェックしてください。

パズル17のアナグラム問題と**パズル18**の硬貨列問題で辞書を使いました。これらは、本質的には、文字列が可能なより一般的なインデックスが使えるリストでした。ここでは、辞書での他の演算を使って、辞書が強力なことを示します。

辞書でキーの特定の順序に依存しないようにすることが重要です。ここで書くコードでは、次のグラフ表現graph2が2部グラフで、2色で塗り分けられることが示されるはずです。入力がgraphとgraph2とで、同じ節点と色で開始すれば、同じ色分けになるはずです。

```
dgraph2 = {'F': ['D', 'I', 'G', 'H'],
           'B': ['C'],
           'D': ['C', 'E', 'F'],
           'E': ['D'],
           'H': ['F'],
           'C': ['D', 'B'],
           'G': ['F'],
           'I': ['F'],}
```

先ほど示した8つの図は辞書graphでもgraph2でも同じです。節点に色を塗る順序は値リストの順序に依存します。それが、例えば、節点Dに色を塗った後、Gに色を塗り、その後、H、Iと色を塗る理由です。

2部グラフの色を塗る次のコードは、擬似コードに従ったものです。

```
1.  def bipartiteGraphColor(graph, start, coloring, color):
2.      if not start in graph:
3.          return False, {}
4.      if not start in coloring:
5.          coloring[start] = color
6.      elif coloring[start] != color:
7.          return False, {}
8.      else:
9.          return True, coloring
10.     if color == 'Sha':
11.         newcolor = 'Hat'
12.     else:
13.         newcolor = 'Sha'
14.     for vertex in graph[start]:
15.         val, coloring = bipartiteGraphColor(graph,\
15a.                        vertex, coloring, newcolor)
16.         if val == False:
17.             return False, {}
18.     return True, coloring
```

このプロシージャの引数は、(辞書で表現される) graph、まず色付けされる節点start、節点の色付け対応を格納する別の辞書coloring、開始節点の色colorです。

2行目では、辞書graphに節点キーstartがあるかどうかチェックして、もしもなければ、Falseを返します。再帰探索において、節点'Z'が隣接節点リストに現れるのに、キーには'Z'が存在しないことが可能なことに注意します。簡単な例を次に示します。

```
dangling = {'A': ['B', 'C'],
            'B': ['A', 'Z'],
            'C': ['A']}
```

2行目では、上のような場合をチェックします。

4-9行は、擬似コードの2-4ステップに対応します。節点startを初めて扱う場合には、辞書coloringにこの節点はまだありません。この場合、節点をcolorで塗って、辞書に追加します (ステップ2)。辞書にstartがあれば、その色と、これから塗ろうとしている色を比較しなければなりません。もしも色が異なれば、グラフは2部グラフではありえなくて、Falseを返す (ステップ3)。そうでなければ、ここまでのところグラフは2部グラフです (後でそうでないと判明するかもしれません)。したがって、この呼び出しには、Trueと現在の色付けを返します (ステップ4)。

10-13行では、再帰呼び出しのために色を替えます。灰色をSha、網掛けをHatで表します。14行目では、startの隣接点のリストであるgraph[start]の中の節点について繰り返します。15行目は各隣接節点に再帰呼び出しを行い、色付けを更新して、色を替えます。いずれかの呼び出しでFalseが返ったなら、グラフは2部グラフではなく、Falseを返します。すべての再帰呼び出しがTrueを返したなら、Trueと現在の色付けを返します。

次を実行したとします。

```
bipartiteGraphColor(graph, 'B', {}, 'Sha')
```

これは、開始節点B、色付けは空、Bには灰色を選んだことに対応します。結果は次になります。

```
(True, {'C': 'Hat', 'B': 'Sha', 'E': 'Hat', 'D': 'Sha', 'H': 'Sha', 'I':
'Sha', 'G': 'Sha', 'F': 'Hat'})
```

色付けが辞書として返されますが、辞書のキーの順序は、プラットフォームや実行状況に依存して変わります。つまり、同じ入力に対してプログラムを再度実行すると、順序が変わることがあります。節点Bが最初に実行されているのに、節点Cがキーの先頭に来ています。辞書では、辞書を出力したり、辞書dictnameに対してdictname.keys()を使って全キーを生成した場合に、最初に挿入されたキーが先頭に来ることを保証しません。例えば、この辞書graphでは、'B'がリスト表現の最初にあるのですが、graph.keys()を出力すると、['C', 'B', 'E', 'D', 'G', 'F', 'I', 'H']となることがあります。同様に、graph.values()が辞書の中のすべての値を出力するのですが、[['B', 'D'], ['C'], ['D'], ['C', 'E', 'F'], ['F'], ['D', 'G', 'H', 'I'], ['F'], ['F']]となることがあります。

グラフ彩色

高々k色でグラフを色分けすることは、(真の)k彩色と呼ばれます。グラフが2色で色分けできるかどうかをチェックする効率的な方法を示しましたが、3色の色分けは困難です。すなわち、任意のグラフが高々3色で色分けできるかどうかを正しく決定する既知のアルゴリズムはどれもグラフの節点の個数のべき乗で演算数が増えます。

グラフ彩色の初期の結果はほぼすべて、地図の色分けから生じた、平面グラフと呼ばれる特殊なクラスについて得られました。平面グラフは、どの辺も互いに交差しないように書けます。次が、平面グラフと非平面グラフの例です。

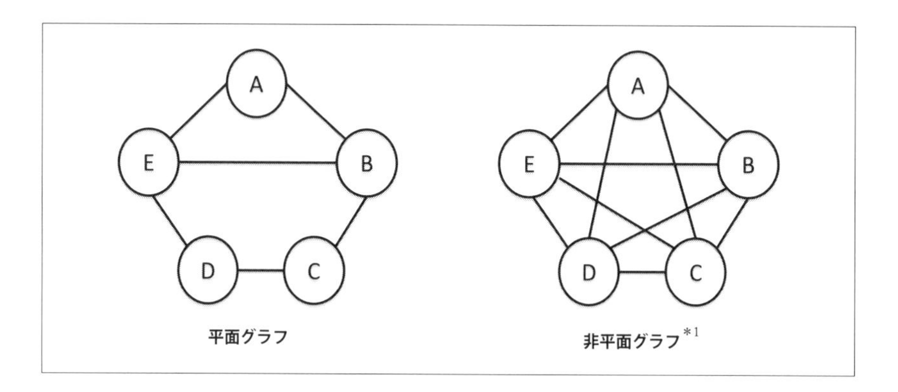

英国の地図を郡ごとに色分けしようとします。フランシス・ガスリー（Francis Guthrie）は4色あればどのような地図でも隣り合う領域が同じ色にならないよう塗り分けられると予想しました。これが有名な平面グラフの四色問題です。

1879年にアルフレッド・ケンプ（Alfred Kempe）は、四色問題が解けたという論文を発表しました。1890年にパーシー・ジョン・ヒーウッド（Percy John Heawood）がケンプの証明の誤りを指摘し、ケンプのアイデアを用いて五色定理を証明しました。五色定理は、すべての平面グラフが五色で塗り分けられるという定理です。多数の試みの結果、平面グラフの四色定理を1976年にケネス・アッペル（Kenneth Appel）とヴォルフガング・ハーケン（Wolfgang Haken）がケンプとは違う技法を用いて証明しました。四色定理の証明は、大規模なコンピュータ支援証明の最初の例としても有名です。

---

*1　訳注：5次の完全グラフは非平面グラフの中で極小なものの1つ。もう1つは$K_{3,3}$の完全2部グラフでその2つしかありません。

練習問題

問題1：2部グラフチェッカーは、グラフが連結であると仮定しています。友人グラフには、最初の例の変形の次の例のように非連結成分があるかもしれません。

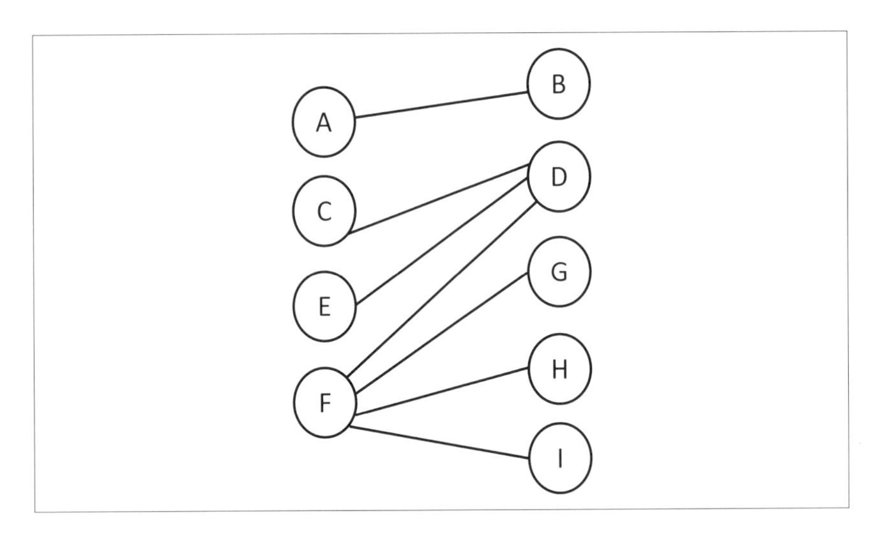

コードを上のようなグラフも扱えるよう変更してください。現在のコードでは、bipartiteGraphColorの開始節点引数がAかBなら、2つの節点だけ色を塗り、CからIは何もせずに終わります。

開始節点の入力グラフでbipartiteGraphColorを呼び出す親プロシージャを作ってください。次に、入力グラフの全節点の色が塗られたかチェックしてください。残っている節点があれば、その接点から始めてbipartiteGraphColorを実行します。入力グラフの全節点が色付けされるまでこれを続けます。各成分の全節点が塗り終わり、全成分が2部グラフであるなら、夕食会への招待状を出力してください。

問題2：2色では色分けできない閉路があるなら、その閉路を開始節点から出力するように、bipartiteGraphColorを書き直してください。そのような経路は、グラフが2部グラフでないなら存在し、2部グラフなら存在しません。閉路が存在するなら、閉路そのものには開始節点を含まないかもしれませんが、開始節点から到達可能です。次のグラフがあるとします。

```
graphc = {'A': ['B', 'D' 'C'],
          'B': ['C', 'A', 'B'],
```

```
        'C': ['D', 'B', 'A'],
        'D': ['A', 'C', 'B']}
```

コードを書き直すと次のような出力となります。

```
Here is a cyclic path that cannot be colored ['A', 'B', 'C', 'D', 'B']
(False, {})
```

問題3：プロシージャbipartiteGraphColorは、深さ優先探索を使っています。次のコードは節点列に従って再帰呼び出しを行います。

```
    for vertex in graph[start]:
        val, coloring = bipartiteGraphColor(graph, vertex, coloring, newcolor)
```

グラフに色を塗るのではなくて、節点対の間の経路を見つけたいとします。開始節点から終端節点まで、もしそのような経路があれば、その経路を返し、なければNoneを返す関数findPathを書いてください。findPathを辞書graphで、開始節点'B'終端節点'I'で実行すると経路['B', 'C', 'D', 'F', 'I']が見つかるはずです。

パズル問題4：無向連結グラフの節点が**関節点**[*1]であるとは、その点（および付随する辺）を取り除くと、グラフが連結でなくなる節点を指します。関節点は、連結したネットワークでの弱点、もしも故障が起こるとネットワークが2つ以上の非連結成分に分解されるということを示すので、高信頼性ネットワークの設計に有用です。次のグラフでは、関節点を濃い灰色で示します。

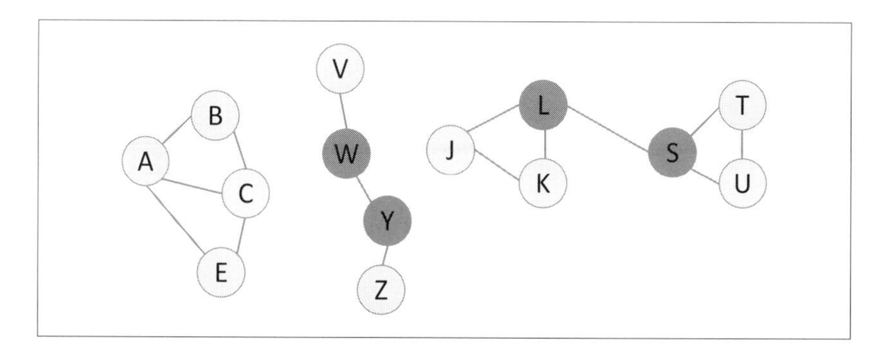

与えられたグラフに関節点があるかどうか決定するアルゴリズムを設計して、そのような節点があればすべてを報告するコードを書いてください。

*1　訳注：関節点の個数をグラフの（点）連結度と呼びます。

20章 6次の隔たり

いいかい、僕の出ていた映画で、Euniceはエクストラだった。彼女のヘアドレッサー Wayneは、O'Neill神父の日曜学校に出ていた。神父はSanjay医師とラケットボールをした。医師はごく最近Kimの盲腸をとる手術をした。Kimは2年生のときにあんたを振った。つまり、私らはみんな兄弟のようなものなんだ。

——ケビン・ベーコン（米国の俳優、Visaのデビットカードのコマーシャル）

この章で学ぶプログラミング要素とアルゴリズム

- 集合演算
- 集合を使ったグラフの幅優先探索

6次の隔たりとは、誰もが世界中のどんな人とも6回の紹介でつながっているという理論で、「友達の友達」という連鎖で、どんな人たちも最大6ステップでつながるというものです。1つのステップが1次の隔たりです。友人を適当に定義すれば、ランダムに選んだ2人の間に普通はそういう連鎖が見つかるので、6次の隔たりはよく知られています。

2人の人物間で隔たりの次数を決定するには、彼らの最短関係を見つける必要があります。AがBの最良の友人で、Bの友人であるCの友人でもあるとしましょう。Cを通じたAとBの関係は、長さ2ですが、AとBの直接の関係は長さ1です。同様に、次のグラフでは、節点が人、辺が関係を示すとすると、XとYの隔たりの次数は、2で3や4ではありません。AとCとの隔たりも2です。

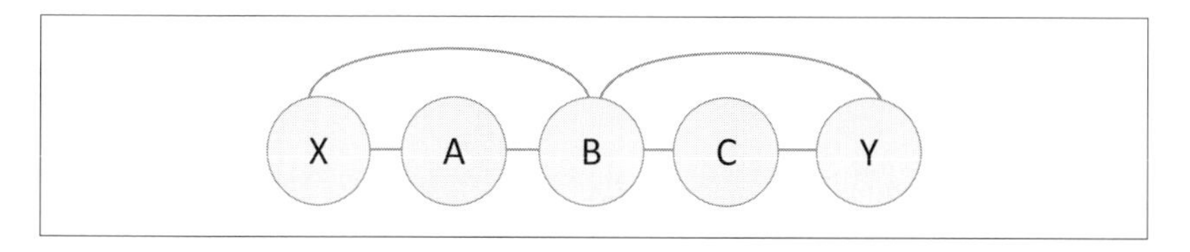

グラフの隔たり次数とは、すべての節点間の隔たり次数のうち最大のものを言いま

す。上のグラフでは、グラフの隔たり次数は2です。どの節点も2ステップ以内でどの節点にも到達可能だからです。

グラフの2節点の間の隔たり次数と、グラフの隔たり次数の違いを理解することは重要です。後者はグラフの直径とも呼ばれます。宇宙の誰もがある人物からk以下のステップで到達可能だとしても、その宇宙の隔たり次数がkとは限らないことを理解することです。隔たりは少なくともkですが、もっと大きい可能性があります。これを直感的に理解するために次の図を取り上げましょう。

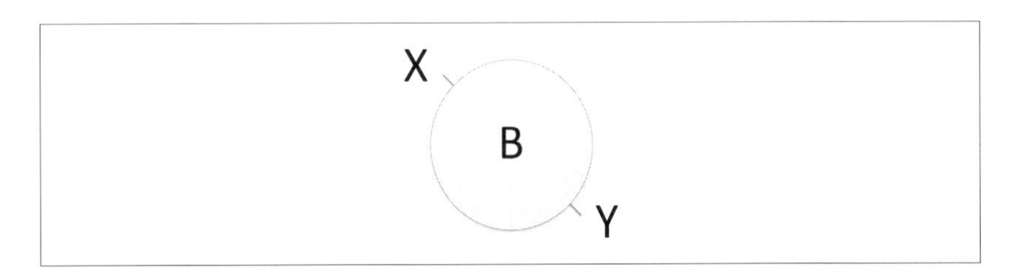

円が宇宙を表します。円の中心のBは、円上または円内の点から、高々半径分しか離れていませんが、円上で直径分だけ反対の位置にある2点（例：XとY）は直径だけ離れていて、半径の2倍あります。

次の具体例では、B（グラフの中心）からどの節点へも隔たり次数は高々2です。しかし、XとYは互いに4ステップ離れており、グラフの隔たり次数は4です。

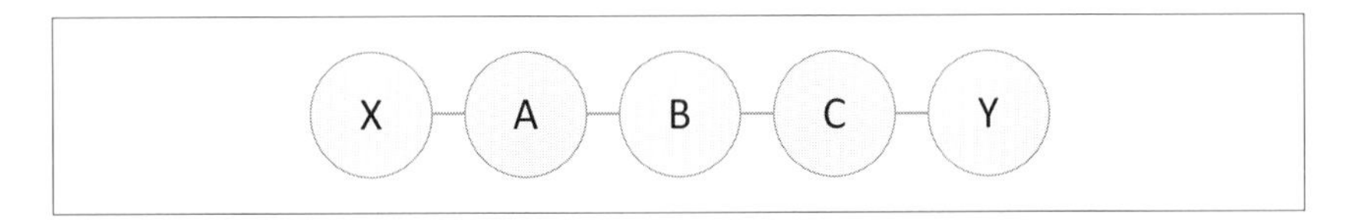

問題：グラフの節点Tについて、Tと任意の節点との隔たり次数が高々kなら、グラフの隔たり次数が高々$2k$であることを証明できますか。

このパズルでは、グラフは連結、すなわち、どの節点も他のいずれかの節点から到達可能であると仮定します。次のように、節点が2つのクラスタになっているなら、各クラスタでの隔たり次数は1ですが、クラスタ間を含んだグラフの隔たり次数は、AからFに到達不能なので、無限大になります。

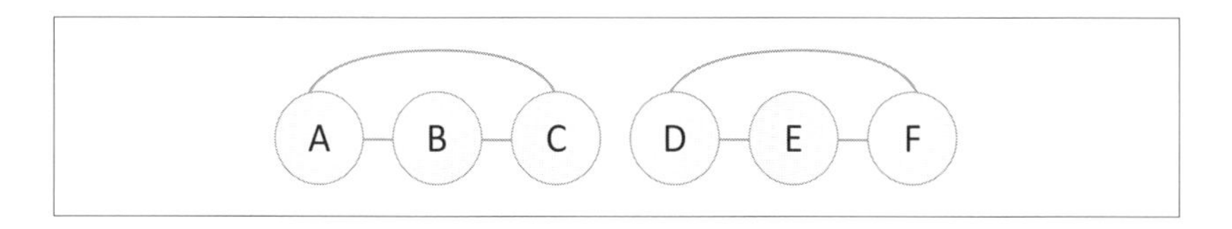

予備的な話は終わったのでもっと大きな例を取り上げましょう。

次のグラフは6次の隔たり仮説の反例になるでしょうか。このグラフで任意の節点間の隔たりの最大次数はいくつでしょうか。どのように計算しますか。

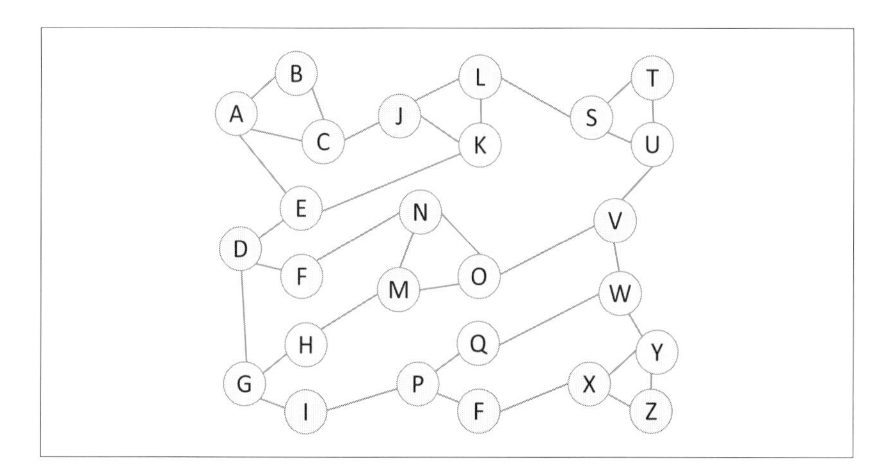

幅優先探索

今回のアルゴリズムは、ある節点S（ソース）から出発してグラフ中の他のあらゆる節点への最短経路を計算します。これによって、Sから他のあらゆる節点への隔たりの次数が決まります。Sからの他の全節点への隔たりがk_Sならば、グラフの隔たりの次数dが$k_S \leqq d \leqq 2k_S$となることが直ちにわかります。しかし、dを正確に求めるにはどうするのでしょうか。

すべての節点をソースにして、最短経路アルゴリズムを実行して、最大のk_Sを求めれば、グラフの各節点対の隔たり次数を計算したことになります。

必要なのは、ソース節点からあらゆる他の節点への最短経路を決めることです。経路は辺の系列です。辺の個数が経路の長さで、節点に到達するステップ数になります。**パズル19**でも経路発見アルゴリズムを扱いましたが、それはソース節点からどの連結節点へも到達することを保証するだけで、その辺系列の長さが最短であることは保証しません。

（**パズル19**の深さ優先探索ではなく）幅優先探索がこの目的に合致します。名前から明らかですが、幅優先探索では、ソース節点から1ステップ（1つの辺）で到達できる節点すべてを集めます。これらの節点が次の探索の前線基地になり、元の前線だったソース節点を置き換えます。前線のいずれかの節点から1ステップで到達可能な節点の集まりが次に求まります。最初のソース節点のような既に訪問した節点は集めないことが重要な点です。

最初の前線、ソース節点は、ソースから0ステップで到達可能なのは自明です。第2前線は1ステップで到達可能、第3前線は2ステップで到達可能、という具合です。全節点を訪問し終えたら探索終了です。最後の前線がソース節点Sからの隔たりの最大次数、k_Sステップで到達可能な節点です。

ソース節点Aから、次のグラフでアルゴリズムがどう動作するかを示します。

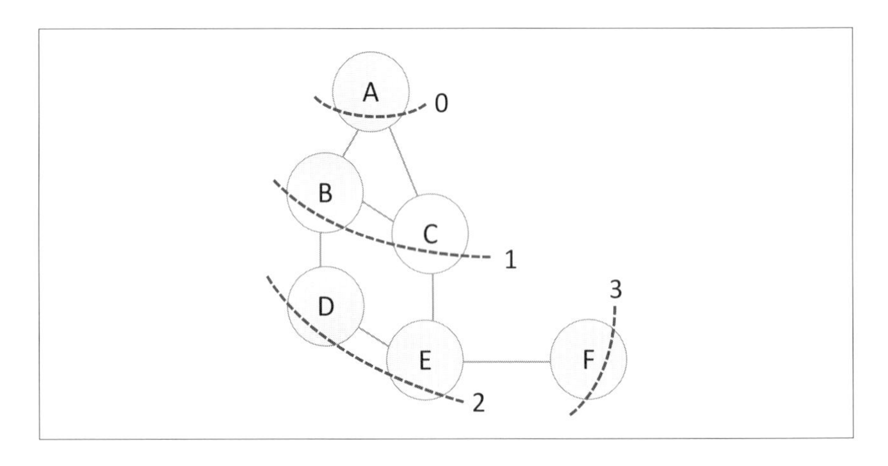

点線で示す前線は、生成された順に番号を生成しています。各節点はいずれか1つの前線だけに所属します。BとCが前線1で、次には、BとCから1ステップで到達可能な未到達な節点を探します。これで前線2、DとEになります。

AからFへ、5辺、$A \rightarrow C \rightarrow B \rightarrow D \rightarrow E \rightarrow F$の経路がありますが、最短経路は$A \rightarrow C \rightarrow E \rightarrow F$の3辺です。再帰深さ優先探索では、より長い経路で$F$を最初に見つける可能性が結構あります。幅優先探索では、この実行で計算したk_Aの最短経路は3次です。

ソース節点を節点Cに替えてみましょう。前線は次のようになります。

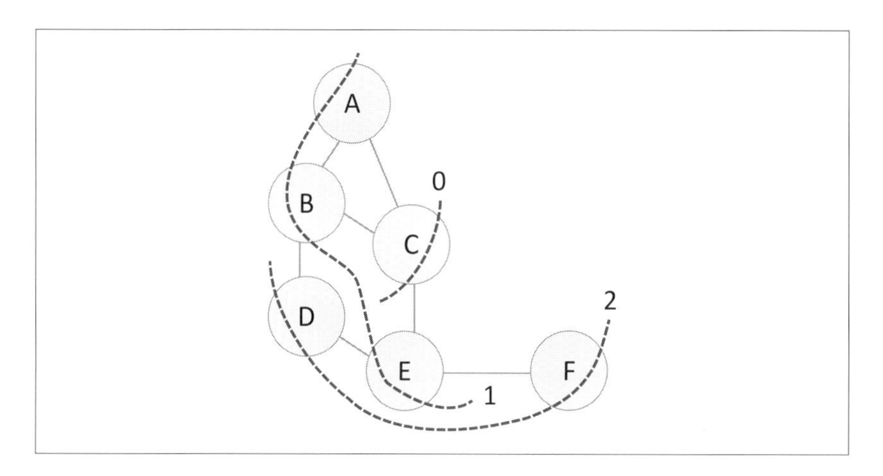

A, B, Eは1ステップで到達可能、Fは2ステップで到達可能です。つまり、$k_C=2$ということです。

集合

幅優先探索アルゴリズムでの前線は数学的には節点の集合です。すなわち、節点の順序は関係なく、節点の重複がありません。Pythonの集合は、数学的な集合（すなわち、重複のないオブジェクトの順序のない集まり）を表し、Pythonには、集合操作演算があります。数独パズル（**パズル14**）では、集合を使って含意される値を推論しました。

集合の例を次に示します。

```
frontier = {'A', 'B', 'D'}
```

集合に要素を追加削除できます。

```
frontier.add('F')
frontier.remove('A')
print(frontier)
```

この出力は次のようになります。

```
{'D', 'B', 'F'}
```

集合から取り除こうとする要素が集合に含まれていなければ、`KeyError`例外になることに注意します。要素が集合にあるかどうかは、例えば、`'A' in frontier`または

`'A' not in frontier`というように、チェックできます。

空集合を作って、それに要素を追加することもできます。

```
frontier = set()
frontier.add('A')
```

Pythonには、積、和、差といった集合演算も用意されています。

幅優先探索に集合を使う

パズル19で使ったのと同じグラフ辞書表現を使います。前のアルゴリズムで実行した例の表現が次のようになります。

```
small = {'A': ['B', 'C'],
         'B': ['A', 'C', 'D'],
         'C': ['A', 'B', 'E'],
         'D': ['B', 'E'],
         'E': ['C', 'D', 'F'], 'F': ['E']}
```

節点が辞書のキーです。上の各行はキーと値のペアで、値がその節点から辺でつながる節点のリストです。前と同様に、無向グラフなので、辺は両方向です。

幅優先探索プロシージャのコードは次のようになります。

```
1.  def degreesOfSeparation(graph, start):
2.      if start not in graph:
3.          return -1
4.      visited = set()
5.      frontier = set()
6.      degrees = 0
7.      visited.add(start)
8.      frontier.add(start)
9.      while len(frontier) > 0:
10.         print (frontier, ':', degrees)
11.         degrees += 1
12.         newfront = set()
13.         for g in frontier:
14.             for next in graph[g]:
15.                 if next not in visited:
16.                     visited.add(next)
17.                     newfront.add(next)
18.         frontier = newfront
19.     return degrees - 1
```

このプロシージャでは、グラフと開始節点を引数に取ります。グラフの各節点に対する最短経路を計算します。開始節点がグラフ辞書になければ、プロシージャがアボートされて-1が返されます（2-3行）。

幅優先探索に必要なデータ構造はPythonの集合です。各節点がどこかの前線1つに所属するために、どの節点が訪問されたか記録する必要があります。訪問節点の集合と現在の前線とを、空集合として作ります（4-5行）。変数degreesは、前線の番号で、0に初期化されます（6行目）。7-8行で明示的に開始節点を訪問するところから探索が始まります。開始節点は訪問済み集合と前線に追加されます。

whileループ（9-18行）が幅優先探索を実装します。前線が非空である限り、現在の前線の各節点から、未訪問の新しい節点を求めて探索します。外側のforループ（13-17行）は、現在の前線の各節点を処理します。内側のforループ（14-17行）では、前線の各節点の隣接点を調べます。隣接点がまだ訪問されていなければ（15行目でチェック）、訪問済みと印して（16行目）、新たな前線に追加します（17行目）。外側のforループを抜け出せば、現在の前線を新たな前線に置き換えて、次の前線に移ります（18行目）。

whileループを抜け出すと、全節点が処理済みで、（スタートレックの言葉だと）新たなる未知（final frontier）に到達しました。したがって、最後の前線の次数を返します。これは、ソース節点からグラフの他の節点への隔たりの最大次数になります。

先ほどの簡単なグラフ例smallでコードを実行します。

```
degreesOfSeparation(small, 'A')
```

図で示したのと同じ結果になります。

```
{'A'} : 0
{'C', 'B'} : 1
{'E', 'D'} : 2
{'F'} : 3
```

何か興味深いことがあったでしょうか。大きなグラフで実行してみましょう。

次のような結果になります。

```
{'A'} : 0
{'C', 'B', 'E'} : 1
{'J', 'K', 'D'} : 2
{'F', 'L', 'G'} : 3
{'I', 'S', 'N', 'H'} : 4
{'T', 'M', 'O', 'U', 'P'} : 5
{'Q', 'V', 'R'} : 6
```

```
{'X', 'W'} : 7
{'Z', 'Y'} : 8
```

このグラフの隔たりは8になります。

ところが、これは間違いです。ここで示されているのは、次数が少なくとも8だということです。あらゆる可能な開始節点でコードを実行する必要があります。個別結果を出力する手間をかけるのはやめて、結果を示します。ここで示されるように、開始節点をBにすると、隔たりの最大次数がわかります。

```
degreesOfSeparation(large, 'B')
```

を実行すると、

```
{'B'} : 0
{'C', 'A'} : 1
{'E', 'J'} : 2
{'K', 'D', 'L'} : 3
{'F', 'S', 'G'} : 4
{'U', 'I', 'T', 'N', 'H'} : 5
{'V', 'O', 'M', 'P'} : 6
{'Q', 'R', 'W'} : 7
{'X', 'Y'} : 8
{'Z'} : 9
```

になります。

節点Bから節点Zには(逆も同じ)9辺必要です、

さまざまな開始節点でdegreesOfSeparationを実行すると、このグラフの中心がUだとわかります。次を実行すると

```
degreesOfSeparation(large, 'U')
```

出力は次になります。

```
{'U'} : 0
{'T', 'S', 'V'} : 1
{'O', 'W', 'L'} : 2
{'J', 'M', 'K', 'Y', 'Q', 'N'} : 3
{'F', 'P', 'E', 'C', 'H', 'Z', 'X'} : 4
{'A', 'B', 'D', 'I', 'R', 'G'} : 5
```

グラフlargeで、$k_U = 5$であり、これが最小値です。20行ほどのコードを書くだけでグラフについて多数の興味深い情報が得られます。プログラミングが役立つだけでな

く、コンピュータサイエンスがクールだと実感してもらえたことでしょう。もしもまだ納得されていないなら、もう1つのパズルを試してみてください。

歴史的なこと

6次の隔たりという理論は、ハンガリーの作家カリンティ・フリジェシュ（Karinthy Frigyes）が「鎖」（Chains）という短編[*1]で取り上げたのが最初です。MITのイシエル・デ・ソラ・プール（Ithiel de Sola Pool）とIBMのマンフレッド・コーエン（Manfred Kochen）が1950年代にこれを数学的に証明しようとして、数式化で進捗が見られましたが満足できる証明にまでは達しませんでした。

1967年に米国人の社会学者スタンレー・ミルグラム（Stanley Milgram）が「スモールワールド現象」として取り上げ、確かめるための実験を提案しました。

米国中西部で無作為抽出した人（送り手）にマサチューセッツ州の面識のないある人（送付先）に手紙を送るように依頼します。「送り手」に選ばれた人には「送付先」の名前と職業だけを伝え、住所は教えません。送り手への指示は次の通りです。「送付先を知っていると思われる人にこの手紙を渡してください。手紙を渡した人には、この指示を伝えてください。」これが、手紙が最終的な送付先に届くまで続きます。

驚くべきことに、平均すると5人から7人の仲介で最終相手先に届きました。このミルグラムの発見は、「Psychology Today」に発表され、「6次の隔たり」という言葉が生まれました。この結果に対しては、対象人数がごく少数にもかかわらず結論を出したことが批判されました。約30年後、コロンビア大学教授のダンカン・ワッツ（Duncan Watts）がはるかに多くの人数についてインターネット上でミルグラムの実験を再現しました。ワッツは「手紙」を電子メールのメッセージに代えて、仲介者の平均人数がまさに6人であることを見出しました。

Six Degreesというサイトは1997年に設立され、多くの人から、最初のソーシャルネットワークサイトとみなされています。FacebookやTwitterのような最近のサイトは、仲介者の人数を結果的に少なくしていて、ほとんどゼロにしているという意見もあります。

---

*1　訳注：これは未訳ですが、英訳はMark E. J. Newman, Albert-Laszlo Barabasi, Duncan J. Wattsの「The structure and dynamics of networks」, Princeton Univ Press, 2006にCHAIN-LINKSという題で収録されています。原書についてhttp://nam-students.blogspot.jp/2012/01/karinthy-frigyeslancszemek1929.htmlに記述があります。

練習問題

問題1：グラフと、そのグラフの中の1つの節点対を引数に取って、節点対の隔たり次数を求めるプロシージャを書いてください。次に、グラフのあらゆる節点対の隔たり次数を、最初のプロシージャを呼び出して、グラフの隔たり次数として、節点対の隔たり次数の最大値を返すプロシージャを書いてください。

もちろん、これを行う別の方式もあります。プロシージャ`degreesOfSeparation`をグラフの各開始節点について実行して、それらの最大値を求めて、それを返します。大きな仲間の輪で隔たり次数9を求めたのは、この方式でした。

問題2：無向グラフに対する辞書表現で困るのは、節点Aと節点Bとの間にAからBとBからAという2辺を持たせることです。大きなグラフをこのように表現するときには、間違いを犯しやすいのです。実際、辞書`large`の26節点の例を図示するときに、いくつも間違いました。私たちが行ったように、グラフの辞書表現で対称性をチェックするプロシージャを書いてください。節点XからYへの辺があるなら、YからXへの辺があるかチェックします。

問題3：本文で示したコードでは、前線を計算して出力しますが、節点対の経路を明示していません。グラフと節点対を与えたときに、対間の最短経路を出力するプロシージャを書いてください。節点BとZについては、次が得られます。

$$B \to C \to J \to L \to S \to U \to V \to W \to Y \to Z$$

または

$$B \to A \to E \to D \to G \to I \to P \to R \to X \to Z$$

[ヒント]
すべての前線を格納しておいて、終端の節点から後ろ向きにたどります。終端節点への辺を持つ直前の前線の節点Wを見つけます。Wは少なくとも1つあるはずです。次に、Wへの辺を持つ直前の前線の節点を求めます。このようにして、最初の前線の開始節点に至ります。

パズル問題4：すべての辺が等しくはないと想定します。関係が遠いものと近いものとがあります。遠い関係を示す辺には重み2を、近い関係を示す辺には重み1を与えます。

下に重み付きグラフの例と、その辞書表現とを示します。

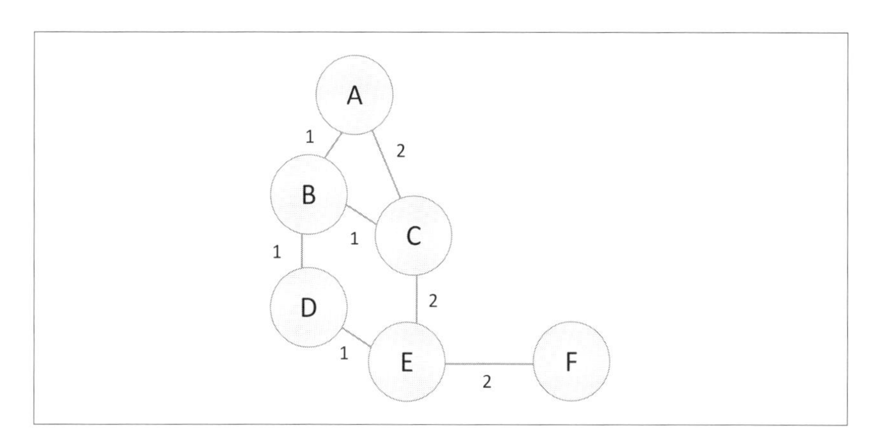


```
smallw = {'A': [('B', 1), ('C', 2)],
          'B': [('A', 1), ('C', 1), ('D', 1)],
          'C': [('A', 2), ('B', 1), ('E', 2)],
          'D': [('B', 1), ('E', 1)],
          'E': [('C', 2), ('D', 1), ('F', 2)],
          'F': [('E', 2)]}
```

節点キーの値リストの要素は2要素タプルで、目標節点と辺の重みを保持します。無向辺を扱うので、辺の重みはどちらの方向も等しいとします。

2節点の間の**隔たりの重み付き次数**を、経路の重みを辺の重みの和として、経路の重みの最小値と定義します。例えば、節点Aから節点Cへの隔たりの重み付き次数は、AからCに直接辺があるので2となります。同様に、AからFへの隔たりの重み次数は5で、経路$A \to B \to D \to E \to F$の重みが$1+1+1+2=5$となります。より少ない辺の経路$A \to C \to E \to F$は、重みが$2+2+2=6$と多くなります。

開始節点から他の任意の節点への隔たりの最大重み付き次数を計算するプロシージャを書いてください。これには、開始節点から他の全節点への隔たりの重み次数を計算する必要があります。

[ヒント]

幅優先探索に修正を加える代わりにグラフ変換を考慮します。辞書で表した、変換したグラフが対称性を満たすことを問題2で作ったコードを実行して確認します。

21章
質問するにもお金がかかる

いくらかかるか聞く羽目になったら、その値段は払えない。
—J. P. モルガン

この章で学ぶプログラミング要素とアルゴリズム

- オブジェクト指向プログラミング
- 二分探索木

「20の扉」というゲームを行ったことがあるでしょう。その変わり種を取り上げます。

友人が1から7の数を考えます。課題は、その数を最少試行回数の推量で当てることです。うまく当てたら、今度はあなたが数を考えて友人が当てる番です。何回もこのゲームをして、数当ての試行をすべて記録しておきます。終わった後で夕食に行った時には、当てられた回数の多い人が代金を負担します。したがって、本気で勝とうとするはずです。

ゲームの詳細をこれから述べます。数を考える人をThinker、当てる人をGuesserと呼びます。ThinkerはGuesserが当てようとする前に、数を紙に書いて、Thinkerが後で数をごまかすことができないようにします。Guesserが数を言ったら、Thinkerは、当たり、小さい、大きいのいずれかを答えます。意味は明らかですね。

この時点では、二分探索が最良戦略だと思うはずです。1から7までの数当てでは、$\log_2 7$が2より大きく3より小さいので、高々3回試行すればよいのです。二分探索木(BST)がどうなっているかを次に示します。

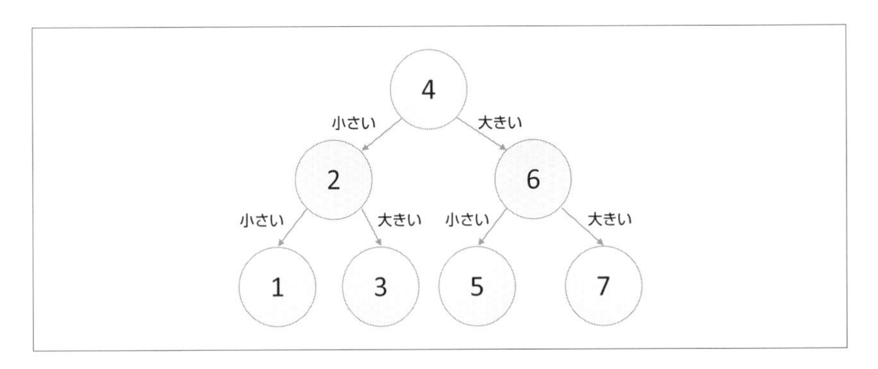

このBSTは二分探索を実施した経緯を示しています。根は最初の試行、4です。小さいという答えなら2、大きいという答えなら6、当たりならおしまいです。友人の考えていたのが4なら1回の試行で十分ですが、7だったら、4、6、7と3回の試行が必要です。BSTは有用なデータ構造で、「点の左にある全節点は根より小さく、右にある全節点は根より大きい」という不変条件が成り立ちます。この条件は、BSTの全節点に成り立つ再帰特性です。節点には子が0、1、2個あります。

あなたの友人は二分探索とBSTを知っているので、夕食代を払うのはどちらになるかきわどいと感じていたのですが、彼は、常に奇数を選んでいたことに気付きました。奇数ならBSTの一番下になるので、推測が余計に必要になるからです。実際、友人が選ぶ数の確率は、下図のBSTの節点の下にも書いた数値になりました。

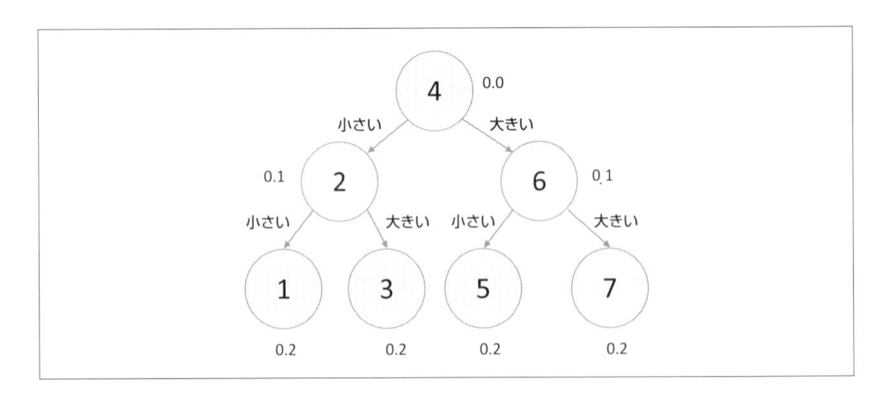

$$Pr(1) = 0.2,\ Pr(2) = 0.1,\ Pr(3) = 0.2,\ Pr(4) = 0$$
$$Pr(5) = 0.2,\ Pr(6) = 0.1,\ Pr(7) = 0.2$$

奇数を当てる試行回数が少ない別のBSTを選べば、勝てるだろうと考えました。友人が頑固で数の選択確率を変えないだろうと考えるからです。平均して試行回数が少ないBSTを使えばよいのです。

上の確率を前提にして、期待試行数が最小になるBSTを考えてください。次の数値を最少にするものです。

$$\text{期待する重み} = \sum_{i=1}^{7} Pr(i) \times (D(i) + 1)$$

$D(i)$はBSTでのiの深さです。先ほど示した普通のBSTでは、この値は

$$0.2 \times 3 + 0.1 \times 2 + 0.2 \times 3 + 0 \times 1 + 0.2 \times 3 + 0.1 \times 2 + 0.2 \times 3 = 2.8$$

となります。$i = 1$については、数1は深さ3で確率0.2、$i = 2$については、数2は深さ2で確率0.1というわけです。

別の異なるBSTだとより良い結果になります。夕食代が浮きそうです。

最小値を与える最適BSTは次のようになります。

$$\sum_{i=1}^{7} Pr(i) \times (D(i) + 1)$$

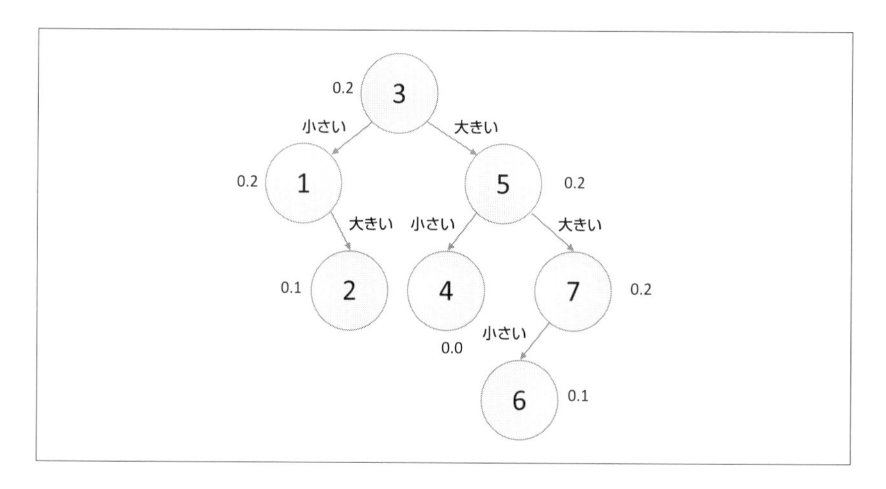

最初に気付くのは、最大深さ3で平均試行数が2.8の「平衡」BSTよりも深さ4と深くなっていることです。このBSTでの平均試行数、本書で重みと呼んでいるのは、$0.2 \times 2 + 0.1 \times 3 + 0.2 \times 1 + 0 \times 3 + 0.2 \times 2 + 0.1 \times 4 + 0.2 \times 3 = 2.3$と2.8より小さくなります。こ

れは、この与えられた確率ベクトルのもとで最良の値です。

試行錯誤でこのBSTを得た人もいるでしょう。もちろん、あなたが次に友人あるいは他の人とこのゲームをするときには、異なる確率ベクトルに対して別の最適BSTを合成しなければなりません。当然ながら、次の課題は、与えられた確率ベクトルに対して、最小重みの最適BSTを自動的に生成するプログラムを書くことです。

辞書を用いた二分探索木

グラフを辞書でどのように表すかは既に学びました。BSTはグラフの中で特殊なもので、辞書表現が使えます。

BSTの例を次に示します。

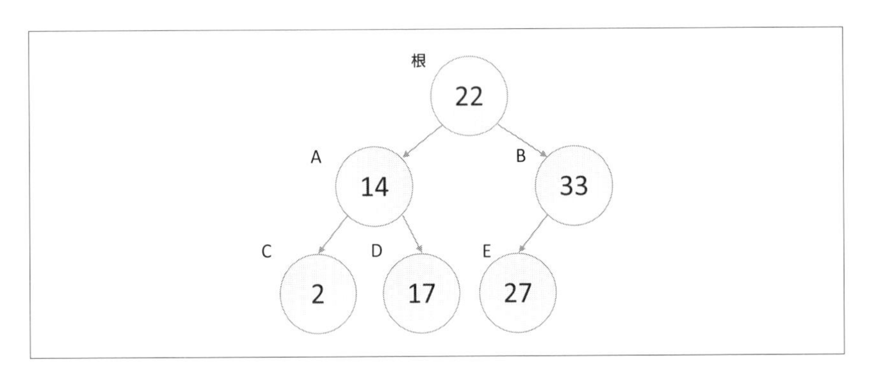

辞書表現を使うと、次のようになります。

```
BST = {'root': [22, 'A', 'B'],
       'A': [14, 'C', 'D'],
       'B': [33, 'E', ''],
       'C': [2, '', ''],
       'D': [17, '', ''],
       'E': [27, '', '']}
```

`'root'`は数22で、根に対応します。`BST['root']`の値は、長さ3のリストで、先頭が根の持つ数、その後に左の子節点と右の子節点が続きます。したがって、`BST['root'][1]`が左の子`'A'`になります。`BST[BST['root'][1]]`は、節点`'A'`の値リスト、すなわち`[14, 'C', 'D']`になります。

空文字列`''`は、子がないことを表します。例えば、数33の節点`'B'`の右の子はありません。数27の節点`'E'`のような葉節点には子がありません。

前のBSTの図では、節点に名前を付けていなかったことを思い出してください。BSTの辞書表現では名前があります。BSTでは、すべての数の値に重複がないので、数で節点が1つに決まります。辞書表現において、数を直接キーとして使うことで表現を単純化できるといいでしょう。例えば、次のようにできるといいのです。

```
BSTnoname = {22: [14, 33],
             14: [2, 17],
             33: [27, None],
              2: [None, None],
             17: [None, None],
             27: [None, None]}
```

しかし、これには問題があります。どの数が根であるか、どうやればわかるでしょうか。辞書のキーの順序には頼れないことを思い出しましょう。辞書のキーを出力した場合、上のようになるか、例えば、根ではない33が最初のキーとして表示されるか、わかりません。

もちろん、BST全体を調べれば、22が辞書のキーの値リストのどこにも含まれないので、22が根に違いないことはわかります。しかし、それには、BSTの節点の個数をnとしたときに、nが増大すると計算が大幅に増加するという手間がかかります。普通は、BSTを使うことによって、数が$c \log n$の演算で、しかもcが小さな定数で求めることができます。根がすぐにわかるようにする必要があります。これは、辞書構造の外で、次のようなリストを使って表すことでもできます。

```
BSTwithroot = [22, BSTnoname]
```

結構面倒ですね。したがって、元の表現に戻り、BSTの生成や、BSTで数を探し出すことにしましょう。さらに、オブジェクト指向プログラミング表現のための辞書表現を披露しましょう。

辞書表現を使ったBST演算

BSTで辞書表現をどのように使うかを見てみましょう。BSTに数があるかどうか調べるコード、BSTに数を新たに挿入するコード、BSTにある数をすべてソートして示すコードを見ていきます。これらのプロシージャはすべてBSTを根から葉へと再帰的に走査します。BSTの葉は、子のない節点です。例えば、先ほどの辞書の例では、2, 17, 27が葉です。

次はBSTで数を探索するコードです。

```
1.  def lookup(bst, cVal):
2.      return lookupHelper(bst, cVal, 'root')

3.  def lookupHelper (bst, cVal, current):
4.      if current == '':
5.          return False
6.      elif bst[current][0] == cVal:
7.          return True
8.      elif (cVal < bst[current][0]):
9.          return lookupHelper(bst, cVal, bst[current][1])
10.     else:
11.         return lookupHelper(bst, cVal, bst[current][2])
```

名前`'root'`で見つけた根から、数の探索を開始します（2行目）。現在の節点が（空文字列`''`で示される）空なら、`False`を返します（4-5行）。現在の節点の値が探索している値なら、`True`を返します（6-7行）。そうでなければ、探索している値が現在の節点の値より小さいなら、左の子を再帰探索し（8-9行）、より大きいなら、右の子を再帰探索します（10-11行）。

次に、新たな数をBSTに挿入するとき、BSTをどう変更するかを確認しましょう。BSTの特性が維持されるようにしなければなりません。まず、この挿入する数を探す操作を根接点から行い、節点の数に応じて右または左と木の中をたどります。数が見つからないで葉に到達したら、その数が葉の値より小さいか大きいかに応じて、葉節点に対して、挿入する数のために左または右の子を葉節点に作ります。

例えば、下図の左のBSTに対して、4を挿入するとします。結果を右に示します。

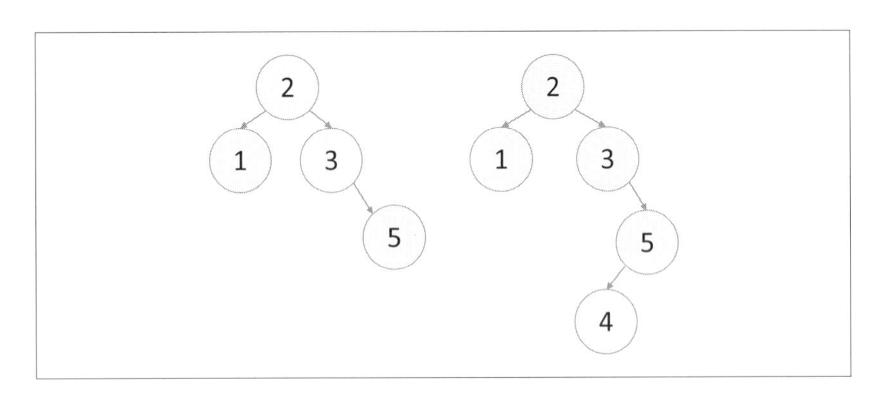

節点2では、4 > 2なので、右の節点3に、3では（4 > 3）なので右の5に、5では4に

対応する新節点を左に作ります。

次に示す挿入アルゴリズムのコードでは、数(val)はBSTにないと想定しています。プロシージャlookupがFalseを返した場合にだけ、このinsertが呼ばれると考えます。'root'という節点が既にあることも想定します。根には最初は子がありません。子はinsertを使って追加されます。コードでは、図示した例と少し異なり、節点の値だけでなく名前も処理しなければならないことに注意してください。

```
1.  def insert(name, val, bst):
2.      return insertHelper(name, val, 'root', bst)

3.  def insertHelper(name, val, pred, bst):
4.      predLeft = bst[pred][1]
5.      predRight = bst[pred][2]
6.      if ((predRight == '') and (predLeft == '')):
7.          if val < bst[pred][0]:
8.              bst[pred][1] = name
9.          else:
10.             bst[pred][2] = name
11.         bst[name] = [val, '', '']
12.         return bst
13.     elif (val < bst[pred][0]):
14.         if predLeft == '':
15.             bst[pred][1] = name
16.             bst[name] = [val, '', '']
17.             return bst
18.         else:
19.             return insertHelper(name, val, bst[pred][1], bst)
20.     else:
21.         if predRight == '':
22.             bst[pred][2] = name
23.             bst[name] = [val, '', '']
24.             return bst
25.         else:
26.             return insertHelper(name, val, bst[pred][2], bst)
```

プロシージャinsertは、根が'root'という名前であることを想定して、insertHelperを呼ぶだけです。根の名前が違う場合には、その名前をどこかに格納し、その名前を使って探索を開始する必要があります。

insertHelperでは、複数の基底部が散在しています。子のない節点(6行目)では、数を現在の節点の左右どちらかの子に挿入して(7-12行)終わりです。そうでない場合、数が現在の節点の数より小さければ（13行目）、左の子が存在しなければ、左の子として数を挿入して（15-17行）終わりです。左に子があれば、その子にinsertHelperを再帰的に呼び出します。20-26行は、挿入される数が節点の数より大きい場合で、13-19行と似たコードになります。

既に示された変数BSTに対応するBSTを新たに作るには、残念ながら、空辞書にinsertを使うわけにはいきません。まず、空辞書を使って空木を作り、それに根を明示的に追加し、さらに、節点の名前と数を与えて追加します。

```
BST = {}
BST['root'] = [22, '', '']
insert('A', 14, BST)
insert('B', 33, BST)
insert('C', 2, BST)
insert('D', 17, BST)
insert('E', 27, BST)
```

最後のinsertの結果は次になります。

```
{'C': [2, '', ''], 'root': [22, 'A', 'B'], 'E': [27, '', ''],
 'A': [14, 'C', 'D'], 'B': [33, 'E', ''], 'D': [17, '', '']}
```

根と他の節点とで違う演算を行わねばならず、節点に名前を付けないといけないのは面倒です。根については、insertに特別な場合のコードを追加すれば済みますが、名前のところは、既に述べたように、辞書表現の基本的な部分なので避けられません。

最後に、BSTに格納された数を（昇順に）ソートするにはどうするかを述べます。間順走査で、BSTの特性を使って、次のコードに示すようにソート済みのリストを生成します。

```
1.  def inOrder(bst):
2.      outputList = []
3.      inOrderHelper(bst, 'root', outputList)
4.      return outputList

5.  def inOrderHelper(bst, vertex, outputList):
6.      if vertex == '':
7.          return
8.      inOrderHelper(bst, bst[vertex][1], outputList)
9.      outputList.append(bst[vertex][0])
10.     inOrderHelper(bst, bst[vertex][2], outputList)
```

inOrderHelperのコードには興味深いところがあります。6-7行は基底部です。間順走査はまず左の子から走査して（8行目）、次に現在の節点の数を間順リストに追加し（9行目）、それから右の子を走査します（10行目）。

ここから、別のソートアルゴリズムが導けます。順序が揃っていない数の集合があるとします。それらから1つずつ、最初は空のBSTに挿入していきます。終わったら、inOrderを使えば、ソートしたリストが得られます。

OOPスタイルの二分探索木

クラスとオブジェクト指向プログラミング（OOP）について、その基本をここで学び直しましょう。「学び直す」というのは、リストや辞書のような組み込みのPythonクラスを既に使っており、リストや辞書のメソッドを呼び出すというOOPの基本を既に行っているからです。

その例をいくつか示します。**パズル1**では、intervals.append(arg)と書きましたが、これは、リストintervalsのappendメソッドを呼び出し、リストintervalsに引数argを追加しました。**パズル3**では、deck.index(arg)を使って、トランプの山のリストdeckにある引数要素argのインデックスを探し出します。**パズル14**では、vset.remove(arg)を使って、集合vsetから引数の要素argを取り除きました。

このパズルでの相違点は、自分用のPythonクラスを定義することです。BSTの節点に対応する節点クラスを独自に定義しますが、グラフやほかの種類の木にも簡単に応用できます。

```
1.  class BSTVertex:
2.      def__init__(self, val, leftChild, rightChild):
3.          self.val = val
4.          self.leftChild = leftChild
5.          self.rightChild = rightChild

6.      def getVal(self):
7.          return self.val

8.      def getLeftChild(self):
9.          return self.leftChild

10.     def getRightChild(self):
11.         return self.rightChild
```

```
12.         def setVal(self, newVal):
13.             self.val = newVal

14.         def setLeftChild(self, newLeft):
15.             self.leftChild = newLeft

16.         def setRightChild(self, newRight):
17.             self.rightChild = newRight
```

1行目は、新しいクラスBSTVertexを定義します。2-5行はクラスのコンストラクタを定義します[*1]。この名前は__init__という名前でなければなりません。コンストラクタは、新たなBSTVertexオブジェクトを作って返すだけでなく（暗黙のreturnが含まれています）、BSTVertexの各フィールドの初期化も行います。フィールドそのものも初期化で定義されます。BSTVertexには3つのフィールド、値val、左の子leftChild、右の子rightChildがあります。名前フィールドも簡単に追加できますが、辞書表現との違いを際立たせるためと、それが必要でないことを示すために、追加しませんでした。

rightChildオブジェクトは次のようにして作ります。

```
root = BSTVertex(22, None, None)
```

__init__を直接呼び出すのではなく、クラスBSTVertexの名前でコンストラクタを呼び出し、__init__の後ろの3引数に対応する引数を与えていることに注意してください。引数selfは、プロシージャの内側からオブジェクトを参照するために使われています。こうしないと、leftChild = leftChildというふうに書く羽目になって、読み手にもPythonにもわからないものになります。このコンストラクタ呼び出しでは、節点root（これが、これから作るBSTの根になります）を作ります。数/値が22で子は持ちません。

6-17行では、BSTVertexオブジェクトにアクセスして修正（変更）を行うメソッドを定義します。厳密に言えば、これらのメソッドは必要ないのですが、OOPでは、このように明示するのがよい書き方です。節点nの値は、n.getVal()と書かなくても、n.valと書くだけでアクセスできます。値を変更するには、n.setVal(10)と書かなくてもn.val = 10と書けます。オブジェクトの値を読み込んで返すメソッドは、アクセサメソッドと呼ばれ、オブジェクトの値を修正、変更するメソッドはミューテータメソッドと呼ばれます。アクセサメソッドやミューテータメソッドでは、コンストラクタメソッド呼び出

*1 訳注：厳密にはコンストラクタは__new__と__init__からなります。

しでselfを特に指定しないのと同様に、selfを指定しないことに注意してください。

BSTのクラスの一部は次のように書かれます。

```
1.  class BSTree:
2.      def __init__ (self, root):
3.          self.root = root
4.      def lookup(self, cVal):
5.          return self.__lookupHelper(cVal, self.root)
6.      def __lookupHelper(self, cVal, cVertex):
7.          if cVertex == None:
8.              return False
9.          elif cVal == cVertex.getVal():
10.             return True
11.         elif (cVal < cVertex.getVal()):
12.             return self.__lookupHelper(cVal, cVertex.getLeftChild())
13.         else:
14.             return self.__lookupHelper(cVal, cVertex.getRightChild())
```

BSTのコンストラクタは非常に簡単で、2-3行で定義されています。引数で指定された根でBSTを作ります。根としてはBSTVertexオブジェクトを使うことが仮定されていますが、コンストラクタで特に指定されてはいません。しかし、4-14行に書かれているlookupメソッドでは、この仮定が明らかになります。lookupのプロシージャでは、辞書に基づいたlookupの場合と同じように探索しますが、リストや辞書の位置ではなく、オブジェクトのフィールドを使います。Pythonの表記法に従って、関数やプロシージャの名前には、__という接頭辞を、例えばlookupHelperの前に付けます。クラスのユーザはこのような内部関数を直接呼び出すことはありません*1。

BSTを作成して、節点を探索するのは次のようにします。

```
root = BSTVertex(22, None, None)
tree = BSTree(root)
print(tree.lookup(22))
print(tree.lookup(14))
```

この場合、最初のlookupではTrueが、2番目のlookupではFalseが返ります。これはBSTで特に興味を引くことではありません。今度は、BSTに節点を挿入することにしましょう。次のコードは、BSTreeのクラス定義に含まれていることに注意してくだ

*1　訳注：変数名のマングリングは名前の衝突を防ぐことが主な目的なので過信は禁物です（https://docs.python.jp/3/tutorial/classes.html?highlight=%E3%83%9E%E3%83%B3%E3%82%B0%E3%83%AA%E3%83%B3%E3%82%B0#private-variables）。

さい。行番号が以前のものの続きになっています。insertのインデントのレベルは、lookupと同じです。

```
15.     def insert(self, val):
16.         if self.root == None:
17.             self.root = BSTVertex(val, None, None)
18.         else:
19.             self.__insertHelper(val, self.root)
20.     def __insertHelper(self, val, pred):
21.         predLeft = pred.getLeftChild()
22.         predRight = pred.getRightChild()
23.         if (predRight == None and predLeft == None):
24.             if val < pred.getVal():
25.                 pred.setLeftChild((BSTVertex(val, None, None)))
26.             else:
27.                 pred.setRightChild((BSTVertex(val, None, None)))
28.         elif (val < pred.getVal()):
29.             if predLeft == None:
30.                 pred.setLeftChild((BSTVertex(val, None, None)))
31.             else:
32.                 self.__insertHelper(val, pred.getLeftChild())
33.         else:
34.             if predRight == None:
35.                 pred.setRightChild((BSTVertex(val, None, None)))
36.             else:
37.                 self.__insertHelper(val, pred.getRightChild())
```

このコードは辞書に基づいたコードに比べると、より明瞭になっています。プロシージャinsertでは、木に根がない場合も扱います。実際、このinsertがあるので、次のようにすることができます。

```
tree = BSTree(None)
tree.insert(22)
```

こうすれば、数22で子のない根のあるBSTが作られて、BSTreeオブジェクトを作る前に、根のためにBSTVertexオブジェクトを作る手間が省けます。さらに、空の木を作るためにNoneとタイプするのが嫌なら、木のコンストラクタを修正して、デフォルト引数を設定することもできます。

```
2.     def __init__ (self, root=None):
3.         self.root = root
```

最後は、木の間順走査を行うコードです。これも辞書に基づいた表現の場合と同じアルゴリズムを使い、BSTreeクラスの内部に含まれます。

```
38.     def inOrder(self):
39.         outputList = []
40.         return self.__inOrderHelper(self.root, outputList)
41.     def __inOrderHelper(self, vertex, outputList):
42.         if vertex == None:
43.             return
44.         self.__inOrderHelper(vertex.getLeftChild(), outputList)
45.         outputList.append(vertex.getVal())
46.         self.__inOrderHelper(vertex.getRightChild(), outputList)
47.         return outputList
```

OOPスタイルのコードの優れているところは、変更がはるかに容易に行えることです。例えば、BST節点に名前を付けたければ、BSTVertexに名前のフィールドを追加するだけでよいのです。練習問題の1と2で、BSTデータ構造を拡張します。

パズルに戻る：アルゴリズム

必要なデータ構造が揃ったので、問題を解く貪欲アルゴリズムを試してみましょう。貪欲アルゴリズムでは、最高確率の数をBSTの根の数として選びます。理由は、確率が最大の数の深さを最小にするためです。根が決まったら、どの数が根の左で、どの数が右かわかります。それぞれの側で貪欲ルールを適用していきます。これは、うまくいく良いアルゴリズムに思えます。実際、多くの場合、そうなります。しかし、残念ながら、他の場合には最適BSTを作ることができません[*1]。うまくいかない例を下図に示します。

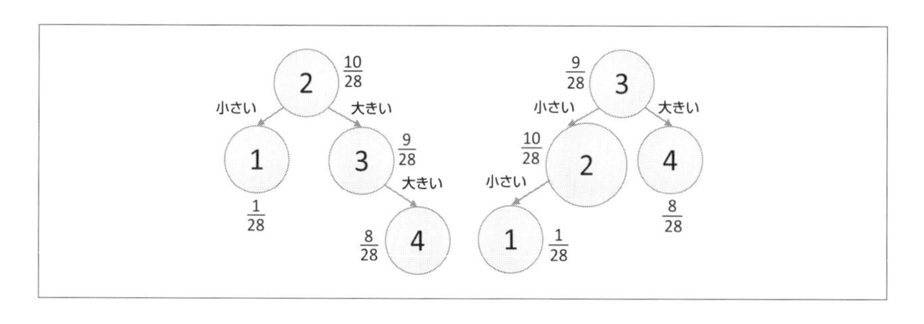

*1　原注：このようなことは頻繁に起こります。**パズル16**の場合は特別で、貪欲アルゴリズムは良くないことが多いのです。

Thinkerが選ぶ数1, 2, 3, 4の確率がそれぞれ$\frac{1}{28}$、$\frac{10}{28}$、$\frac{9}{28}$、$\frac{8}{28}$であると仮定しましょう。Thinkerが2を選ぶ確率が最大で、貪欲アルゴリズムは、2を根に選びます。これは、1が左、3、4は右になります。3を選ぶ確率の方が4を選ぶ確率よりも大きいので、3を根の左側に選びます。これによって、前の図の左側のBSTになり、当てる回数の平均、すなわち重みが$\frac{1}{28} \cdot 2 + \frac{10}{28} \cdot 1 + \frac{9}{28} \cdot 2 + \frac{8}{28} \cdot 3 = \frac{54}{28}$となります。これよりも良いBST、すなわち、重みが小さいBSTが先ほどの図の右側に示したものがあります。このBSTは、3を根にして、平均推定回数の重みが$\frac{1}{28} \cdot 3 + \frac{10}{28} \cdot 2 + \frac{9}{28} \cdot 1 + \frac{8}{28} \cdot 2 = \frac{48}{28}$になります。

このことから、根については、重みを最小化する最良の根を選ばないといけないことがわかります。数を$k(0), k(1), \ldots, k(n-1)$、最小重みを$e(0, n-1)$とします。各$k(i)$の確率を$p(i)$で表します。ここで、$k(0) < k(1) \ldots < k(n-1)$と仮定します。これは、$k$(r)を根として選ぶと、下図に示すように、$k(0), \ldots k(r-1)$が左側に、$k(r-1), \ldots k(n-1)$が右側に来ることを意味します。三角で示した部分木もともにBSTであり、最小重み$e(0, r-1)$と$e(r+1, n-1)$を持ちます。

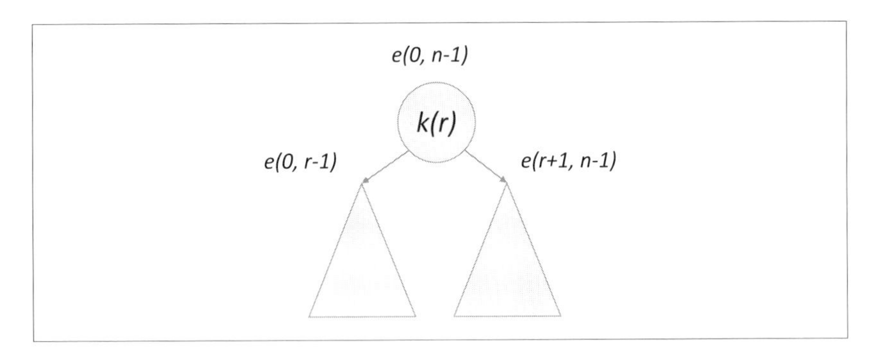

再帰処理全体は、次の等式で示されます。ここで、iは先頭インデックス、jは末尾インデックスです。

$$e(i,i) = p(i)$$
$$e(i,j) = \min_{r=i}^{j} (e(i,r-1) + e(r+1,j)) + \sum_{s=i}^{j} p(s)$$

インデックスがiの1つだけなら、BSTは1つであり、最小重みが$p(i)$になります。これが基底部です。

$k(i)$から$k(j)$まで一連の数があれば、根として可能なものをすべて選んでは、重みを計算して、最小重みに対応する最良の根を選びます。ここで、2番目の等式の後ろの和の項については、説明が必要でしょう。この項は、重みの式の$p(i)$と$(D(i)+1)$の掛け算を実行して$\sum_i Pr(i) \cdot (D(i)+1)$を求めるものです。各節点$i$について、$p(i)$は節点が根でない限り加算され、最後に節点が根になったところで1足され、$(D(i)+1)$の重みを与えます。節点iが根になったら、再帰処理のどちらの部分木にも属さないので、$p(i)$が重複追加されることはないことは、強調しておく価値があるでしょう。

これをはっきり理解するには、最適BSTが下図になる3つの数$k(0)$, $k(1)$, $k(2)$を考えるとよいでしょう。

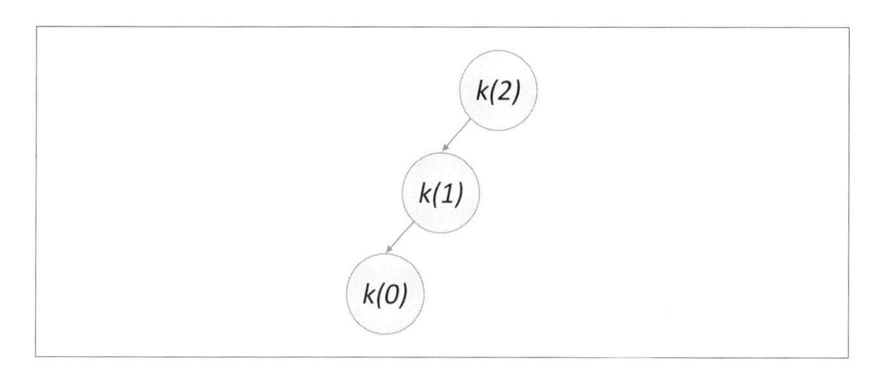

等式は次のようになります。

$$
\begin{aligned}
e(0,2) &= e(0,1) + \cancel{e(3,2)} + p(0) + p(1) + p(2) \\
e(0,1) &= e(0,0) + \cancel{e(2,1)} + p(0) + p(1) \\
e(0,0) &= p(0)
\end{aligned}
$$

値を代入すると次のように求めていた式になります。

$$
e(0,2) = 3 \times p(0) + 2 \times p(1) + p(2)
$$

パズルを解くコード

最初に、メインのプロシージャで、パズルを解くコードの上位構造を示します。

```
1.  def optimalBST(keys, prob):
2.      n = len(keys)
3.      opt = [[0 for i in range(n)] for j in range(n)]
4.      computeOptRecur(opt, 0, n-1, prob)
5.      tree = createBSTRecur(None, opt, 0, n-1, keys)
```

```
6.      print('Minimum average \# guesses is', opt[0][n-1][0])
7.      printBST(tree.root)
```

3行目で、さまざまな部分木に対応する部分問題の最小重みを格納するデータ構造optを初期化します。$e(i, j)$の値を格納するので2次元リストが必要です。リストoptの各要素は2要素タプルで、最初の要素が$e(i, j)$の値、第2の要素がこの値を生成するよう選択した根を示します。数keys[i]のインデックスiが、選択した根に対応し、第2要素として格納されます。

プロシージャcomputeOptRecurでは、これらの最適解を計算して、リストoptに入れていきます（4行目）。それから、これらの値から最適BSTを（ちょうど、硬貨選択**パズル18**で硬貨を求めたように）作ります。これは、プロシージャcreateBSTRecurで行います（5行目）。

最適重みの再帰計算は次のようになります。

```
1.  def computeOptRecur(opt, left, right, prob):
2.      if left == right:
3.          opt[left][left] = (prob[left], left)
4.          return
5.      for r in range(left, right + 1):
6.          if left <= r - 1:
7.              computeOptRecur(opt, left, r - 1, prob)
8.              leftval = opt[left][r-1]
9.          else:
10.             leftval = (0, -1)
11.         if r + 1 <= right:
12.             computeOptRecur(opt, r + 1, right, prob)
13.             rightval = opt[r + 1][right]
14.         else:
15.             rightval = (0, -1)
16.         if r == left:
17.             bestval = leftval[0] + rightval[0]
18.             bestr = r
19.         elif bestval > leftval[0] + rightval[0]:
20.             bestr = r
21.             bestval = leftval[0] + rightval[0]
22.     weight = sum(prob[left:right+1])
23.     opt[left][right] = (bestval + weight, bestr)
```

2-4行は、インデックスが1つの基底部に対応します。5-23行が再帰部に対応し、さまざまな数に対応した根を選び、それらから最小重みの根を選びます。

6-10行では、左部分木に少なくとも2つ数がある場合に再帰呼び出しを行います。同様に、11-15行では、右部分木に少なくとも2つ数がある場合に再帰呼び出しを行います。

16-23行では、最小重みの値を求めます。16-18行では、ループの最初でbestvalを初期化します。19-21行では、より小さい重みが求まるたびにbestvalを更新します。最後に、22-23行で和の項、

$$\sum_{s=i}^{j} p(s)$$

を追加して、リストoptを更新します。

computeOptRecurのコードでは、メモ化が使えるのではないかと気付いたかもしれませんが、それは正解です。練習問題でこのコードのメモ化を扱います。

さて、全部分木の最適重みが求まった後で、最適BSTを作るプロシージャがどうなるか見てみましょう。

```
1.  def createBSTRecur(bst, opt, left, right, keys):
2.      if left == right:
3.          bst.insert(keys[left])
4.          return bst
5.      rindex = opt[left][right][1]
6.      rnum = keys[rindex]
7.      if bst == None:
8.          bst = BSTree(None)
9.      bst.insert(rnum)
10.     if left <= rindex - 1:
11.         bst = createBSTRecur(bst, opt, left, rindex - 1, keys)
12.     if rindex + 1 <= right:
13.         bst = createBSTRecur(bst, opt, rindex + 1, right, keys)
14.     return bst
```

このプロシージャでは、keysに格納された数のリストが少なくとも長さ2あると仮定しています。現在の問題に対する根を取り出します(5行目)。取り出した根でBSTを作り(7-9行)、BSTが存在しない場合を扱います。左部分木(10-11行)と右部分木(12-13行)が空でない限り、再帰呼び出しを行います。

2-4行は、BSTが節点1つだけという基底部です。元のBSTには、少なくとも数が2つあると仮定しているので、基底部はBST作成直後だけに該当します。その意味では、BSTが存在するかどうかチェックする必要はありません。

BSTをテキスト形式でどのように出力するかを確認しましょう[*1]。

```
1.  def printBST(vertex):
2.      left = vertex.leftChild
3.      right = vertex.rightChild
4.      if left != None and right != None:
5.          print('Value =', vertex.val, 'Left =',
                  left.val, 'Right =', right.val)
6.          printBST(left)
7.          printBST(right)
8.      elif left != None and right == None:
9   .       print('Value =', vertex.val, 'Left =',
                  left.val, 'Right = None')
10.         printBST(left)
11.     elif left == None and right != None:
12.         print('Value =', vertex.val, 'Left = None',
                  'Right =', right.val)
13.         printBST(right)
14.     else:
15.         print('Value =', vertex.val,
                  'Left = None Right = None')
```

このプロシージャは、BSTの根（すなわちBSTVertex）を引数に取っていることに注意してください。これによって、根の左と右の子へ自分自身を再帰的に呼び出すだけで済んでいます。

元の例題でoptimalBSTのコードを実行して、正しいBSTを生成することを確かめましょう。

```
keys = [1, 2, 3, 4, 5, 6, 7]
pr = [0.2, 0.1, 0.2, 0.0, 0.2, 0.1, 0.2]
optimalBST(keys, pr)
```

結果は次のようになります。

```
Minimum average # guesses is 2.3
Value = 3 Left = 1 Right = 5
Value = 1 Left = None Right = 2
Value = 2 Left = None Right = None
Value = 5 Left = 4 Right = 7
Value = 4 Left = None Right = None
```

*1　訳注：4行目で行っているNoneとの比較は==ではなく、is Noneやis not Noneで行う方がよいでしょう。

```
Value = 7 Left = 6 Right = None
Value = 6 Left = None Right = None
```

今度は、貪欲アルゴリズムで失敗した例題を実行します。

```
keys2 = [1, 2, 3, 4]
pr2 = [1.0/28.0, 10.0/28.0, 9.0/28.0, 8.0/28.0]
optimalBST(keys2, pr2)
```

結果は次のようになります。

```
Minimum average # guesses is 1.7142857142857142
Value = 3 Left = 2 Right = 4
Value = 2 Left = 1 Right = None
Value = 1 Left = None Right = None
Value = 4 Left = None Right = None
```

データ構造の比較

本書では、リスト、辞書、BSTというデータ構造を扱いました。この3者の中ではリストが最も単純で、メモリも一番少なくて済みます。要素の集まりに対して、格納して順に処理するだけなら、リストは最適です。しかし、メンバーであるかどうかチェックする作業では、演算数がリストの長さに比例するように、多くの作業においてリストは非効率なことがあります。

辞書はリストのインデックス機能を一般化するとともに、メンバー決定を効率化しています。基盤となるデータ構造にハッシュ表を使い、わずかの演算でメンバー検索ができます。一方で、「xからyまでの範囲のキーがあるか」のような範囲クエリでは、辞書がソート順に構造化されていないので、まず範囲内のキーをすべて数え上げる必要があります。

BSTでのキー検索は$\log n$の演算が必要で、辞書ほど効率的ではありませんが、リストよりははるかに高速です。キーの範囲クエリは、BSTがソート表現になっているため、簡便に実装されています。これについては練習問題4を試してください。

作業に適切なデータ構造を選ぶことで、興味深いアルゴリズムパズルが解けます。

練習問題

問題1：BSTreeクラスにメソッドgetVertexを追加して、TrueかFalseではなくBSTVertexを返すようにしてください。これはBSTのデータ構造の変更で、パズルそのものには関係ありません。

問題2：BSTのサイズは、節点数で定義されますが、BSTのサイズを計算するsizeメソッドを追加してください。これもBSTのデータ構造の変更です。

問題3：重複作業を多数行っていたcomputeOptRecurをメモ化したcomputeOptRecurMemoizeを作ってください。メモ化したプロシージャは、optの計算（すなわち$e(i, j)$）を一度だけ計算します。

問題4：BSTのキーkで、k1 <= k <= k2という条件を満たすすべてのキーを求めて、昇順に出力するプロシージャ rangeKeys(bst, k1, k2)を実装してください。次のBSTであるbではrangeKeys(b, 10, 22)から14, 17, 22と出力されます。

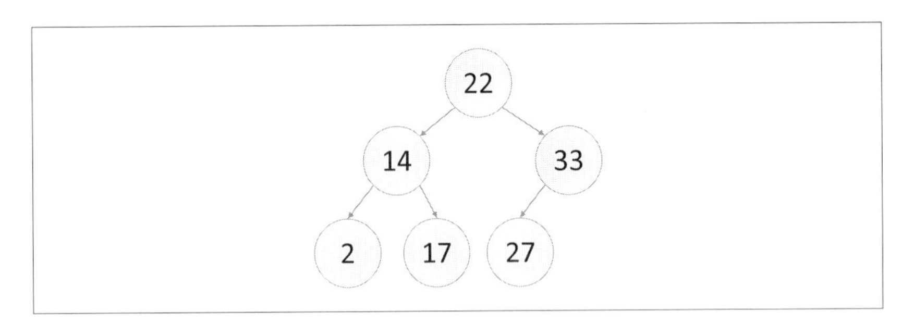

訳者あとがき

Pythonプログラミングの本もかなり充実してきたので、初心者から上級者まで参考書には苦労しない状況になっています。そういう時期に、本書『問題解決のPythonプログラミング』を訳出したのには、次のような理由があります。

1. コンピュータサイエンス教育に定評のある、米国MITでプログラミング入門に使われている教科書。
2. パズルを使ってプログラミングを学ぶという魅力的な教材。
3. プログラミングとその教育に対する著者のDevadasさんの魅力的なアプローチ。

「日本語版まえがき」にあるように、本書の主な読者は、高校などでプログラミングの初歩を教わった人ですが、パズルとプログラミングが好きな人なら、Python上級者でも十分楽しめるし、Pythonは初めてという人でもプログラミングの素養があれば、十分理解できる内容になっています。

教育という点に関しては、例えば、『Effective Python』(オライリー・ジャパン)でのような、洗練されたプログラミング書法よりも、学習者にとってわかりやすく、迷路に入り込まないようなプログラムの書き方(例えば、第9章)がなされています。

何よりも、本書全体で、プログラムそのものについて行ごとに細かく解説しているところは、これまで他の書籍では余り見かけなかったところです。プログラミング学習の基本はプログラムをしっかり読むことだというのは、全く正しいことですが、漫然と読んでいてもなかなか肝心のことがわからないものです。本書は、そのようなプログラムの読み方という点でも参考になります。MITでもこのようにプログラムを1行ずつ解説しているのだと感心しました。

プログラミングよりもパズルという人にとっては、本書は、最初の問題を読んで、自分で問題を解き、発展問題を考えていくと面白いでしょう。練習問題では、種々の発展問題を扱っていて、中級以上の人にとってもよい刺激になるはずです。大学の研究室や企業で、メンバーのプログラミングの力をもう一段上げたいという場合によい教材になります。

参考文献

Pythonを初めて学ぶ人のために

Guido van Rossum、鴨澤 眞夫訳、Pythonチュートリアル第3版、オライリー・ジャパン、2010

Mark Lutz、夏目大訳、初めてのPython 第3版、オライリー・ジャパン、2009

Pythonプログラミングをさらに学ぶ人のために

Brett Slatkin、黒川利明訳、Effective Python—Pythonプログラムを改良する59項目、オライリー・ジャパン、2016

アルゴリズムについて学ぶ人のために

George T. Heineman, Gary Pollice, Stanley Selkow、黒川利明・黒川洋訳、アルゴリズムクイックリファレンス第2版、オライリー・ジャパン、2016

プログラムを実際に動かすとき、デバッグについて学ぶ人のために

Diomidis Spinellis、黒川利明訳、Effective Debugging —ソフトウェアとシステムをデバッグする66項目、オライリー・ジャパン、2017

謝辞

いつものように、とりまとめをしてくださった赤池涼子さんと訳者の問い合わせや誤植に関して細かく答えてくれて、日本語版まえがきを書いてくれた原著者のSrini Devadasさんに感謝します。黒川洋さん、大岩尚宏さん、藤村行俊さん、大橋真也さん、鈴木駿さんは、原稿を細かく読んでくれて間違いや読みにくいところを指摘してくれました。妻 容子にも改めて感謝します。

索引

数字

A

B

C

D

E

F

G

H

I

K

L

M

N

P

R

S

T

W

X

あ行

か行

さ行

た行

な行

は行

ま行

●著者紹介

Srini Devadas（シュリニ・デヴダス）

MITの電気工学およびコンピュータサイエンスのウェブスター記念教授兼マクビッカーフェロー。

●訳者紹介

黒川 利明（くろかわ としあき）

1972年、東京大学教養学部基礎科学科卒。東芝㈱、新世代コンピュータ技術開発機構、日本IBM、㈱CSK（現SCSK㈱）、金沢工業大学を経て、2013年よりデザイン思考教育研究所主宰。過去に文部科学省科学技術政策研究所客員研究官として、ICT人材育成やビッグデータ、クラウド・コンピューティングに関わり、現在情報規格調査会SC22 C#、CLI、スクリプト系言語SG主査として、C#、CLI、ECMAScript、JSONなどのJIS作成、標準化に携わっている。他に、IEEE SOFTWARE Advisory Boardメンバー、日本規格協会標準化アドバイザー、町田市介護予防サポータ、カルノ㈱データサイエンティスト、日本マネジメント総合研究所LLC客員研究員。ワークショップ「こどもと未来とデザインと」運営メンバー、ICES創立メンバー、画像電子学会国際標準化教育研究会委員長として、データサイエンティスト教育、デザイン思考教育、標準化人材育成、地域活動などに関わる。

著書に、『Service Design and Delivery — How Design Thinking Can Innovate Business and Add Value to Society』（Business Expert Press）、『クラウド技術とクラウドインフラ — 黎明期から今後の発展へ』（共立出版）、『情報システム学入門』（牧野書店）、『ソフトウェア入門』（岩波書店）、『渕一博 — その人とコンピュータ・サイエンス』（近代科学社）など。訳書に『データサイエンスのための統計学入門 — 予測、分類、統計モデリング、統計的機械学習とRプログラミング』、『Rではじめるデータサイエンス』、『Effective Debugging』、『Optimized C++ — 最適化、高速化のためのプログラミングテクニック』、『Cクイックリファレンス第2版』、『Pythonからはじめる数学入門』、『PythonによるWebスクレイピング』、『Effective Python — Pythonプログラムを改良する59項目』、『Think Bayes — プログラマのためのベイズ統計入門』（オライリー・ジャパン）、『メタ・マス！』（白揚社）、『セクシーな数学』（岩波書店）、『コンピュータは考える［人工知能の歴史と展望］』（培風館）など。共訳書に『アルゴリズムクイックリファレンス第2版』、『Think Stats 第2版 — プログラマのための統計入門』、『統計クイックリファレンス第2版』、『入門データ構造とアルゴリズム』、『プログラミングC# 第7版』（オライリー・ジャパン）、『情報検索の基礎』、『Google PageRankの数理』（共立出版）など。

問題解決のPythonプログラミング
数学パズルで鍛えるアルゴリズム的思考

2018年 9 月22日　　初版第 1 刷発行

著　　者　Srini Devadas（シュリニ・デヴダス）
訳　　者　黒川 利明（くろかわ としあき）
発 行 人　ティム・オライリー
制　　作　ビーンズ・ネットワークス
印刷・製本　日経印刷株式会社
発 行 所　株式会社オライリー・ジャパン
〒160-0002　東京都新宿区四谷坂町12番22号
Tel　(03)3356-5227
Fax　(03)3356-5263
電子メール　japan@oreilly.co.jp
発 売 元　株式会社オーム社
〒101-8460　東京都千代田区神田錦町3-1
Tel　(03)3233-0641（代表）
Fax　(03)3233-3440

Printed in Japan（ISBN978-4-87311-851-2）
乱丁本、落丁本はお取り替え致します。